工程力学 II

主　编　周　岭　于海明　张烈霞　万　畅
副主编　刘　佳　高　杰　杨　帆　李凤娟
编　委　李治宇　王　龙　王得伟　李明周
　　　　王磊元　秦翠兰

科学出版社

北　京

内 容 简 介

本书是继《工程力学 I》《工程力学实验指导》后，编写的配套力学教材。在内容编写上，本书以实用为原则，简明、易懂；突出理论与应用结合的特点，便于学生理论联系实际。本书内容是在宏观物系平衡系统的基础上，利用材料力学基本知识建立宏观受力与微观材料力学性能改变的关系。本书共 10 章，包含绪论，拉伸、压缩与剪切，扭转，弯曲内力，弯曲应力，弯曲变形，应力和应变分析、强度理论，组合变形的强度计算，压杆稳定，电测法，附录。其中除第 1 章、第 10 章，第 2 章～第 9 章均由"基础知识+专题+习题"构成，专题介绍所对应的理论知识在工程实际中的应用以及相关的背景知识；第 10 章重点介绍测试材料常用的物理方法；附录介绍平面图形的几何性质、型钢表及梁的挠度和转角。

本书适用于农业工程、土木工程、机械工程等工科专业的基础力学课程教学，同时可以作为科研人员的参考资料。

图书在版编目(CIP)数据

工程力学 II / 周岭等主编. —北京：科学出版社，2022.10
ISBN 978-7-03-072658-2

Ⅰ. ①工…　Ⅱ. ①周…　Ⅲ. ①工程力学－高等学校－教材
Ⅳ. ①TB12

中国版本图书馆 CIP 数据核字(2022)第 111033 号

责任编辑：朱晓颖 / 责任校对：王　瑞
责任印制：张　伟 / 封面设计：迷底书装

科 学 出 版 社 出版
北京东黄城根北街 16 号
邮政编码：100717
http://www.sciencep.com
涿州市般润文化传播有限公司 印刷
科学出版社发行　各地新华书店经销
*
2022 年 10 月第 一 版　开本：787×1092　1/16
2023 年 2 月第二次印刷　印张：12 3/4
字数：326 000

定价：59.00 元
(如有印装质量问题，我社负责调换)

前　言

《工程力学Ⅱ》是基于材料力学内容编写的，它在工科类课程尤其在基础课与专业课之间起着桥梁作用。本书编写以实用为原则，注重引导学生探寻从宏观到微观物质现象变化的内在规律，培养学生的力学思维和学以致用的能力。通过本课程的学习，学生可以掌握材料力学基本知识，学会运用材料力学基本理论去分析解决工程结构的实际问题，并为学习相关学科课程(工程材料、结构力学、振动理论、机械原理、机械零件、钢结构原理、混凝土结构原理等)打下基础。

本书编写具有以下主要特点。

(1)注重基础，突出重点和实际应用。除第1章和第10章外，其余各章均设置基础知识和专题，专题编写侧重工程实际案例和工程背景知识，便于学生理论联系实际和培养学生的大工程观。

(2)根据学生的认知规律和教师的教学规律，将部分难点知识与实际案例相结合，同时将材料性能常用测试方法"电测法"作为选修内容，便于学生对知识内容进行选读与延伸，培养学生的自学能力。

(3)在习题的选编上，将基于工程实际问题提炼出的"基础+综合"案例作为典型习题。

本书共10章，参加编写工作的人员有：塔里木大学周岭和万畅(第1章)、刘佳(第10章、附录)、高杰(第4章、第5章)、杨帆(第5章、第6章)、王龙(第7章)、王得伟(第9.1～9.6节)、肇庆学院于海明(第2章)、陕西理工大学张烈霞和山东理工大学李治宇(第3.1～3.6节)、新疆理工学院李风娟和李明周(第8章、附录)、王磊元和秦翠兰(习题、专题3、专题9)。

在本书编写过程中参考了同类教材，在此向相关作者表示衷心的感谢。

由于作者编写水平有限，书中不妥和疏漏之处在所难免，敬请广大读者批评指正。

作　者

2022年1月

目　　录

第1章 绪 论

1.1 材料力学的任务

工程结构或机械的各组成部分，如建筑物的梁和柱、机床的轴等，统称为构件。当工程结构或机械工作时，构件将受到载荷的作用，如车床主轴受齿轮啮合力和切削力的作用、建筑物的梁受自身重力和其他物体的作用力。构件一般由固体制成，在外力作用下，固体有抵抗破坏的能力，但这种能力又是有限的，而且在外力作用下，固体的尺寸和形状还将发生变化，称为变形。

实践表明：作用力越大，构件的变形越大；而当作用力过大时，构件将发生断裂或显著塑性变形。显然，构件工作时发生意外断裂或显著塑性变形是不容许的。对于许多构件，工作时产生过大变形一般也是不容许的。例如，如果机床主轴或床身变形过大，将影响加工精度；如果齿轮轴的变形过大，势必影响齿与齿间的正常啮合。实践中还发现，有些构件在某种外力作用下，将发生不能保持其原有平衡形式的现象。如轴向受压的细长连杆，当所加压力达到或超过一定数值时(其值因杆而异)，连杆将从直线形状突然变弯，且往往是显著的弯曲变形。

在一定外力作用下，构件突然发生不能保持其原有平衡形式的现象，称为失稳。构件工作时产生失稳一般也是不容许的。例如，桥梁结构的受压杆件失稳将可能导致桥梁结构的整体或局部塌毁。针对上述情况，对构件设计提出如下要求。

(1)构件应具备足够的强度(即抵抗破坏的能力)，以保证在规定的使用条件下不发生意外断裂或显著塑性变形；

(2)构件应具备足够刚度(即抵抗变形的能力)，以保证在规定的使用条件下不产生过大变形；

(3)构件应具备足够的稳定性(即保持原有平衡形式的能力)，以保证在规定的使用条件下不失稳。

以上三项是保证构件正常或安全工作的基本要求。

若构件横截面尺寸不足或形状不合理，或材料选用不当，将不能满足上述要求，从而不能保证工程结构或机械的安全工作。相反，也不应不恰当地加大横截面尺寸或选用优质材料，这样虽满足了上述要求，却多使用了材料和增加了成本，造成浪费。材料力学的任务就是在满足强度、刚度和稳定性的要求下，为设计既经济又安全的构件，提供必要的理论基础和计算方法。

在工程问题中，一般来说，构件都应有足够的强度、刚度和稳定性，但对具体构件又往往有所侧重。例如，储气罐主要是要保证强度，车床主轴主要是要具有一定的刚度，而受压的细长杆则应保持稳定性。此外，对某些特殊构件还可能有相反的要求。例如，为防止超载，当载荷超出某一极限时，安全销子应立即破坏；又如，为发挥缓冲作用，车辆的缓冲弹簧应有较大的变形。

　　研究构件的强度、刚度和稳定性时，应了解材料在外力作用下表现出的变形和破坏等方面的性能，即材料的力学性能，而力学性能要由试验来测定。此外，经过简化得出的理论是否可信，也要由试验来验证。还有一些尚无理论结果的问题，须借助试验方法来解决。所以，试验分析和理论研究同是材料力学解决问题的方法。

1.2　变形固体的基本假设

　　固体因外力作用而变形，故称为变形固体或可变形固体。固体有多方面的属性，研究的角度不同，侧重面各不一样。研究构件的强度、刚度和稳定性时，为抽象出力学模型，掌握与问题有关的主要属性，略去一些次要属性，对变形固体做下列假设。

　　(1)连续性假设：认为组成固体的物质不留空隙地充满了固体的体积。实际上，组成固体的粒子之间存在着空隙，并不连续，但这种空隙的大小与构件的尺寸相比极其微小，可以不计，于是就认为固体在其整个体积内是连续的。这样，当把某些力学量看作面体的点的坐标的函数时，对这些量就可以进行坐标增量为无限小的极限分析。

　　(2)均匀性假设：认为在固体内到处有相同的力学性能。就金属来说，组成金属的各晶粒的力学性能并不完全相同，但因构成构件的任一部分中都包含无数的晶粒，而且无规则地排列，固体的力学性能是各晶粒力学性能的统计平均值，所以可以认为各部分的力学性能是均匀的。这样，若从固体中取出一部分，无论大小，也无论从何处取出，力学性能总是相同的。

　　材料力学研究构件受力后的强度、刚度和稳定性，把它抽象为均匀连续的模型，可以得出满足工程要求的理论。对发生晶粒大小的范围内的现象，就不宜再用均匀连续假设。

　　(3)各向同性假设：认为无论沿着任何方向，固体的力学性能都是相同的。就金属的单一晶粒来说，沿不同的方向，力学性能并不一样。但金属构件包含数量极多的晶粒，且它们又杂乱无章地排列，这样，沿各个方向的力学性能就接近相同了。具有这种属性的材料称为各向同性材料，如钢、铜、玻璃等。

　　沿不同方向力学性能不同的材料，称为各向异性材料，如木材、胶合板和某些人工合成材料等。

1.3　外力及其分类

　　当研究某一构件时，可以设想把这一构件从周围物体中单独取出，并用力来代替周围各物体对构件的作用。这些来自构件外部的力就是外力。按外力的作用方式可分为表面力和体积力。表面力是作用于物体表面的力，又可分为分布力和集中力。分布力是连续作用于物体表面的力，如作用于油缸内壁上的油压力、作用于船体上的水压力等。有些分布力是沿杆件的轴线作用的，如楼板对屋梁的作用力。若外力分布面积远小于物体的表面尺寸，或沿杆件轴线的分布范围远小于轴线长度，就可将其看作作用于一点的集中力，如火车轮对钢轨的压力、滚珠轴承对轴的反作用力等。体积力是连续分布于物体内部各点的力，如物体的自重和惯性力等。

按载荷随时间变化的情况，又可分成静载荷和动载荷。若载荷缓慢地由零增加到某一定值，以后即保持不变，或变动很不显著，即为静载荷。例如，把机器缓慢地放置在基础上时，机器的重量对基础的作用便是静载荷。若载荷随时间而变化，则为动载荷。随时间做周期性变化的动载荷称为交变载荷，例如，齿轮转动时，作用于每一个齿上的力都是随时间做周期性变化的。冲击载荷则是物体的运动在瞬时内发生突然变化所引起的动载荷，例如，紧急制动时飞轮的轮轴、锻造时汽锤的锤杆等都受到冲击载荷的作用。

材料在静载荷下和在动载荷下的性能颇不相同，分析方法也颇有差异。因为静载荷问题比较简单，所建立的理论和分析方法又可作为解决动载荷问题的基础，所以首先研究静载荷问题。

1.4　内力、截面法和应力的概念

1. 内力

变形固体在没有受到外力作用之前，内部质点与质点之间就已经存在着相互作用力以使固体保持一定的形状。当固体受到外力作用而发生变形时，各点之间产生附加的相互作用力，称为附加内力，简称内力。也就是说，材料力学所研究的内力是由外力引起的，内力将随外力的变化而变化，外力增大，内力也增大，外力去掉后，内力也将随之消失。内力的分析与计算是材料力学解决构件的强度、刚度、稳定性问题的基础。

2. 截面法

内力是由外力引起并与变形同时产生的，它随着外力的增大而增大，当超过某一限度时，构件就发生破坏。所以，要研究构件的承载能力，必须研究和计算内力。根据变形固体的连续性假设，弹性体内各部分的内力是连续分布的，可将构件假想地沿某一截面切开，确定截面上的内力，这就是求解内力的普遍方法，即截面法。下面介绍截面法。

用一平面 *m-m* 假想地在欲求内力处将构件分为Ⅰ、Ⅱ两部分。任取其中一部分(如左半部分Ⅰ)作为研究对象，弃去另一部分(如右半部分Ⅱ)，见图 1-1(a)。在Ⅰ部分，除原有作用的外力 F_a、F_b，截面上还应作用有内力(即部分Ⅱ对部分Ⅰ的作用力)，这样才能与Ⅰ部分所受外力平衡，如图 1-1(b)所示。根据作用力与反作用力可知，Ⅱ部分也受到Ⅰ部分内部构件的反作用力，两者大小相等且方向相反。

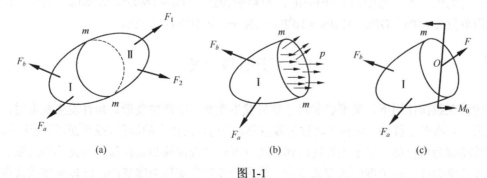

图 1-1

对研究对象 I 部分而言，该部分所受外力与 *m-m* 截面上的内力组成平衡力系，见图 1-1(c)，根据平衡方程即可求出 *m-m* 截面上所作用的内力。上述显示并确定内力的方法，称为截面法。概括而言，截面法可归纳为以下 3 个步骤。

(1)截开。用假想截面将构件沿待求内力截面处截开，将构件一分为二。

(2)代替。任取一部分分析，画出作用在该部分上的所有外力和内力。

(3)平衡。根据研究部分的平衡条件建立平衡方程，由已知外力求出未知内力。

3. 应力

确定截面内力后，还不能判断构件在外力作用下是否会因强度不足而破坏，为说明分布内力系在截面内某一点处的强弱程度和方向，下面引入内力集度的概念。要了解物体的某一截面 *m-m* 上任意一点 *C* 处分布内力的情况，可设想在 *m-m* 截面上围绕 *C* 点取一微小面积 ΔA(图 1-2)，设该截面面积上分布内力的合力为 ΔF，ΔF 与 ΔA 的比值可度量 *C* 点周围内力系的平均集度，称为平均应力，记作 $p_m = \dfrac{\Delta F}{\Delta A}$。

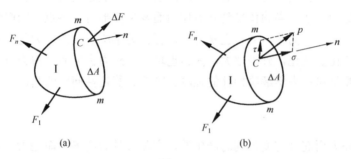

(a)   (b)

图 1-2

当 ΔA 趋近于零时，平均应力 p_m 的极限值称为截面 *m-m* 上 *C* 点的应力，用 p 表示，即

$$p = \lim_{\Delta A \to 0} \frac{\Delta F}{\Delta A} = \frac{\mathrm{d}F}{\mathrm{d}A} \tag{1-1}$$

应力 p 的方向为 ΔF 的极限方向，如图 1-2(b)所示，通常，将应力 p 沿截面的法向与切向分解为两个分量。沿截面法向的应力分量称为正应力，用 σ 表示；沿截面切向的应力分量称为切应力，用 τ 表示。

应力的国际单位为帕斯卡(Pascal)，简称帕(Pa)，$1\text{Pa} = 1\text{N/m}^2$。在实际工程中，应力的常用单位为 MPa、GPa，$1\text{MPa} = 10^6\text{Pa} = 1\text{N/mm}^2$，$1\text{GPa} = 10^9\text{Pa}$。

1.5 变形与应变

构件在载荷作用下，其形状和尺寸都将发生改变，即产生变形。构件发生变形时，内部任意一点将产生移动，这种移动称为线位移。同时，构件上的线段(或平面)将发生转动，这种转动称为角位移。由于构件的刚体运动也可产生线位移和角位移，因此构件的变形要用线段长度的改变和角度的改变来描述。线段长度的改变称为线变形，线段角度的改变称为角变形。线变形和角变形分别用线应变和切应变来度量。如图 1-3 所示,在构件中取出一微小六面体,现取其中一棱边研究,设棱边 AB 原长为 Δx,构件在载荷作用下发生变形,A 点沿 x 轴方向的位移为 u,B 点沿 x 轴方向的位移为 $u+\Delta u$,即长度改变量为 Δu,棱边 AB 的平均应变为

$$\varepsilon_m = \frac{\Delta u}{\Delta x} \tag{1-2}$$

通常情况下,AB 边上各点变形程度不同,则

$$\varepsilon = \lim_{\Delta x \to \infty} \frac{\Delta u}{\Delta x} = \frac{\mathrm{d}u}{\mathrm{d}x} \tag{1-3}$$

称为 A 点沿 x 轴方向的线应变或简称为应变。

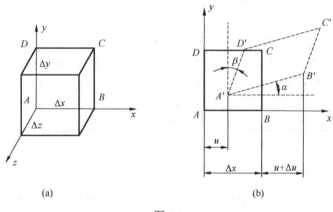

(a)　　　　　　　　　　(b)

图 1-3

线应变的物理意义是构件上一点沿某一方向变形量的大小。线应变无量纲,无单位。棱边长度发生改变时,相邻棱边的夹角一般也相应发生改变。如图 1-3(b) 所示,AD 边与 AB 边原交角为直角,若变形后两线段的夹角为 $\angle D'A'B'$,当 AB 边与 AD 边的两边长趋于无限小时,变形后原直角发生微小角度改变,即

$$\gamma = \lim_{\substack{\Delta x \to 0 \\ \Delta y \to 0}} \left(\frac{\pi}{2} - \angle D'A'B' \right), \quad 即 \ \gamma = \alpha + \beta \tag{1-4}$$

γ 称为 A 点在 xy 平面内的切应变或剪应变,切应变单位为弧度。线应变 ε 和切应变 γ 是度量一点处变形程度的基本量。

1.6　杆件变形的基本形式

构件可以有各种几何形状,材料力学主要研究长度远大于横截面尺寸的构件,称为杆件或简称为杆。杆件有两个主要的几何因素,即轴线和横截面。轴线是杆件各个截面形心的连线,轴线为直线的杆称为直杆,见图 1-4(a),否则称为曲杆,见图 1-4(b);横截面是

与轴线垂直的截面，横截面的形状和面积大小不变的杆件称为等截面杆，见图1-4(a)；否则称为变截面杆，见图1-4(b)。轴线为直线且横截面沿轴线不发生变化的杆件称为等直杆，见图1-4(a)。等直杆是材料力学研究的主要对象，在一定条件下，等直杆的计算原理也可近似地用于曲率很小的曲杆和横截面变化不大的变截面杆。

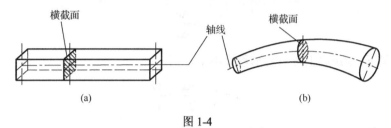

图1-4

作用在杆件上的外力是多种多样的，因此杆件的变形也是各种各样的，但这些变形的基本形式不外乎以下四种。

(1)轴向拉伸和轴向压缩。杆的变形是由大小相等、方向相反、作用线与杆件轴线重合的一对外力引起的，表现为杆件的长度发生伸长(图1-5(a))或缩短(图1-5(b))。起吊重物的钢索、桁架中的杆件、液压缸的活塞杆等的变形，都属于轴向拉伸和压缩变形。

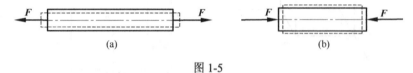

图1-5

(2)剪切。杆的变形是由大小相等、指向相反、作用线相互平行且相距很近的一对横向外力引起的，表现为横截面沿外力作用方向发生相对错动(图1-6)。工程中常用的连接件，如螺栓、销钉、铆钉等都产生剪切变形。应该指出，大多数情况下剪切变形与其他变形形式共同存在。

(3)扭转。杆的变形是由大小相等、转向相反、作用面都垂直于杆轴的外力偶引起的，表现为杆件的任意两个横截面发生绕轴线的相对转动(图1-7)。汽车中传动轴、电机和水轮机的主轴等都是受扭杆件。

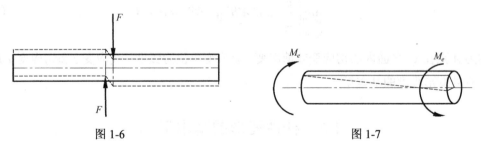

图1-6   图1-7

(4)弯曲。杆的变形是由作用于包含杆轴的纵向平面内的一对大小相等、方向相反的外力偶引起的，见图1-8(a)，或是由垂直于杆件轴线的横向力引起的，见图1-8(b)，直杆的相邻横截面将绕垂直于杆件轴线的轴发生相对转动，变形后的杆件轴线将弯成曲线。前者变形形式称为纯弯曲，后者变形将是纯弯曲与剪切变形的组合，通常称为横力弯曲。在工程中弯曲变形是最为常见的一种变形形式，各种桥梁、房屋中的横梁、桥式起重机的大梁的变形都属于弯曲变形。

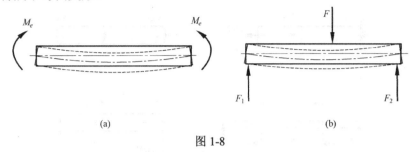

图 1-8

工程中常用构件在载荷作用下的变形大多为上述几种基本变形形式的组合。若以某一种基本变形形式为主，其他属于次要变形，则可按该基本变形形式计算。若几种变形形式都是非次要变形，则属于组合变形问题。本书将依次讨论构件的每一种基本变形，然后再分析组合变形问题。

习　　题

1-1　什么是强度和刚度？杆件的强度和刚度与哪些因素有关？

1-2　构件设计的基本要求是什么？存在哪些矛盾？

1-3　为什么材料力学要假设材料是连续和均匀的？

1-4　内力和应力是同一概念吗？若不是，有何区别？

1-5　变形和应变是同一概念吗？若不是，有何区别？

1-6　线应变和切应变的几何意义是什么？

1-7　如图所示的 A 点处各单元体中，虚线表示变形后的形状，试指出各单元体切应变的大小。

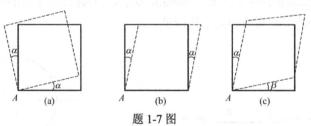

题 1-7 图

1-8　试讨论如图所示的各结构中图(a)的曲杆、图(b)的 AD 杆、图(c)的 AB 杆分别将发生怎样的变形。

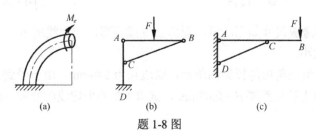

题 1-8 图

1-9 试求如图所示杆件横截面 *m-m* 上内力分量的大小，并用图示出各内力分量的实际方向。

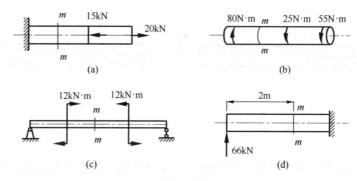

题 1-9 图

1-10 如图所示杆件斜截面 *m-m* 上 *a* 点处的全应力 $p = 40\text{MPa}$，其方向与杆轴线平行，试求该点的正应力和切应力，并用图示出。

1-11 如图所示矩形截面杆横截面 *m-m* 上的正应力 $\sigma = 60\text{MPa}$，横截面尺寸见图(b)。试问，该横截面上存在何种内力分量？量值为多少？

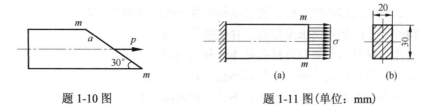

题 1-10 图   题 1-11 图（单位：mm）

1-12 如图所示拉伸试样中部 *A*、*B* 两点之间的距离为 20mm，受力后，两点间距离的增量为 0.003mm，试求两点之间的平均正应变。

1-13 如图所示薄圆板的半径 $R = 100\text{mm}$，变形后仍为圆形，半径的增量 $\Delta R = 0.005\text{mm}$，试求沿半径方向和边界圆周方向的平均应变。

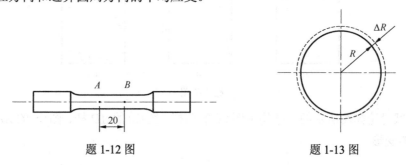

题 1-12 图   题 1-13 图

1-14 正方形薄板尺寸如图所示，受力后变成菱形，如虚线所示。试求点 *A* 处两垂直边方向切应变的大小。

1-15 等腰直角三角形薄板如图所示，底边长为 240mm，由于受到外力作用而产生变形，顶点 *B* 竖直向上移动距离 $\delta = 0.03\text{mm}$，试求 *OB* 的平均线应变和 *AB*、*BC* 两边在 *B* 点的切应变。

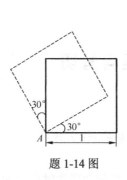

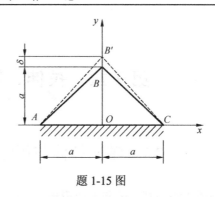

题 1-14 图　　　　　　　　　题 1-15 图

1-16　如图所示矩形薄板未变形前长为 l_1、宽为 l_2，变形后长、宽分别增加 Δl_1 和 Δl_2。试求沿对角线 AC 方向的线应变。

1-17　如图所示四边形平板变形后成为平行四边形(虚线)，四边形的 AD 边保持不变。试求：①沿 AC 的平均线应变；②A 点的切应变。

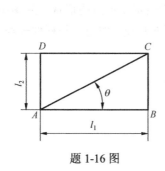

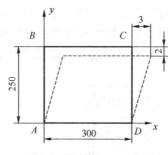

题 1-16 图　　　　　　　　题 1-17 图(单位：mm)

1-18　如图所示，直角折杆 $ABCD$ 在 CD 段承受均布载荷 q，求 AB 段上内力偶矩为零的横截面的位置。

1-19　试求如图所示杆件指定各截面上的内力大小。

1-20　两边固定的矩形薄板如图所示，变形后 ab 和 ad 两边保持为直线。a 点沿垂直方向向下移动 0.025mm。试求 ab 边的平均线应变和 ab、ad 两边夹角的变化量。

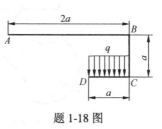

题 1-18 图

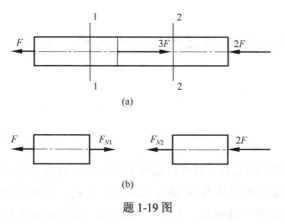

(a)

(b)

题 1-19 图

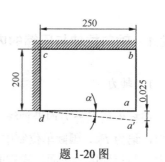

题 1-20 图

第2章 拉伸、压缩与剪切

2.1 轴向拉伸与压缩的概念和实例

轴向拉伸或压缩是杆件的基本变形形式之一。工程实际中发生轴向拉伸和压缩的构件很常见。例如，起吊重物时的起吊钢索、拉床工作时的拉刀等都承受拉伸；而桥墩结构的支柱、千斤顶的螺杆，以及内燃机的连杆在燃气爆发冲程中(图2-1)都承受压缩。实际上，理论力学中提到的二力杆都是轴向拉伸或压缩的例子。产生轴向拉伸或压缩的杆件统称为拉压杆。虽然实际中的杆件形状各异，连接情况及加载方式也各不相同，但是为便于分析，都可以简化为如图 2-2 所示的计算简图。图中虚线表示变形后的形状。从图中可看出，它们共同的受力特点是：杆件两端受到大小相等、方向相反、作用线与杆件轴线重合的外力。其变形特点是，杆件沿轴线方向伸长或缩短。

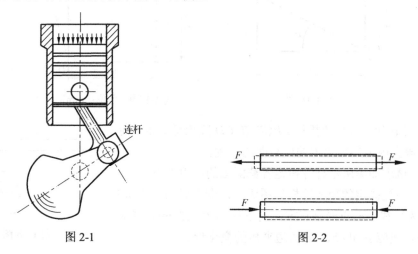

图 2-1   图 2-2

2.2 直杆轴向拉伸或压缩时横截面上的内力和应力

2.2.1 轴向拉伸与压缩的内力

1. 轴力

在杆件所受外力均沿轴线方向时(图 2-3(a))，杆件横截面上只有一种内力分量，称为轴力，记为 F_N。国际单位制中轴力的常用单位为 N 或 kN。以图 2-3 为例，用截面法计算轴力。假想地用一平面沿横截面 *m-m* 将杆分成两段，杆左右两段在横截面 *m-m* 上相互作用的内力是一个分布力系，见图 2-3(b) 和 (c)，由于外力 F 的作用线与杆轴线重合，因此，该分布力系的合力作用线也必然与杆件的轴线重合，即轴力 F_N 通过截面的形心并垂直于横截面。取左段为研究对象，由静力平衡方程

$$\sum F_x = 0$$

可得

$$F_N - F = 0 , \quad F_N = F$$

　　轴力的正负号由杆件的变形情况来规定：杆件受拉时轴力为正，称为拉力；杆件受压时轴力为负，称为压力。

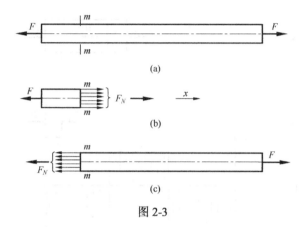

图 2-3

2. 轴力图

　　当杆件所受的轴向外力多于两个时，在杆件的各个不同横截面上，轴力不一定相同，此时，可以用轴力图形象地将杆件各横截面上的轴力沿轴线变化的情况表示出来。具体做法为：画出平行于杆件轴线的横坐标轴（x 轴），用以表示各横截面的位置；画出垂直于杆件轴线的纵坐标轴，用以表示相应横截面上的轴力；再按一定的比例画出来，用以表示轴力与横截面位置的关系。习惯上将拉力画在 x 轴上方，并标号 $\oplus$；压力画在 x 轴下方，并标号 $\ominus$。轴力图还可以方便地显示出杆件最大的轴力及其所在横截面的位置。

　　例 2-1　试求图 2-4(a) 所示拉杆截面 1-1、2-2、3-3 上的轴力，并作出轴力图。

　　解： 对于截面 1-1，沿该截面将杆切开，弃去左段，保留右段作为研究对象。假设截面 1-1 上的轴力 F_{N1} 为拉力，见图 2-4(b)，由平衡方程 $\sum F_x = 0$，得

$$F_{N1} + 3F - 3F + 2F = 0$$

$$F_{N1} = -2F$$

求得的 F_{N1} 为负号，说明 F_{N1} 的方向与假设相反，是压力。

　　对于截面 2-2，同样沿该截面将杆切开，并保留右段作为研究对象，假设其轴力 F_{N2} 为拉力，见图 2-4(c)。由平衡方程 $\sum F_x = 0$，得

$$F_{N2} - 3F + 2F = 0$$

$$F_{N2} = F$$

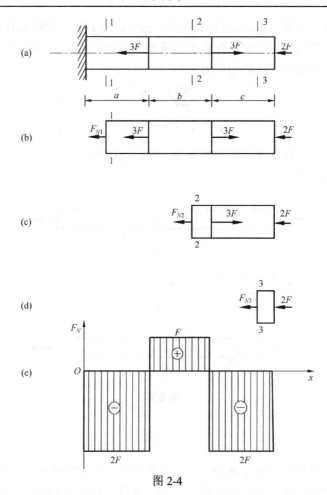

图 2-4

求得的 F_{N2} 为正号，说明假设的 F_{N2} 为拉力是正确的。

对于截面 3-3，沿该截面将杆切开，同样取右段为研究对象，并假定轴力 F_{N3} 为拉力，见图 2-4(d)，由平衡方程 $\sum F_x = 0$，得

$$F_{N3} = -2F$$

符号为负，说明 F_{N3} 也为压力。按照轴力图的规则，做出此杆的轴力图，如图 2-4(e)所示。由图可以看出，a 段与 c 段内为压缩变形，b 段内为拉伸变形，最大的轴力发生在 a 段与 c 段，其值为

$$|F_N|_{\max} = 2F$$

由例 2-1 可知，在用截面法求轴力时，可以总是假定在切开截面上的轴力 F_N 为拉力，即画受力图时轴力的箭头背离截面，然后由静力平衡方程求出 F_N，若求得的 F_N 为正号，则说明该轴力是拉力，若求得的 F_N 为负号，则说明该轴力是压力。

2.2.2 截面上的应力

1. 横截面上的应力

事实上，仅进行轴力分析还不足以判断构件的强度是否足够。例如，对材料相同而粗

细不同的两杆施加同样大小的拉力，它们的轴力必然是相同的，但拉力增大时，细杆必定先被拉断。可见，杆的强度不仅与轴力有关，还与横截面面积有关，杆件的受力程度应该用应力来衡量。在拉压杆的横截面上，与轴力 F_N 相对应的应力是正应力 σ。根据连续性假设可知，横截面上处处存在着内力。假设杆件的横截面面积为 A，则微小面积 $\mathrm{d}A$ 上的内力元素 $\sigma\mathrm{d}A$ 构成一个垂直于横截面的平行力系，其合力就是轴力 F_N，即有

$$F_N = \int_A \sigma\mathrm{d}A \tag{2-1}$$

由于正应力 σ 的分布规律是未知的，所以式(2-1)并不能直接用来计算轴力。为了得到正应力的分布规律，材料力学采用的是通过试验来推测的方法。内力不能被直接观察到，但是构件在受到外力作用而产生内力的同时必然产生变形，内力与变形存在着一定的物理关系，通过构件的变形就可以了解到内力的分布情况。因此，可以先通过试验观察到杆件表面在受力后的变形，然后由表及里地做出杆件内部变形情况的几何假设，再根据力与变形间的物理关系，得到应力在截面上的变化规律，最后利用应力与内力之间的静力关系，得到用内力表示的应力计算公式。以图 2-5(a)所示的等截面直杆为例，变形前在杆的外表面标出垂直于杆件轴线的直线 1-1 与 2-2，然后在杆两端施加轴向拉力 F。从试验中观察到：杆件受力变形后，直线 1-1 与 2-2 仍为直线，且仍垂直于杆件轴线，只是间距增大，分别平移至 1′-1′与 2′-2′位置。

根据上述试验所观察到的杆件外部的变形现象，考虑变形方式的可能性，对杆件内部的变形可以做出假设：变形前为平面的横截面，变形后仍为平面，并且仍垂直于轴线，这个假设称为平面假设。若将杆件看成由无数平行于轴线的纵向纤维组成的，那么平面假设就意味着拉伸时所有纵向纤维的伸长量是相

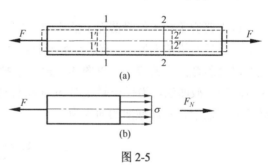

图 2-5

等的，即拉杆在其任意两个横截面间的伸长变形是均匀的，由此可推断其横截面上的内力分布也是均匀的，即横截面上各点处的正应力 σ 是相等的(图 2-5(b))，σ 是一个常量。于是由式(2-1)可得

$$F_N = \int_A \sigma\mathrm{d}A = \sigma A \tag{2-2}$$

式(2-2)即为拉杆横截面上正应力 σ 的计算公式，它适用于受轴向拉、压作用的横截面为任意形状的等截面直杆。正应力与轴力具有相同的正负规定，即拉应力为正，压应力为负。还须指出，变形后杆件上的纵向线与横向线的直角夹角保持不变，即没有切应变产生，横截面上的切应力为零。

例 2-2　如图 2-6(a)所示轴向拉压杆的横截面面积 $A = 1000\mathrm{mm}^2$，载荷 $F = 10\mathrm{kN}$，纵向分布载荷的集度 $q = 10\mathrm{kN/m}$，$a = 1\mathrm{m}$。不计杆的自重，试求截面 1-1 的正应力 σ 和杆中的最大正应力 σ_{max}。

解：首先由截面法可以求得杆左半段内任一截面的轴力都为零。右半段上沿距杆右端

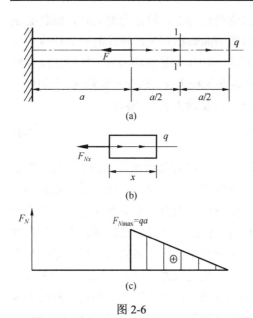

图 2-6

x 处切开（图 2-6(b)），该截面上的轴力为

$$F_{Nx} = qx$$

于是可以作出杆的轴力图，如图 2-6(c)所示。截面 1-1 距离杆右端的距离为 $a/2$，故该截面上的轴力为 $F_{N1} = qa/2$，则截面 1-1 的正应力 σ 为

$$\sigma = \frac{F_{N1}}{A} = \frac{qa}{2A} = 5\text{MPa}$$

由轴力图可知，最大轴力出现在杆正中处的横截面上，即 $F_{N\max} = F_{N2} = qa$。由于杆是等截面直杆，故最大应力也出现在最大轴力的横截面上。因此，有

$$\sigma_{\max} = \frac{F_{N\max}}{A} = \frac{qa}{A} = 10\text{MPa}$$

最大工作应力所在的截面常称为危险截面。

2. 斜截面上的应力

以上研究了拉压杆横截面上的应力，但不同材料的试验结果表明，拉压杆的破坏并不一定总是沿着横截面发生，有时是沿着斜截面发生的。为了更全面地了解杆内的应力情况，现在研究斜截面上的应力。以图 2-7(a)所示拉杆为例，设杆的轴向拉力为 F，横截面面积为 A。应用截面法，沿任一斜截面 m-m 将杆切开，该截面的方位以其外法线 on 与 x 轴的夹角 α 来表示，则斜截面的面积为

$$A_\alpha = \frac{A}{\cos\alpha} \tag{2-3}$$

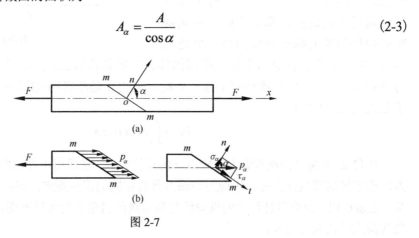

图 2-7

与对横截面应力的分析同理可以推断，斜截面 m-m 上的应力 p_α 也为均匀分布的（图 2-7(b)），且其方向必与杆轴平行。取杆件左段为研究对象，用 P_α 表示斜截面上的内力，可得平衡方程：　　　　　　　　　　$P_\alpha A_\alpha - F = 0$

则斜截面 m-m 上各点处的应力为

$$p_\alpha = \frac{F\cos\alpha}{A} = \sigma\cos\alpha$$

式中，$\sigma = F/A$ 代表杆件横截面上的正应力。将应力 p_α 分解成垂直于斜截面的正应力 σ_α 和平行于斜截面的切应力 τ_α（图 2-7(c)），可得

$$\sigma_\alpha = p_\alpha\cos\alpha = \sigma\cos^2\alpha$$

$$\tau_\alpha = p_\alpha\sin\alpha = \frac{\sigma}{2}\sin 2\alpha$$

可见，在拉压杆的任一斜截面上，不仅存在正应力，而且存在切应力，其大小则均随截面的方位角变化，并且当 $\alpha = 0°$ 时（横截面），正应力达到最大，切应力为零：

$$\sigma_\alpha = \sigma_{\max} = \sigma, \quad \tau_\alpha = 0 \tag{2-4}$$

$\alpha = 45°$ 时，切应力达到最大，正应力与切应力相等：

$$\sigma_\alpha = \tau_\alpha = \frac{\sigma}{2} \tag{2-5}$$

$\alpha = 90°$ 时（纵向截面），没有应力：

$$\sigma_\alpha = 0, \quad \tau_\alpha = 0 \tag{2-6}$$

例 2-3　如图 2-8 所示，设有一木柱承受压力 F，已知钢块的横截面面积 $A_1 = 4\text{cm}^2$，木柱的横截面面积 $A_2 = 82\text{cm}^2$。将钢块内横截面上的正应力视为均匀分布，$\sigma_1 = 35\text{MPa}$。试求木柱内顺纹方向的正应力和切应力。（不计钢块及木柱的自重。）

解：由于已知钢块内横截面上的正应力和钢块的横截面面积，故可以求出外力 F 为

$$F = \sigma_1 A_1 = 14\text{kN}$$

由力的传递原理知，作用在木柱上的外力也为 14kN，则木柱横截面上的正应力为

$$\sigma_2 = \frac{F}{A_2} = 1.70\text{MPa}$$

则顺纹方向 $(\alpha = 30°)$ 上的正应力为

$$\sigma_\alpha = \sigma_2\cos^2\alpha = 1.275\text{MPa}$$

切应力为

$$\tau_\alpha = \frac{\sigma_2}{2}\sin 2\alpha = 0.74\text{MPa}$$

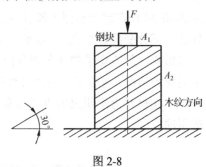

图 2-8

2.3　圣维南原理

前面的分析和讨论都是基于杆的任一截面上的应力均匀分布而进行的。而在实际中，载荷以不同的方式施加在构件上时，对构件横截面上的应力分布是有影响的，这就使得作用在杆端的轴向载荷沿端面为非均匀分布的，并且载荷作用点附近各截面的应力也为非均匀分布的。但圣维南(Saint-Venant)原理指出，载荷作用于杆端的分布方式只影响杆端局部范围内的应力分布，影响区的轴向范围为离杆端 1～2 个杆的横向尺寸，而离外力作用点较

远的横截面上的应力分布便是均匀的了。此原理已为大量试验与计算所证实。例如，如图 2-9(a)所示承受集中力 F 作用的杆，其截面高度为 h，在 $x = h/4$ 与 $x = h/2$ 的横截面 1-1 与横截面 2-2 上，应力虽为非均匀分布的(图 2-9(b))，但在 $x = h$ 的横截面 3-3 上，应力则已趋向均匀(图 2-9(c))。因此，只要载荷合力的作用线沿杆件轴线，在离载荷作用面稍远处，横截面上的应力分布都可视为均匀的。

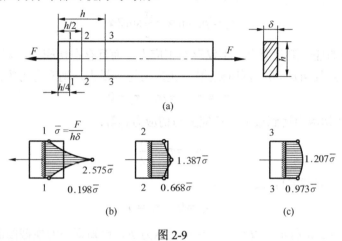

图 2-9

另外，在理论力学中，由于物体都假设为刚体，因此解决平衡及运动状态问题时，常把力沿着作用线移动，把力偶在作用面内移动，或用相当力系代替某些外力。但是在材料力学中研究构件的内力与变形时，任意移动力的位置可能造成根本性的错误。以图 2-10 为例，图 2-10(a)和图 2-10(b)所示的两杆完全相同，所受载荷 F 的大小和方向也相同，但是着力点不同。对于 CB 段内某一截面，分析易知图 2-10(a)杆在这个截面上存在拉力，而图 2-10(b)杆在这个截面上没有内力。变形方面，图 2-10(a)杆是全部受拉，图 2-10(b)杆只是一部分受拉(AC 段)，显然，前者的伸长较多。所以力 F 的移动虽然对于整体的平衡没有影响，却改变了物体各部分内力及变形的情况。同样，分析图 2-10(c)和图 2-10(d)所示的受力情况，可以发现考虑杆件的内力和变形时，横向集中力或力偶也是不可以移动的。所以，在材料力学研究的内力与变形问题中，关于力系用相当力系代替的原理，通常是不适用的。

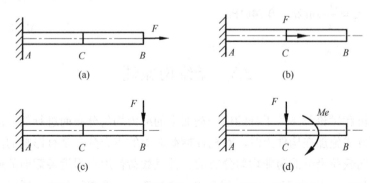

图 2-10

2.4　材料拉压时的力学性能

构件的强度不仅与应力有关，而且与制作构件所采用的材料的力学性能有很大关系。材料的力学性能是指材料在外力作用下表现出的变形、破坏等方面的特性。它需要通过试验测定。针对构件不同的工作条件，测试材料力学性能的方法多种多样，我国相关的国家标准对各类材料力学性能试验中的试验条件、试验设备及方法等进行了严格规定。这里主要介绍材料在常温、静载下的拉伸和压缩试验，以及通过试验所得到的一些典型材料的力学性能。

拉伸试验是研究材料力学性能的常用基本试验。对于金属材料，圆截面的哑铃状标准试件如图 2-11 所示。在试件中间等直部分取一段长度为 l 的工作长度，称为标距。对于圆截面试件，常见的符合国家标准规定的试件标距为 $l = 5d$ 和 $l = 10d$。

试验在拉伸试验机（图 2-12）上进行，试验中把试件装夹在试验机上，使试件受到自零缓慢渐增的拉力 F 作用，于是在试件标距 l 内产生相应的变形 Δl，变形记录装置记录试件变形，把试验过程中的拉力 F 与对应的变形 Δl 绘制成 $F\text{-}\Delta l$ 曲线，称为拉伸图。

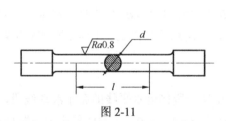

图 2-11　　　　　　　　　　　　　　　　　　　　　　图 2-12

1. 低碳钢拉伸时的力学性能

低碳钢是指含碳量在 0.3%以下的碳素钢的统称。根据材料成分不同和力学性能差异，低碳钢又有许多不同牌号，如 Q235 等。这类钢材在工程中使用较广，在拉伸试验中表现出的力学性能也最为典型。

图 2-13 为低碳钢的 $F\text{-}\Delta l$ 曲线，与试件的几何尺寸相关。为了消除试件几何尺寸的影响，通常将拉力 F 除以试件原始的横截面面积 A 得到正应力 $\sigma = \dfrac{F}{A}$，而将变形量 Δl 除以试件原始的标距 l，得到正应变 $\varepsilon = \dfrac{\Delta l}{l}$（有关轴向拉压时正应变 ε 的计算和描述方法，将在 2.7 节中详细讨论）。这样就可得到材料的正应力 σ 与正应变 ε 的关系曲线，称为应力-应变图或 $\sigma\text{-}\varepsilon$ 曲线，如图 2-14 所示。

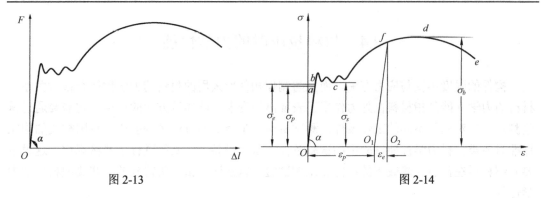

图 2-13　　　　　　　　　　　　　　　　　图 2-14

根据试验结果,低碳钢的力学性能大致如下。

1) 弹性阶段

图 2-14 中 σ-ε 曲线的 Oa 段为直线,这时应力与应变呈线性关系,即

$$\sigma = E\varepsilon \tag{2-7}$$

这就是拉伸与压缩的胡克定律。图中 a 点对应的应力 σ_p 称为比例极限,它是应力与应变呈线性关系的最大应力。式 (2-7) 中的比例常数 E 称为材料的弹性模量或杨氏模量,图 2-14 中 α 角的正切即直线 Oa 的斜率,等于材料的弹性模量 E。

$$\tan\alpha = \frac{\sigma}{\varepsilon} = E \tag{2-8}$$

应力超过比例极限以后,曲线微弯,但只要不超过 b 点,材料仍是弹性的,即试件仍处于弹性变形阶段,卸载后变形能够完全恢复。b 点对应的应力 σ_e 称为弹性极限,它是材料只产生弹性变形的最大应力。由于一般材料的 a、b 两点相当接近,工程中对比例极限和弹性极限并不严格区分。

2) 屈服阶段

当应力超过 b 点增加到某一数值时,曲线上出现一段接近水平线的微小波动线段,应变显著增加而应力基本保持不变,材料暂时失去抵抗变形的能力,这种现象称为屈服(或流动)。屈服阶段内的最高点和最低点分别称为上屈服点和下屈服点,上屈服点所对应的应力值与试验条件相关,下屈服点则比较稳定,通常把下屈服点 c 所对应的应力 σ_s 称为屈服极限(或流动极限)。

在屈服阶段,在经过磨光的试件表面上可看到与试件轴线大致成 45° 的条纹(图 2-15),这是由于材料内部晶格之间产生滑移而形成的,通常称为滑移线。拉伸时在与杆轴线成 45° 的斜截面上,切应力值最大,可见屈服现象与最大切应力有关。

当应力达到屈服极限时,材料将发生明显的塑性变形。工程中,构件产生较大的塑性变形后就不能正常工作。因此,屈服极限常作为这类构件是否破坏的强度指标。

值得注意的是,并不是所有塑性材料都有明显的屈服阶段。有些材料,如黄铜、铝合金等,没有明显的屈服阶段。对于没有明显屈服极限的塑性材料,可以将产生 0.2% 塑性应变时的应力作为屈服指标,用 $\sigma_{0.2}$ 表示,称为名义屈服极限,如图 2-16 所示。

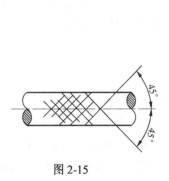

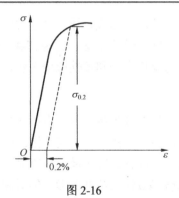

图 2-15　　　　　　　　　　　　　　　　图 2-16

3) 强化阶段

超过屈服阶段后，在 σ-ε 曲线上的 cd 段，材料又恢复了抵抗变形的能力，要使它继续变形就必须增加拉力，这种现象称为材料的强化。曲线的最高点 d 所对应的应力 σ_b 称为强度极限，是材料能承受的最大应力，它是衡量材料性能的另一个强度指标。

4) 局部变形阶段

应力达到强度极限后，变形就集中在试件某一局部区域内，截面横向尺寸急剧缩小，形成颈缩现象(图 2-17)。颈缩部分的横截面面积迅速减小，使试件继续伸长所需要的拉力也相应减小。最后试件在颈缩处被拉断(图 2-18)。

图 2-17　　　　　　　　　　　　　　　　图 2-18

5) 延伸率与断面收缩率

试件被拉断后，弹性变形消失，塑性变形仍然保留。试件标距由原长 l 变为 l_1，l_1-l 是残余伸长，它与原长 l 之比的百分率称为延伸率，用 δ 表示，即

$$\delta = \frac{l_1 - l}{l} \times 100\% \tag{2-9}$$

试件断裂时的塑性变形越大，残余伸长越大，延伸率也就越大。因此，延伸率是衡量材料塑性大小的指标。工程上，通常将 $\delta \geqslant 5\%$ 的材料称为塑性材料，如碳钢、铜、铝合金等，而将 $\delta < 5\%$ 的材料称为脆性材料，如铸铁、玻璃、陶瓷等。低碳钢的 δ 值为 20%～30%，是典型的塑性材料。衡量材料塑性的另一指标是断面收缩率 ψ，可定义为

$$\psi = \frac{A - A_1}{A} \times 100\% \tag{2-10}$$

式中，A 为试件横截面的初始面积；A_1 为试件被拉断后颈缩处的最小横截面面积。其中，低碳钢的 ψ 值为 60%～70%。

6) 卸载定律、塑性应变(残余应变)、冷作硬化

如果试件应力超过屈服极限到达 f 点后卸除拉力，则应力和应变的关系将沿着与直线 Oa 近似平行的直线 fO_1 回到 O_1 点，如图 2-14 所示，即在卸载过程中，应力和应变按直线

规律变化，这就是卸载定律。到达 O_1 点时，应力降为零，试件全部卸载，ε_e 为卸载后消失的应变，称为弹性应变，ε_p 为卸载后残余的应变，称为塑性应变或残余应变。这样，f 点的应变为弹性应变和塑性应变之和，即

$$\varepsilon = \varepsilon_e + \varepsilon_p \tag{2-11}$$

若卸载后继续加载，则应力和应变的关系将大致沿着卸载时的同一直线 $O_1 f$ 上升到 f 点，然后沿着原来的 σ-ε 曲线变化。如果把卸载后重新加载的曲线 $O_1 f de$ 和原来的 σ-ε 曲线相比较，可以看出比例极限有所提高，而断裂后的残余变形减小了 OO_1 这一段。这种在常温下把材料拉伸到塑性变形，然后卸载，当再次加载时，使材料的比例极限提高而塑性降低的现象称为冷作硬化。

工程上常利用冷作硬化来提高某些构件(如钢筋、钢缆绳等)在弹性阶段内的承载能力。冷作硬化虽然提高了材料的比例极限，但同时降低了材料的塑性，增加了脆性。若要消除这一现象，需要经过退火处理。

2. 灰铸铁拉伸时的力学性能

灰铸铁(简称铸铁)也是工程中广泛应用的一种典型的脆性材料。铸铁拉伸时的 σ-ε 曲线如图 2-19(a)所示。图中没有明显的直线部分，即不符合胡克定律，于是无法应用式(2-7)计算弹性模量。工程上常用总应变为 0.1%时 σ-ε 曲线的割线(图 2-19(a)中斜向的虚线)来代替图 2-14 中曲线的开始部分，并以割线的斜率作为铸铁的弹性模量，称为割线弹性模量。铸铁试件受拉伸直到断裂变形很不明显，没有屈服阶段，也没有颈缩现象，破坏断口比较平整，如图 2-19(b)所示，这表明铸铁试件拉伸破坏的原因是横截面上的拉应力超出其承受极限。铸铁的延伸率 $\delta < 1\%$，是典型的脆性材料，强度极限 σ_b 是衡量其强度的唯一指标。铸铁的拉伸强度极限很低，故不宜用来制作受拉构件。

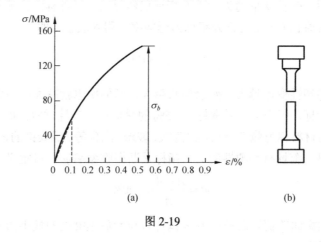

图 2-19

3. 其他材料拉伸时的力学性能

1)金属材料

图 2-20 是工程中常用的几种金属材料的 σ-ε 曲线。有些材料，如 16Mn 钢和低碳钢的

性能相似，有明显的弹性阶段、屈服阶段、强化阶段和局部变形阶段。有些材料，如黄铜、铝合金等，则没有明显的屈服阶段。这些金属材料有很好的塑性，都是塑性材料。碳素钢随其含碳量的增加，屈服极限和强度极限也相应提高，但延伸率降低。对于合金钢、工具钢等高强度钢，其屈服极限较高，但塑性性质却较差。

2) 陶瓷材料

陶瓷材料包括碳化硅、氮化硅及氧化铝等。由于陶瓷材料具有强度高、质量轻、耐腐蚀、耐磨损及原料便宜等优点，近年来，国内外工程界对其展开了大量的研究，一些陶瓷材料已在工业生产中得到广泛应用。

陶瓷是脆性材料，在常温下基本上不出现塑性变形，其延伸率和断面收缩率均近似于零，陶瓷材料的 $\sigma\text{-}\varepsilon$ 曲线如图 2-21 所示，图中还画出了一般金属材料的 $\sigma\text{-}\varepsilon$ 曲线作比较。由图 2-21 可以看出，陶瓷材料的弹性模量要比金属大得多，如氧化铝陶瓷的弹性模量在室温下可达到 380GPa 以上。在高温下，陶瓷材料有良好的抗蠕变性能，还具有一定的塑性。

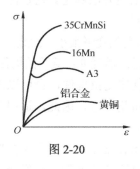

图 2-20

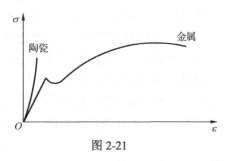

图 2-21

4. 材料压缩时的力学性能

材料在受压时的力学性能与受拉时并不完全相同，因此，除拉伸试验外，还有必要做材料压缩试验。金属材料的压缩试样一般制成圆柱形，高度为直径的 1.5～3.0 倍，而混凝土、石料等的压缩试样通常制成立方块。

低碳钢压缩时的 $\sigma\text{-}\varepsilon$ 曲线如图 2-22 实线所示。为便于与拉伸时的力学性能比较，图中用虚线给出了低碳钢拉伸时的 $\sigma\text{-}\varepsilon$ 曲线。可见，屈服阶段前，两曲线重合，说明低碳钢压缩时的弹性模量 E 和屈服极限 σ_s 与拉伸时是相同的。当应力达到屈服点以后，试样出现明显的塑性变形。由于低碳钢的塑性好，在屈服阶段后，若继续增大压力，其长度明显缩短，截面变粗。由于试样两端面与压头间摩擦力的影响，试样两端的横向变形将受到阻碍，所以试样被压成鼓形。随着外力的增加，试样越压越扁，但并不会破坏，因此不存在抗压强度极限。类似情况在一般塑性材料中也存在，这类材料压缩时的力学性能可以通过拉伸试验测定。

与塑性材料相反，脆性材料压缩时的力学性能与拉伸时有较大区别。图 2-23 为铸铁压缩时的 $\sigma\text{-}\varepsilon$ 曲线。与图 2-19(a) 比较可知，铸铁的抗压强度远比抗拉强度高，为抗拉强度的 2～5 倍。铸铁压缩时也有较大的塑性变形，其破坏断面与横截面成 45°～55° 倾斜角，这说明铸铁压缩破坏主要与斜截面切应力有关。其他脆性材料，如陶瓷、混凝土、石料等，抗压强度也远高于抗拉强度。因此，脆性材料的压缩试验比拉伸试验更为重要。

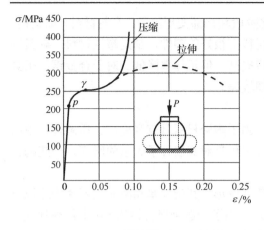

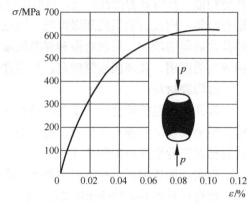

图 2-22　　　　　　　　　　　　　　　　　图 2-23

综上所述，各种材料拉伸和压缩时的力学性能都可采用上述方法测定。通过比较塑性材料与脆性材料的力学性能，可以看出两者主要具有以下区别。

(1) 塑性材料在断裂前有很大的塑性变形，而脆性材料断裂前的变形很小。因此，在工程实际中，塑性材料适用于制作需要进行锻压、冷加工过程的构件或承受冲击载荷的构件。

(2) 塑性材料抗拉压的强度基本相同，因此既可以用于制作受拉构件，也可以用于制作受压构件。而脆性材料的抗压能力远比抗拉能力强，且其价格便宜，因此，适用于制作受压及减震的构件，如建筑物的基础、机器的基座、外壳等。

应该指出的是，习惯上所指的塑性材料或脆性材料是根据在常温、静载下由拉伸试验所测定的延伸率来区分的。实际上，材料的塑性和脆性并不是固定不变的，它们会因制造方法、热处理工艺、变形速度、应力情况和温度等条件而变化。因此，用"在某一情况下材料处于塑性或脆性状态"的提法会更确切。

2.5　失效、安全因数和强度条件

实践证明，工程构件在使用过程中会由于各种原因而丧失正常工作能力，这种现象称为失效。例如，塑性材料在拉断之前产生塑性变形而丧失其原有的形状和尺寸，脆性材料在拉力作用下变形很小时就突然断裂，这些属于强度不够引起的失效；对于机械传动中的齿轮轴，当变形过大时，齿轮啮合处产生较大的挠度和转角，造成齿轮啮合不正常，产生很大的噪声，且在轴承处产生较大的转角，影响轴和轴承的使用寿命，这属于刚度不够引起的失效；细长杆受压变弯则属于稳定性不足引起的失效。

本章讨论强度不足引起的失效，简称强度失效。其他失效将于第 3、6、9 章中介绍。

材料力学性能试验指出，塑性材料达到屈服时的应力是屈服极限 σ_s，脆性材料断裂时的应力是强度极限 σ_b，这两者都是材料失效时的应力，称为极限应力 σ_u（危险应力），但这对于实际构件显然是不准确的。这是因为实验室得到的极限应力是常温、静载作用下的结果，而实际构件并不总是符合这种条件，因此要有一些安全裕度。为保证构件有足够的强度，在载荷作用下构件的实际应力 σ（工作应力）应该低于极限应力 σ_u。强度计算中，用大于 1 的安全因数 n（也称安全系数）去除极限应力 σ_u，得到许用应力 $[\sigma]$。

对于塑性材料，

$$[\sigma] = \frac{\sigma_s}{n_s}$$

对于脆性材料，

$$[\sigma] = \frac{\sigma_b}{n_b}$$

式中，n_s 称为屈服安全系数；n_b 称为断裂安全系数。另外，由于脆性材料拉伸与压缩时的强度极限不同，因此其拉伸许用应力 $[\sigma_t]$ 和压缩许用应力 $[\sigma_c]$ 的数值是不同的。

确定安全系数要考虑的因素较多，如构件材料本身的性能，对构件所受载荷的估计是否可靠，构件在设备、结构中的重要性，构件工作条件的优劣等。安全系数必须大于 1，它的选取涉及安全与经济的关系。安全系数过大，将造成结构笨重、材料浪费和成本提高；反之，又会使安全得不到保证，甚至造成事故。因此，确立安全系数时应全面权衡安全与经济两方面的要求，通常由国家有关部门规定。安全系数的取值对于机械类与土建类是有一定差别的，在其相应的设计规范中有不同的规定。一般机械制造中，静载情况下塑性材料取 $n_s = 1.2 \sim 2.5$；脆性材料的均匀性较差，且容易发生突然断裂，因此取 $n_b = 2 \sim 3.5$，特殊情形时甚至取到 $3 \sim 9$。

为了保证构件安全可靠地工作，构件中的最大工作应力 σ_{max} 不能超过其许用应力 $[\sigma]$：

$$\left| \sigma_{max} \right| = \left(\frac{F_N}{A} \right)_{max} \leqslant [\sigma] \tag{2-12}$$

这就是轴向拉压时杆件的强度条件或强度设计准则。注意，工作应力用绝对值。对于非等截面拉压杆，强度条件可表示为

$$\left| \sigma_{max} \right| = \frac{\left| F_N \right|_{max}}{A_{min}} \leqslant [\sigma], \quad A_{min} \geqslant \frac{\left| F_N \right|_{max}}{[\sigma]} \tag{2-13}$$

根据以上强度条件，可以解决以下三类强度计算问题。

1) 强度校核

当外力、杆件各部分尺寸以及材料许用应力均为已知时，检验杆件是否满足强度条件。即验证强度条件式(2-12)中的不等式是否成立。

2) 截面尺寸设计

当外力和材料的许用应力为已知时，确定杆件所需的横截面面积及尺寸，即强度条件式(2-12)可变化为

$$A \geqslant \frac{\left| F_N \right|_{max}}{[\sigma]}$$

3) 计算许可载荷

当杆件的横截面尺寸及材料的许用应力为已知时，确定杆件所能承受的最大轴力，并通过轴力与载荷的关系确定杆件或结构所能承受的许可载荷，即强度条件式(2-12)可变化为

$$\left| F_N \right|_{max} \leqslant [\sigma] A$$

需要说明的是，考虑到各种因素可能引起的误差，一般工程设计的强度计算允许最大工作应力略大于许用应力，但不得超过许用应力的 5%。

例 2-4　结构尺寸及受力如图 2-24(a)所示，AB 为刚性梁，斜杆 CD 为圆截面钢杆，直径 $d=30\text{mm}$，材料为 Q235 钢，许用应力 $[\sigma]=160\text{MPa}$。若载荷 $F=50\text{kN}$，试校核此结构的强度。（图中尺寸单位为 mm。）

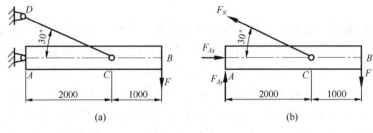

图 2-24

解：（1）受力分析。AB 刚性梁受力如图 2-24(b)所示，由平衡方程

$$\sum M_A = 0, \quad F_N \sin 30° \times 2000 - F \times 3000 = 0$$

解得

$$F_N = 150\text{kN}$$

（2）应力计算。CD 杆横截面上的应力为

$$\sigma = \frac{F_N}{A} = \frac{F_N}{\dfrac{\pi d^2}{4}} = \frac{150 \times 10^3\,\text{N}}{\dfrac{\pi \times 30^2}{4}\,\text{mm}^2} = 212.2\text{MPa}$$

（3）强度校核。由计算结果知，$\sigma = 212.2\text{MPa} > [\sigma] = 160\text{MPa}$，即杆 CD 的强度不足，所以结构是不安全的。

2.6　节点小位移

桁架是由拉压杆组成的一种杆系结构，当杆件变形时，桁架的节点发生位移。本节研究节点位移的分析方法，并结合位移分析介绍有关概念。

1. 节点位移分析

现以图 2-25 所示的桁架为例，介绍节点位移的分析方法。

如图 2-25 所示，该桁架由杆 1 与杆 2 组成，并在节点 A 承受铅垂载荷 F 作用。已知杆 1 用钢管制成，弹性模量 $E_1 = 200\text{GPa}$，横截面面积 $S_1 = 100\text{mm}^2$，杆长 $l_1 = 1\text{m}$；杆 2 用硬铝管制成，弹性模量 $E_2 = 70\text{GPa}$，横截面面积 $S_2 = 250\text{mm}^2$，杆长 $l_2 = 707\text{mm}$；载荷 $F = 10\text{kN}$。首先，利用截面法，求得杆 1 与杆 2 的轴力分别为

$$F_{N1} = \sqrt{2}F = \sqrt{2} \times (10 \times 10^3\,\text{N}) = 1.414 \times 10^4\,\text{N}\ (\text{拉力})$$

$$F_{N2} = F = 1.0 \times 10^4\,\text{N}\ (\text{压力})$$

设杆 1 的伸长为 Δl_1，并用 $\overline{AA_1}$ 表示，如图 2-25(a)所示，杆 2 的缩短为 Δl_2，并用 $\overline{AA_2}$ 表示，则由胡克定律可知：

$$\Delta l_1 = \frac{F_{N1}l_1}{E_1 S_1} = \frac{(1.414 \times 10^4 \, \text{N}) \times (1.0 \, \text{m})}{(200 \times 10^9 \, \text{Pa}) \times (100 \times 10^{-6} \, \text{m}^2)} = 7.07 \times 10^{-4} \, \text{m} = 0.707 \, \text{mm}$$

$$\Delta l_2 = \frac{F_{N2}l_2}{E_2 S_2} = \frac{(1.0 \times 10^4 \, \text{N}) \times (0.707 \, \text{m})}{(70 \times 10^9 \, \text{Pa}) \times (250 \times 10^{-6} \, \text{m}^2)} = 4.04 \times 10^{-4} \, \text{m} = 0.404 \, \text{mm}$$

加载前，杆 1 和杆 2 在节点 A 相连；加载后，各杆的长度虽然改变，但仍连接在一起。因此，为了确定节点 A 发生位移后的位置，可以 B 与 C 为圆心，并分别以 BA_1 与 CA_2 为半径画圆弧，其交点 A' 即为加载后节点 A 的新位置。

通常，杆的变形均很小(例如，杆 1 的变形 Δl_1 仅为杆长 l_1 的 0.0707%)，弧线 $A_1 A'$ 与 $A_2 A'$ 必很短，因而可近似用其切线代替。于是，过 A_1 与 A_2 分别作 BA_1 与 CA_2 的垂线(图 2-25(b))，其交点 A_3 也可视为加载后节点 A 的新位置。

由图 2-25(b)可以看出，节点 A 的水平与铅垂位移分别为

$$\Delta_{Ax} = \overline{AA_2} = \Delta l_2 = 0.404 \, \text{mm} \ (\leftarrow)$$

$$\Delta_{Ay} = \overline{AA_4} + \overline{A_4 A_5} = \frac{\Delta l_1}{\sin 45°} + \frac{\Delta l_2}{\tan 45°} = 1.404 \, \text{mm} \ (\downarrow)$$

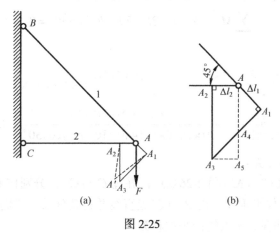

图 2-25

2. 小变形概念

与结构原尺寸相比很小的变形，称为小变形。对于某些大型结构，位移的数值可能并不很小，但若与结构原尺寸相比很小，则仍属于小变形。

在小变形的条件下，通常可按结构原有几何形状与尺寸计算约束反力与内力，并可采用以切线代替圆弧的方法分析位移。因此，小变形是一个十分重要的概念，利用此概念可使许多问题的分析计算大为简化。

例 2-5　图 2-26(a)所示托架由横梁 AB 与斜撑杆 CD 所组成，并承受铅垂载荷 F_1 与 F_2 作用。已知 $F_1 = 5 \, \text{kN}$，$F_2 = 10 \, \text{kN}$，$l = 1 \, \text{m}$；斜撑杆 CD 为铝管，弹性模量 $E = 70 \, \text{GPa}$，横截面面积 $A = 440 \, \text{mm}^2$。设横梁 AB 很刚硬，变形很小，可视为刚体。试求梁端 A 点的铅垂位移 Δ_A。

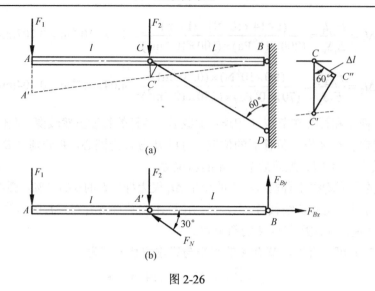

图 2-26

解：（1）斜撑杆轴向变形计算。

设斜撑杆所受压力为 F_N，则梁 AB 的受力如图 2-26（b）所示。由平衡方程

$$\sum M_B = 0, \quad F_1 \cdot 2l + F_2 l - F_N l \sin 30^\circ = 0$$

得

$$F_N = \frac{2F_1 + F_2}{\sin 30^\circ} = \frac{2 \times (5 \times 10^3 \text{N}) + 10 \times 10^3 \text{N}}{0.5} = 4.0 \times 10^4 \text{N}$$

$$\Delta l = \frac{F_N l}{EA \cos 30^\circ} = \frac{(4.0 \times 10^4 \text{N}) \times (1.0 \text{m})}{(70 \times 10^9 \text{Pa}) \times (440 \times 10^{-6} \text{m}^2) \cos 30^\circ} = 0.0015 \text{m}$$

（2）A 点铅垂位移计算。

首先，沿 CD 取 $\overline{CC''} = \Delta l$（图 2-26（a）），并过 C 与 C''，分别作 CB 与 CD 的垂线得交点 C'。然后，过 A 点作铅垂线，过 B 与 C' 连直线并将其延长，它们的交点 A' 即为变形后 A 点的新位置。由图可见，A 点的铅垂位移为

$$\Delta_A = \overline{AA'} = 2\overline{CC'} = \frac{2\Delta l}{\cos 60^\circ} = \frac{2 \times (0.0015 \text{m})}{0.5} = 0.0060 \text{m} = 6.0 \text{mm}$$

2.7　杆件轴向拉压变形

当杆件承受轴向载荷时，其产生的主要变形是沿轴线方向的伸长或缩短。同时，杆件的横向尺寸也会发生变化。沿轴线方向的变形称为轴向变形或纵向变形，垂直于轴线方向的变形称为横向变形。

拉压杆的轴向变形以图 2-27 所示杆件为例进行分析，设杆件的原长为 l，横截面面积为 A，在轴向拉力 F 作用下，杆长变为 l_1，则杆件的轴向变形，即杆件的绝对伸长量为

$$\Delta l = l_1 - l$$

图 2-27

轴向变形 Δl 与轴力 F_N 具有相同的正负号，即伸长为正，缩短为负。

　　许多材料的试验表明，当拉力不超过某一限度时，杆件的变形是弹性的。在弹性变形范围内，杆件的绝对伸长量 Δl 与拉力 F 及杆件原长 l 成正比，与杆件的横截面面积 A 成反比，即

$$\Delta l \propto \frac{Fl}{A}$$

比例系数就是弹性模量 E，则

$$\Delta l = \frac{F l}{EA}$$

由于杆件的轴力 F_N 与拉力 F 相等，故也可以表示为

$$\Delta l = \frac{F_N l}{EA} \tag{2-14}$$

　　式 (2-14) 表明，对于长度相同、受力相同的杆件，EA 越大，绝对伸长量 Δl 越小，也可以说杆件抵抗变形的能力越强。因此，EA 代表了杆件抵抗变形的能力，称为杆件的抗拉 (压) 刚度。

　　同时，从式 (2-14) 中还可以看出，在 E、A、F_N 相同时，l 越大，Δl 也会越大，因此绝对伸长量 Δl 还不能说明杆件的变形程度。对于轴力为常量的等直杆，将绝对伸长量除以杆件的原长，得杆件单位长度上的伸长量，即正应变。于是有

$$\varepsilon = \frac{\Delta l}{l} \tag{2-15}$$

式中，ε 为轴向线应变，是无量纲的量，伸长为正，缩短为负。

2.8　拉伸、压缩的超静定问题

　　在前面讨论的问题中，结构的约束反力和内力仅通过静力平衡方程就可以确定，这类问题称为静定问题。但在工程实际中，对于一些结构，为了增加其强度和刚度，或者由于构造上的需要，必须增加一些约束或杆件，这就使得结构的约束反力和内力等未知力的个数将超过独立的静力平衡方程的个数，只凭静力平衡条件不能求解出全部未知力，这种问题称为超静定问题。超静定问题中未知力的数目多于有效平衡方程的数目，二者之差称为超静定次数或静不定次数。例如，要计算图 2-28(a) 所示钢筋混凝土短柱中钢筋和混凝土的轴力，假想地用截面把钢筋混凝土切开，并以 F_{N1} 和 F_{N2} 分别表示钢筋和混凝土的轴力，如图 2-28(b) 所示。这是一个共线力系，只能列出一个平衡方程：

$$F_{N1} + F_{N2} - F = 0$$

而未知力却有两个 (F_{N1}、F_{N2})，故光凭静力平衡方程不能求解，属于超静定问题。又如，用三根钢丝绳吊运重物，如图 2-29(a)所示，为了计算钢丝绳的轴力，截取的对象如图 2-29(b)所示，这是一个平面汇交力系，只能列出两个静力平衡方程，而未知力却有三个 (F_{N1}、F_{N2}、F_{N3})，因此，也属于超静定问题。另外，以上两例均为一次超静定问题。

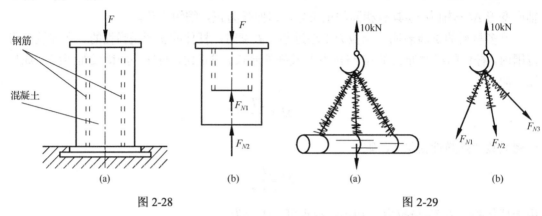

图 2-28　　　　　　　　　　　　　　　图 2-29

为了求解超静定问题，除列出平衡方程外，还必须根据几何关系和物理关系找到与超静定次数相同个数的补充方程，即必须研究杆件的变形，并借助变形与内力之间的关系，建立补充方程。现以图 2-30(a)所示超静定桁架为例，介绍对于这类问题的分析方法。设杆 1 与杆 2 各截面的抗拉刚度相同，均为 E_1A_1，杆 3 各截面的抗拉刚度为 E_3A_3，现在分析在铅垂载荷 F 作用下各杆的轴力。

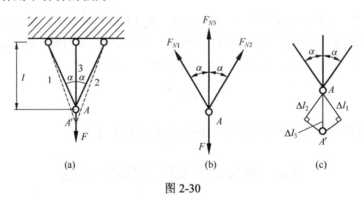

图 2-30

在载荷 F 作用下，三杆均伸长，故可设三杆均受拉，节点 A 的受力如图 2-30(b)所示，其平衡方程为

$$\sum F_x = 0, \quad F_{N2}\sin\alpha - F_{N1}\sin\alpha = 0 \tag{2-16}$$

$$\sum F_y = 0, \quad F_{N1}\cos\alpha + F_{N2}\cos\alpha + F_{N3} - F = 0 \tag{2-17}$$

三杆原交于一点 A，变形后它们仍应交于一点，此外，由于杆 1 与杆 2 的受力及拉压刚度均相同，节点 A 应沿铅垂方向下移，故桁架的变形如图 2-30(c)所示。为保证三杆变

形后仍交于一点，即保证结构的连续性，杆 1、杆 2 的变形 Δl_1、Δl_2 与杆 3 的变形 Δl_3 之间应满足如下的几何关系：

$$\Delta l_1 = \Delta l_2 = \Delta l_3 \cos \alpha \tag{2-18}$$

保证结构连续性所应满足的变形几何关系，称为变形协调条件或变形协调方程。变形协调条件即为求解超静定问题的补充条件。

设三杆均处于线弹性范围，由胡克定律可知，各杆的变形与轴力之间的关系分别为

$$\Delta l_1 = \frac{F_{N1}l}{E_1 A_1 \cos \alpha}$$

$$\Delta l_3 = \frac{F_{N3}l}{E_3 A_3}$$

将上述关系式代入式(2-18)，得到用轴力表示的补充方程为

$$\frac{F_{N1}l}{E_1 A_1 \cos \alpha} = \frac{F_{N3}l}{E_3 A_3} \cos \alpha \tag{2-19}$$

最后，联立求解平衡方程(2-16)与方程(2-17)以及补充方程(2-19)，得

$$F_{N1} = F_{N2} = \frac{F \cos^2 \alpha}{\dfrac{E_3 A_3}{E_1 A_1} + 2\cos^3 \alpha}$$

$$F_{N3} = \frac{F}{1 + 2\dfrac{E_1 A_1}{E_3 A_3} \cos^3 \alpha}$$

所得结果均为正，说明各杆轴力均为拉力的假设是正确的。以上解答表明，在超静定问题中，杆的轴力 $F_{Ni}(i=1,2,3)$ 不仅与载荷 F 及杆间夹角 α 有关，而且与杆的拉压刚度有关。一般说来，增大某杆刚度，该杆的轴力也相应增大。而在静定问题中，杆的内力与杆的刚度无关，这正是超静定问题区别于静定问题的一个重要特征。图 2-30(a)所示结构为一次超静定桁架，三杆中有一杆(如杆 3)对于维持平衡是"多余"的。此"多余"杆的变形必须与其余杆件的变形相协调，因而可以建立一个补充条件。如果再增加一杆 AG(图 2-31)，则此桁架变为二次超静定，这时，杆 AG 的变形也必须与其他杆件的变形相协调，因而又增加一个补充条件，

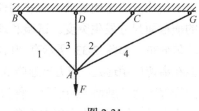

图 2-31

即共有两个补充条件。依次类推，n 次超静定问题必有 n 个补充条件，相应可建立 n 个补充方程。综上所述，求解超静定问题可以总结为以下几个步骤。

(1)列出有效的独立平衡方程；

(2)根据多余约束的性质，列出变形协调方程(即几何方程)；

(3)利用物理关系(如胡克定律、热膨胀规律等)，将变形协调方程中的变形或位移用未知力表达出来；

(4)联立独立平衡方程与补充方程，求出未知力(即约束反力或内力)。

例 2-6 如图 2-32(a)所示的结构，其中杆 AC 为刚性杆，杆 1、2、3 的弹性模量 E、横截面面积 A 和长度 l 均相同，点 C 处有垂直向下的力 F 作用。试求各杆内力值。

解：AC 杆的受力分析如图 2-32(b)所示，列出平衡方程：

$$\sum F_y = 0, \quad F_{N1} + F_{N2} + F_{N3} - F = 0 \tag{a}$$

$$\sum M_C = 0, \quad 2F_{N1}a + F_{N2}a = 0 \tag{b}$$

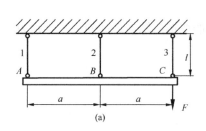

杆 1、2、3 的变形关系如图 2-32(c)所示，于是可列出几何方程：

$$\frac{\delta_2 - \delta_1}{\delta_3 - \delta_1} = \frac{a}{2a} \tag{c}$$

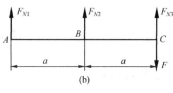

根据胡克定律，有

$$\delta_1 = \frac{F_{N1}l}{EA}, \quad \delta_2 = \frac{F_{N2}l}{EA}, \quad \delta_3 = \frac{F_{N3}l}{EA}$$

代入式(c)可得补充方程：

$$F_{N3} + F_{N1} = 2F_{N2} \tag{d}$$

联立式(a)、式(b)、式(d)，解方程组得各杆的内力值为

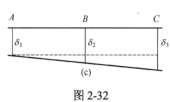

图 2-32

$$F_{N1} = -\frac{F}{6}, \quad F_{N2} = \frac{F}{3}, \quad F_{N3} = \frac{5F}{6}$$

2.9 应力集中的概念

前面指出，等截面直杆受拉伸或压缩时，横截面上的应力是均匀分布的。工程实际中，由于结构或工艺的需要，有些构件必须有切口、切槽、孔洞、螺纹、轴肩等，从而使构件的横截面尺寸发生突变。试验和理论分析表明，在这些横截面发生突变的地方，应力不再均匀分布。如图 2-33 所示有切口的拉杆，在圆孔切口附近的局部区域内，应力急剧增大，但在离切口稍远处，应力迅速降低而趋于均匀分布。这种因杆件横截面尺寸发生突变而引起的局部应力急剧增大的现象，称为应力集中。应力集中程度用理论应力集中系数 k 表示，即

$$k = \frac{\sigma_{max}}{\sigma_m} \tag{2-20}$$

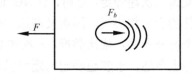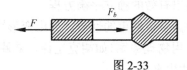

图 2-33

式中，σ_{max} 为发生应力集中横截面上的最大应力；σ_m 为同一截面上的平均应力。k 是一个大于 1 的系数，其大小取决于横截面的几何形状、尺寸，开孔的形状、大小，以及截面改变处过

渡圆弧的尺寸等。试验结果表明：截面尺寸改变越急剧(角越尖，孔越小)，应力集中越严重。因此，实际工程中应尽量避免带尖角的孔或槽，阶梯轴轴肩处过渡圆弧的半径尽量大些。

工程上不同材料对应力集中的敏感程度并不相同。一般说来，用塑性材料制成的零件在静载作用下，可以不考虑应力集中的影响；脆性材料对应力集中比较敏感，则应当考虑；而当构件受周期性变化的载荷或冲击载荷作用时，无论是塑性材料还是脆性材料，应力集中往往是构件产生破坏的根源，所以都应当考虑应力集中的问题。

2.10　剪切和挤压的实用计算

1. 剪切与挤压的概念

工程上为了实现构件与构件之间力和运动的传递，常需要用到铆钉(图 2-34)、销钉(图 2-35)、键(图 2-36)和螺栓(图 2-37)等连接件将构件连接起来。这些连接件常常受到垂直于轴线方向的外力，称为横向力。如图 2-37 所示，当杆件受到两个大小相等、方向相反、作用线相距很近(a 很小)的横向力 F 作用时，杆件上处于两力之间的横截面将发生相对错动，由矩形变为平行四边形，即发生剪切变形，这种剪切变形又称为直接剪切。发生了相对错动或有相对错动趋势的横截面称为剪切面或受剪面，剪切面位于两个横向力之间，并且与外力方向平行。只有一个剪切面的称为单剪，如图 2-34 和图 2-36 中的铆钉和键；有两个剪切面的称为双剪，如图 2-35 中的销钉。

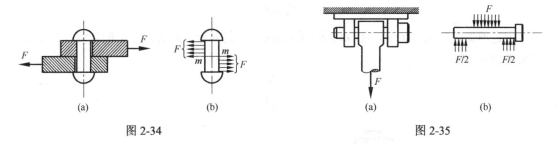

图 2-34　　　　　　　　　　　　　　　　　图 2-35

直接剪切时往往不只是发生单纯的剪切变形，因为杆件在发生剪切变形的同时，可能还伴随有拉伸、弯曲等其他形式的变形。只有当两个横向力 F 的作用线彼此很靠近，即两作用线的间距 a 比杆的横向尺寸小很多时，剪切变形才成为主要的变形形式。在外力作用下，连接件除承受剪切外，其与被连接件之间在接触面上还会相互压紧，这种局部受压的现象称为挤压。相互压紧的接触面称为挤压面，在局部受压处的压力称为挤压力，挤压力垂直于挤压面，用符号 F_b 表示。挤压作用有可能使构件在接触的局部区域产生显著的塑性变形甚至被压碎，这种破坏形式称为挤压破坏。挤压破坏会导致连接松动，影响构件的正常工作。如图 2-33 所示的铆钉连接中，铆钉和钢板在钉孔处相互压紧，压力过大时钉孔的受压面将会被压溃，钉孔不再为圆孔，或者铆钉被压扁。

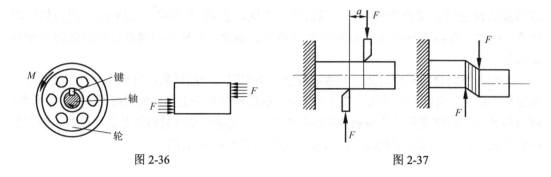

图 2-36　　　　　　　　　　　　　　　图 2-37

2. 剪切与挤压的实用计算理论

连接件在结构中所占体积虽小，但受力情况却非常复杂。例如，图 2-35 中的销钉受剪切时，不但产生剪切变形，而且由于载荷与剪力之间有一定距离，从而形成力偶而引起弯曲变形。若将销钉换成螺杆，则当螺母拧紧时，螺杆除产生剪切和弯曲变形外，还会发生拉伸变形，这时，用精确的理论方法分析它们的应力是非常困难的。为了简化计算，在工程中通常忽略弯曲、拉伸等次要因素，只考虑剪切。这种简化且实用的计算方法，称为实用计算。

以图 2-38(a)所示的螺栓连接为例，当两钢板受拉时，螺栓的受力简图如图 2-38(b)所示。应用截面法将螺栓沿剪切面 *m-m* 切开为上、下两部分(图 2-38(c))，取下部分为研究对象。显然，为了保持下部分的平衡，在剪切面 *m-m* 上必然存在一个与外力 F 大小相等、方向相反且与截面相切的内力，这个内力即为剪力，用符号 F_S 表示，即有

$$F_S = F$$

假定剪切面的面积为 A，且剪切面上的切应力均匀分布，则剪切面上的计算切应力(也称名义切应力)为

$$\tau = \frac{F_S}{A} \tag{2-21}$$

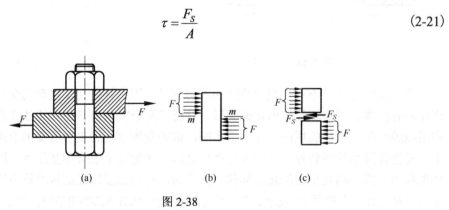

图 2-38

但在实际中，切应力并非均匀分布，所以式(2-21)计算出的切应力只是剪切面上的平均切应力。为了消除这一缺陷，应在与构件的实际受力情况相似的条件下试验测得极限载荷，并求出相应的极限切应力，即剪切强度极限 τ_b，再除以适当的安全系数 n，得到许用切应力 $[\tau]$，使计算切应力 τ 满足剪切强度条件：

$$\tau = \frac{F_S}{A} \leqslant [\tau] \tag{2-22}$$

当构件上有 n 个螺栓共同工作时，如果它们的受剪面积 A_S 都相等，则可以假设每个螺栓平均分担接头所承受的总拉（压）力 F，即此时每个螺栓所承受的剪力 F_S 为

$$F_S = \frac{F}{n}$$

若已知螺栓材料的许用切应力，根据强度条件还可以计算出接头处所需螺栓的个数，即

$$n \geqslant \frac{F}{A_S[\tau]} \tag{2-23}$$

试验表明，一般情况下材料的许用切应力 $[\tau]$ 与许用拉应力 $[\sigma]$ 之间有如下关系：对塑性材料，$[\tau] = (0.6 \sim 0.8)[\sigma]$，对脆性材料，$[\tau] = (0.8 \sim 1.0)[\sigma]$。

例 2-7　图 2-39 为正方形截面的混凝土柱，其横截面边长为 200mm，基底是边长为 1m 的正方形混凝土板。柱承受轴向压力 $F = 10$kN。设地基对混凝土板的支座反力为均匀分布的，混凝土许用切应力 $[\tau] = 1.5$MPa。问：混凝土板的最小厚度 δ 为多少时，才不至于使柱穿过混凝土板？

解： 力的传递作用使混凝土板与柱的接触处受到外力，这就是混凝土板受到的剪力 F_S，则有

$$F_S = F$$

剪切面为板内部与柱的四个侧面相对应的四个矩形面，则受剪面积为

$$A_S = 200 \times \delta \times 4$$

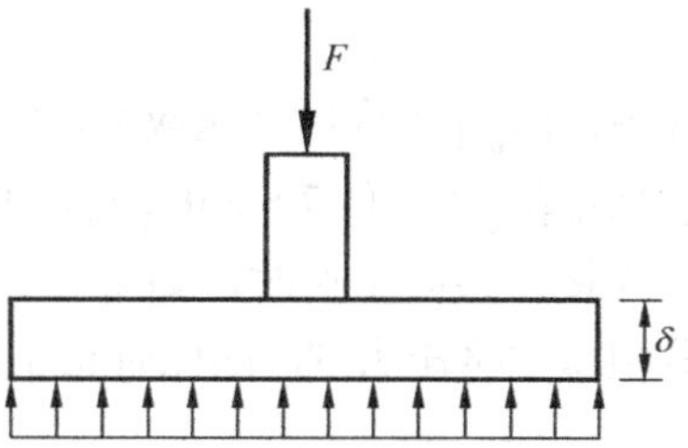

要使柱不至于穿过混凝土板，则要求板满足剪切强度条件：

图 2-39

$$\tau = \frac{F_S}{A_S} \leqslant [\tau]$$

将数据代入计算可得

$$\delta \geqslant 8.33\text{mm}$$

在外力作用下，连接件与被连接件在接触面上的应力称为挤压应力，并用 σ_{bs} 表示。挤压应力的分布也是十分复杂的，在工程中为简化计算，如同剪切的实用计算一样，也是采取实用计算方法，即忽略次要因素，只考虑挤压。

以孔和销的接触为例，挤压应力的分布如图 2-40(a) 所示，最大挤压应力发生在该表面的中部。假设挤压面上的计算挤压面积为 A_{bs}，且挤压应力为均匀分布的，则挤压面上的计算挤压应力为

$$\sigma_{bs} = \frac{F_b}{A_{bs}} \tag{2-24}$$

计算挤压面积 A_{bs} 按如下方法确定：

(1) 当连接件与被连接件的接触面为平面时，计算挤压面积 A_{bs} 就是实际接触面的面积，如平键连接。

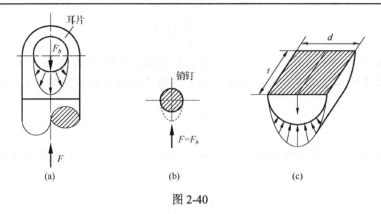

图 2-40

（2）当接触面为圆柱面时（如螺栓、销钉、铆钉等连接），计算挤压面积为曲面在挤压方向上的正投影面积。如图 2-40 所示的销钉连接件，其接触面为圆柱面的一部分，见图 2-40（b）和（c），设耳片的厚度为 t，则其计算挤压面积 A_{bs} 取为受压圆柱面在相应径向平面上的投影面积，即 $A_{bs} = td$。

为防止挤压破坏，挤压应力 σ_{bs} 应该满足挤压强度条件：

$$\sigma_{bs} = \frac{F_b}{A_{bs}} \leqslant [\sigma_{bs}] \qquad (2\text{-}25)$$

式中，$[\sigma_{bs}]$ 为许用挤压应力，它等于连接件的挤压极限应力除以安全因数。对于钢材，一般采用 $[\sigma_{bs}] = (1.7 \sim 2.0)[\sigma]$，其中 $[\sigma]$ 为材料的许用拉应力。与剪切类似，当构件上有 n 个连接件共同工作时，如果它们的计算挤压面积 A_{bs} 都相等，则可以假设每个连接件平均分担总的挤压力 F，即此时每个连接件所承受的挤压力 F_b 为

$$F_b = \frac{F}{n}$$

若已知连接件材料的许用挤压应力 $[\sigma_{bs}]$，根据挤压强度条件还可以计算出所需连接件的个数，即

$$n \geqslant \frac{F}{A_{bs}[\sigma_{bs}]} \qquad (2\text{-}26)$$

例 2-8　铆钉连接如图 2-41 所示，$F = 300\text{kN}$，铆钉直径 $d = 200\text{mm}$，板厚 $\delta_1 = 6\text{mm}$，$\delta_2 = 10\text{mm}$。铆钉许用切应力 $[\tau] = 140\text{MPa}$，许用挤压应力 $[\sigma_{bs}] = 240\text{MPa}$。试校核铆钉的强度。

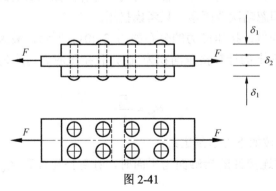

图 2-41

解：(1)校核剪切强度。本例中铆钉连接采用了对接形式，对接面一侧的铆钉个数为 4，即 $n=4$，每个铆钉均有两个受剪面，通常假设两个面上的剪力相等，因此，每个受剪面上的剪力 F_S 为

$$F_S = \frac{F}{2n} = \frac{F}{8}$$

单个受剪面的面积 A_S 为

$$A_S = \frac{\pi d^2}{4}$$

因此铆钉横截面上的剪应力为

$$\tau = \frac{F_S}{A_S} = 1.194\text{MPa} < [\tau]$$

则铆钉的剪切强度足够。

(2)校核挤压强度。单个挤压面上的挤压力 F_{bs} 为

$$F_{bs} = \frac{F}{n} = \frac{F}{4} = 75\text{kN}$$

铆钉上下段挤压面面积为 $A_{bs1} = \delta_1 d$，中间段挤压面面积为 $A_{bs2} = \delta_2 d$，由于 $\delta_1 < \delta_2$，所以 $A_{bs1} < A_{bs2}$，从而 $\sigma_{bs1} > \sigma_{bs2}$，即最大挤压应力应出现在铆钉的上、下段处。因此，铆钉所受挤压应力为

$$\sigma_{bs\,max} = \frac{F_{bs}}{\delta_1 d} = 62.5\text{MPa} < [\sigma_{bs}]$$

满足挤压强度要求。

专题 1　温度、时间等因素对材料力学性能的影响

前面介绍了材料在常温、静载下的力学性能。然而，工程上有许多构件却不是工作在常温条件下，例如，汽轮机的叶片长期在高温下运转；盛放液态氢或液态氮的容器则在低温下工作，等等。材料在高温和低温下的力学性能与常温下并不相同，而且往往与作用时间的长短有关。下面简略介绍温度和时间对材料力学性能的影响。图 2-42 给出了低碳钢在高温和短期静载荷下拉伸试验的结果。总体来看，随着温度的升高，材料的塑性指标 δ、ψ 增大，而强度指标 σ_s、σ_b 及弹性模量 E 均减小。但在约 300℃ 以前，δ、ψ 和 σ_b 却有相反的现象。需要说明的是，并不是所有金属材料都是这样。

试验表明：在高温及不变的应力作用下，材料的变形会随着时间的延长而不断地缓慢增加，这种现象称

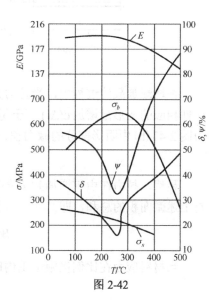

图 2-42

为蠕变。蠕变变形是不可恢复的变形，温度越高，蠕变变形越快。不同金属材料的蠕变温度不同，低熔点金属(如铅和锌等)在常温下就可能有蠕变，而高熔点金属只有在高温下才有蠕变。一些非金属材料，如沥青、混凝土及塑料等，也有蠕变现象。材料蠕变所产生的塑性变形常使构件应力发生变化。对于一些在高温下工作的构件，如高压蒸汽管凸缘的紧固螺栓，不允许其总变形随时间而改变；但由于蠕变作用，其塑性变形不断增加，弹性变形却随时间而逐渐减小，从而使应力不断降低，螺栓的紧固力也随之降低，最终导致漏气，这种由于蠕变而引起应力下降的现象称为应力松弛；因此，对于长期在高温下工作的紧固件，必须定期进行紧固或更换。

专题 2　轴向拉压应变能

固体在外力作用下发生变形时，外力所做的功将转变为储存于固体内的能量，从而使固体具有对外做功的能力，这种因变形而储存的能量称为应变能或变形能。根据功能原理，对于作用于杆件轴线方向缓慢加载的静载荷，可以忽略杆件变形中的其他微能量(如动能、热能、电能等)损失，则杆件内部储存的应变能 U 在数值上就等于外力所做的功 W，即

$$U = W \tag{2-27}$$

设某拉杆左端固定，作用于自由端的拉力由零开始缓慢增加。拉力与轴向伸长量之间的关系如图 2-43(a)所示。

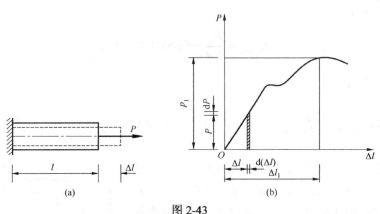

图 2-43

在逐渐加载的过程中，当拉力为 P 时，Δl 为 P 作用点的位移。如果拉力再增加 $\mathrm{d}P$，杆件相应的变形量增加 $\mathrm{d}(\Delta l)$，于是作用于杆件上的拉力 P 因位移 $\mathrm{d}(\Delta l)$ 所做的微功 $\mathrm{d}W$ 应为图 2-43(b)中阴影部分的微面积，即

$$\mathrm{d}W = P\mathrm{d}(\Delta l)$$

显然，拉力在由零增加到 P 的过程中，拉力功是微功 $\mathrm{d}W$ 的累积，则拉力所做的总功是上述微面积的总和，即

$$W = \int_0^{\Delta l} \mathrm{d}W = \int_0^{\Delta l} P\mathrm{d}(\Delta l)$$

当材料应力在比例极限范围内时，拉力 P 与伸长量 Δl 之间始终呈线性关系，则应变能

U 数值上等于 P-Δl 图斜线下三角形的面积：

$$U = W = \frac{1}{2}P \cdot \Delta l$$

由胡克定律，将 $\Delta l = \dfrac{Pl}{EA}$ 代入上式可得杆件轴向拉压过程中所储存的应变能：

$$U = W = \frac{1}{2}P \cdot \Delta l = \frac{P^2 l}{2EA} \tag{2-28}$$

储存于单位体积内的应变能，称为比能或应变能密度，用符号 u 表示：

$$u = \frac{\mathrm{d}U}{\mathrm{d}V} = \frac{\mathrm{d}W}{\mathrm{d}V}$$

式中，$\mathrm{d}U$、$\mathrm{d}V$、$\mathrm{d}W$ 分别表示应变能、体积、功的微分。

　　为了求出储存于单位体积内的应变能，设从杆件内取出边长为 $\mathrm{d}x$、$\mathrm{d}y$、$\mathrm{d}z$ 的单元体（图 2-44）。若单元体只在一个方向上受力，则上下两个面上的力为 $\sigma \cdot \mathrm{d}x\mathrm{d}y$，$\mathrm{d}z$ 边的伸长为 $\varepsilon \cdot \mathrm{d}z$。当应力有一个增量 $\mathrm{d}\sigma$ 时，$\mathrm{d}z$ 边的伸长增量为 $\mathrm{d}\varepsilon \cdot \mathrm{d}z$。同理可得力 $\sigma \cdot \mathrm{d}x\mathrm{d}y$ 所做的功为

$$\mathrm{d}W = \int_0^{s_1} \sigma \cdot \mathrm{d}x\mathrm{d}y(\mathrm{d}\varepsilon \cdot \mathrm{d}z)$$

单元体内储存的应变能为

$$\mathrm{d}U = \mathrm{d}W = \int_0^{s_1} \sigma \cdot \mathrm{d}x\mathrm{d}y\mathrm{d}z \cdot \mathrm{d}\varepsilon = \left(\int_0^{s_1} \sigma \cdot \mathrm{d}\varepsilon\right)\mathrm{d}x\mathrm{d}y\mathrm{d}z = \left(\int_0^{s_1} \sigma \cdot \mathrm{d}\varepsilon\right)\mathrm{d}V$$

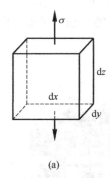 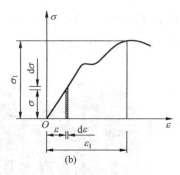

图 2-44

式中，$\mathrm{d}V = \mathrm{d}x\mathrm{d}y\mathrm{d}z$ 是单元体的体积，则单位体积的应变能为

$$u = \frac{\mathrm{d}U}{\mathrm{d}V} = \int_0^{s_1} \sigma \cdot \mathrm{d}\varepsilon \tag{2-29}$$

式 (2-29) 表明，u 等于 σ-ε 曲线下的面积。当应力小于比例极限时，σ 与 ε 的关系为斜直线，则单位体积的应变能为

$$u = \frac{1}{2}\sigma\varepsilon \tag{2-30}$$

由胡克定律 $\sigma = E\varepsilon$，式 (2-30) 可以写成

$$u = \frac{1}{2}\sigma\varepsilon = \frac{E\varepsilon^2}{2} = \frac{\sigma^2}{2E}$$

若杆件应力是均匀分布的，则整个杆件的应变能 $U = uV$ 。若杆件应力不是均匀分布的，则整个杆件的应变能为

$$U = \int_V u \, \mathrm{d}V \tag{2-31}$$

专题 3　温度应力、装配应力

1. 温度应力

实际工程中的构件常在温度变化的环境下工作。如果杆内温度变化是均匀的，即同一截面上各点的温度变化相同，则直杆只发生伸长或缩短变形(热胀冷缩)。在静定结构中，杆件能自由伸缩，由温度变化引起的变形不会在杆件中产生应力。但在超静定结构中，由温度变化引起的伸缩变形要受到外界约束或各杆之间的相互约束的限制，杆件内将产生应力，这种应力称为温度应力。根据变形协调条件建立变形几何方程，依然是计算温度应力的关键。

在北方的建筑工程中，建筑的供暖系统是至关重要的，供暖管道系统如图 2-45 所示。在供暖过程中，管道中热水温度的变化会引起管道的伸缩变形。设一直管道两端简化为固定端，分别用 A、B 表示，如图 2-46(a)所示。当温度由 t_1 升至 t_2 时，管道就会发生膨胀，由于固定端的约束，在管道 A、B 两端将引起约束反力 F_{RA} 和 F_{RB}，使管道受到压缩。由平衡方程 $\sum F_x = 0$ 得 $F_{RA} = F_{RB} = F_N$，两端的约束反力不能单独由平衡方程求得，所以这也是一个超静定问题，必须再补充一个方程式。

图 2-45

先假设移去 B 端约束，使管道可以自由伸长，因温度的增加，管道将伸长 Δl_T，如图 2-46(b)所示，由物理学得知

$$\Delta l_T = \alpha (t_2 - t_1) l$$

式中，α 为材料的线膨胀系数，表示温度改变 1℃时单位长度的伸缩量。而管道的膨胀 Δl_T，正好是受压力 F_N 后被压缩的长度 Δl_N，如图 2-46(c)所示，所以 $\Delta l_T = \Delta l_N$，即

$$\alpha (t_2 - t_1) l = \frac{F_N l}{EA}$$

解得

$$F_N = \alpha(t_2 - t_1)EA$$

温度应力为

$$\sigma_t = \frac{F_N}{A} = \alpha E(t_2 - t_1) \qquad (2\text{-}32)$$

2. 装配应力

在杆件的制造过程中，其尺寸有微小的误差
是在所难免的，对于静定结构，这种微小的误差
只会引起结构几何形状的极小改变，而不会使各
杆中产生内力。如图 2-47(a)所示，两根长度相同
的杆件组成一个简单结构，若由于两根杆制成后

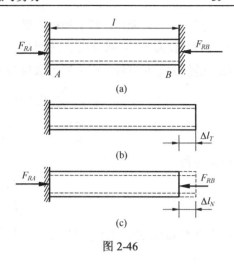

图 2-46

的长度(图中虚线表示)均比设计长度(图中实线表示)超出了 δ，则在装配好以后，两杆原应有
的交点 C 下移一个微小的距离 Δ 至 C' 点，且两杆的夹角略有改变，但杆内不会产生内力。

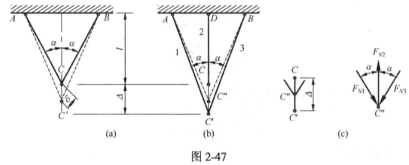

图 2-47

可是对于超静定结构，情况就不同了。如图 2-47(b)所示的超静定桁架，由于两斜杆
的长度制造得不精确，均比设计长度长一些，这样就会使三杆交不到一起，而实际装配往
往强行完成，装配后的结构形状如图 2-47(b)中的虚线所示。设三杆交于 C''(介于 C 及 C'
之间)，由于各杆长度都有所变化，因而在结构尚未承受外载作用时，各杆就已经有了应力
(图 2-47(c))，这种应力称为装配应力。根据变形协调条件建立变形几何方程，同样是计算
装配应力的关键。下面以实例加以说明。

例 2-9　如图 2-48(a)所示的桁架，杆 3 的设计长度为 l，加工误差为 δ，$\delta \ll l$。已知杆
1 和杆 2 的抗拉刚度均为 E_1A_1，杆 3 的抗拉刚度为 E_2A_2。求三杆中的轴力 F_{N1}、F_{N2} 和 F_{N3}。

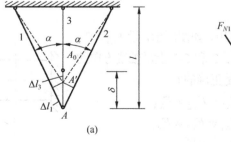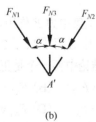

图 2-48

解：三杆装配后，杆 1 和杆 2 受压，轴力为压力，分别设为 F_{N1}、F_{N2}；杆 3 受拉，轴力为拉力，设为 F_{N3}。取节点 A' 为研究对象，受力图如图 2-48(b) 所示。由于该节点仅有两个独立的静力平衡方程，而未知力数目为 3 个，故是一次超静定问题。根据节点 A 的平衡有

$$\sum F_x = 0, \quad F_{N1} \sin\alpha - F_{N2} \sin\alpha = 0 \tag{a}$$

$$\sum F_y = 0, \quad F_{N3} - F_{N1} \cos\alpha - F_{N2} \cos\alpha = 0 \tag{b}$$

由此可得

$$\begin{cases} F_{N1} = F_{N2} \\ F_{N3} - 2F_{N1}\cos\alpha = 0 \end{cases} \tag{c}$$

由图 2-48(a) 可知，其变形的几何关系为

$$\Delta l_3 + \frac{\Delta l_1}{\cos\alpha} = \delta \tag{d}$$

根据物理关系可得

$$\Delta l_3 = \frac{F_{N3}l}{E_2 A_2} \tag{e}$$

$$\Delta l_1 = \frac{F_{N1}l}{E_1 A_1 \cos\alpha} \tag{f}$$

将式(e)、式(f)代入式(d)可得补充方程为

$$\frac{F_{N3}l}{E_2 A_2} + \frac{F_{N1}l}{E_1 A_1 \cos^2\alpha} = \delta \tag{g}$$

求解式(c)、式(g)可得

$$F_{N1} = F_{N2} = \frac{\delta}{l} \frac{E_1 A_1 \cos^2\alpha}{1 + \dfrac{2E_1 A_1}{E_2 A_2}\cos^3\alpha}$$

$$F_{N3} = \frac{\delta}{l} \frac{2E_1 A_1 \cos^3\alpha}{1 + \dfrac{2E_1 A_1}{E_2 A_2}\cos^3\alpha}$$

计算结果为正，可知轴力的方向与所设方向相同。

习　题

2-1　变截面杆受集中力 F 作用，如图所示，设 F_{N1}、F_{N2} 和 F_{N3} 分别表示杆件中截面 1-1、2-2 和 3-3 上沿轴线方向的内力值，试问下列结论中哪一个是正确的？

(A) $F_{N1} = F_{N2} = F_{N3}$　　(B) $F_{N1} = F_{N2} \neq F_{N3}$

(C) $F_{N1} \neq F_{N2} = F_{N3}$　　(D) $F_{N1} \neq F_{N2} \neq F_{N3}$

2-2　试作出如图所示各杆的轴力图。

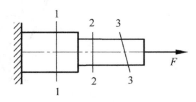

题 2-1 图

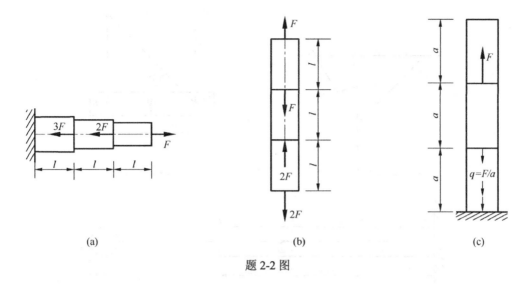

(a)   (b)   (c)

题 2-2 图

2-3 五杆铰接的正方形结构受力如图所示，各杆横截面面积 $A = 2000\text{mm}^2$，试求各杆的正应力。

2-4 等截面杆的横截面面积 $A = 5\text{cm}^2$，受轴向拉力 F 作用，如图所示，杆沿斜截面被切开，该截面上的正应力 $\sigma_\alpha = 120\text{MPa}$，切应力 $\tau_\alpha = 40\text{MPa}$，试求力 F 的大小和斜截面的角度 α。

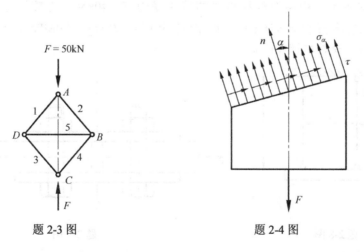

题 2-3 图   题 2-4 图

2-5 如图所示的桁架，受铅垂载荷 $F = 50\text{kN}$ 作用，杆 1 和杆 2 的横截面均为圆形，其直径分别为 $d_1 = 15\text{mm}$，$d_2 = 20\text{mm}$，材料的许用应力均为 $[\sigma] = 150\text{MPa}$。试校核桁架的强度。

2-6 已知如图所示结构中三杆的拉压刚度均为 EA，设杆 AB 为刚体，承受载荷 F，杆 AB 长 l。试求点 C 的铅垂位移和水平位移。

2-7 如图所示，钢质圆杆的直径 $d = 10\text{mm}$，$F = 5.0\text{kN}$，弹性模量 $E = 210\text{GPa}$。试求杆内最大应变和杆的总伸长量。

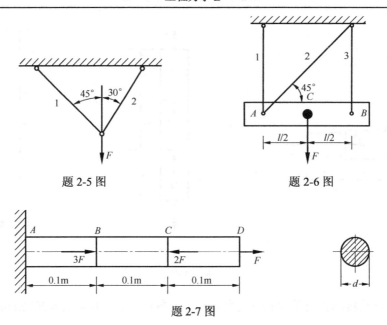

题 2-5 图　　　　　　　　　　题 2-6 图

题 2-7 图

2-8　如图所示的结构，BC 为刚性梁，杆 1、杆 2、杆 3 的材料和横截面面积均相同，在横梁 BC 上作用一可沿横梁移动的载荷 F，其活动范围为 $0 \leqslant x \leqslant 2a$。计算各杆的最大轴力值。

2-9　如图所示，用两个螺栓连接的接头受力 $F = 40\text{kN}$。连接板厚度 $\delta_1 = 8\text{mm}$，$\delta_2 = 20\text{mm}$，螺栓直径 $d = 16\text{mm}$，螺栓许用切应力 $[\tau] = 130\text{MPa}$，许用挤压应力 $[\sigma_{bs}] = 300\text{MPa}$。试校核螺栓的强度。

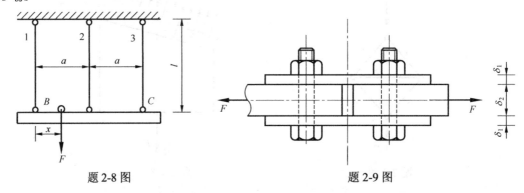

题 2-8 图　　　　　　　　　　题 2-9 图

2-10　两块木板Ⅰ、Ⅱ用钢卡具 1、2 连接，承受轴向拉力 F。试在图上标出木板最危险的受拉面、剪切面及挤压面。

2-11　一桁架的受力及各部分尺寸如图(a)所示，若 $F_p = 50\text{kN}$，各杆的横截面面积均为 $A = 250\text{mm}^2$，求 AB 杆横截面上的应力。

2-12　如图所示的直杆，横截面面积 $A = 100\text{mm}^2$，载荷 $F_p = 10\text{kN}$，求 $\alpha = 30°$ 斜截面上的正应力和剪应力。

2-13　如图所示，钢杆 1、2 的弹性模量均为 $E = 210\text{GPa}$，两杆的直径为 4mm，求节点 A 铅垂方向的位移。

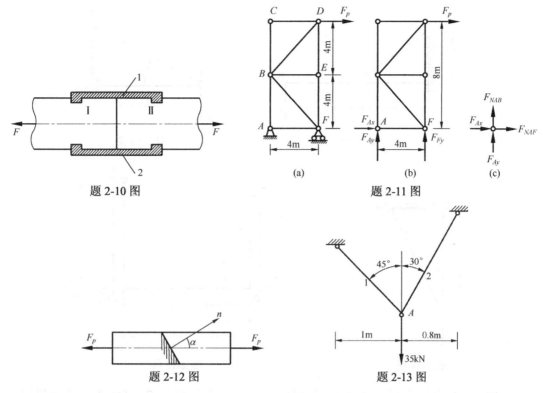

题 2-10 图   题 2-11 图

题 2-12 图   题 2-13 图

2-14 如图所示的结构，杆 AB 和 BC 的抗压强度 EA 相同，在节点 B 处承受集中力 F，试求节点 B 的水平及铅垂位移。

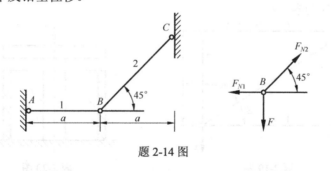

题 2-14 图

2-15 如图所示的结构，AB 为水平放置的刚性杆，斜杆 CD 为直径 $d = 20\text{mm}$ 的圆杆，其弹性模量 $E = 200\text{GPa}$，试求 B 点的铅垂位移 Δ_{By}。

2-16 在图示支架中，AB 和 AC 两杆的材料相同，且抗拉和抗压许用应力相等，同为 $[\sigma]$，为使杆系使用的材料最省，试求夹角 θ。

2-17 如图所示的结构，F、l 及两杆的拉压刚度 EA 均已知，试求各杆的轴力及 C 点的铅垂位移和水平位移。

2-18 如图所示，设 CG 为刚性杆，BC 为铜杆，DG 为钢杆，两杆的横截面面积分别为 A_1 和 A_2，弹性模量分别为 E_1 和 E_2，欲使 CG 始终保持水平位置，试求 x。

2-19 如图所示的桁架，已知 3 根杆的拉压刚度相同。试求各杆的内力，并求 A 点的水平位移和铅垂位移。

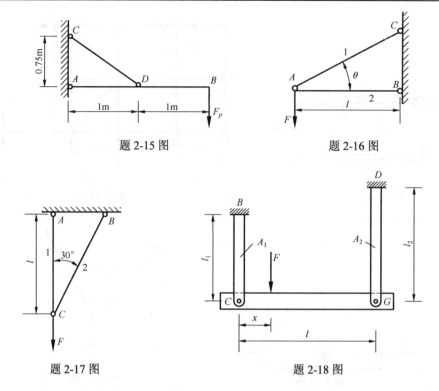

题 2-15 图　　　　　　　　　　题 2-16 图

题 2-17 图　　　　　　　　　　题 2-18 图

2-20　结构如图所示，P 施加于刚性平面上，1 为铝杆，$E_1 = 66\text{GPa}$，2 为钢管，$E_2 = 200\text{GPa}$，$A_1 = A_2 = 20\text{cm}^2$，$a = 0.004\text{cm}$，$l = 25\text{cm}$，如欲使钢管和铝杆所产生的应力相等，载荷 P 应为多少?

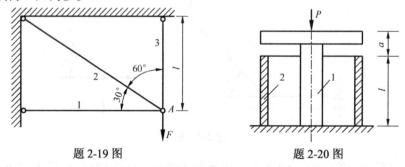

题 2-19 图　　　　　　　　　　题 2-20 图

2-21　如图所示，铆钉接头受轴向载荷 F 作用，试校核其强度。已知 $F = 80\text{kN}$，$b = 80\text{mm}$，$t = 10\text{mm}$，$d = 16\text{mm}$，材料的许用应力 $[\sigma] = 160\text{MPa}$，$[\tau] = 120\text{MPa}$，$[\sigma_{\text{bs}}] = 320\text{MPa}$。

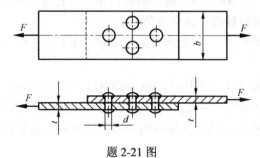

题 2-21 图

第3章 扭 转

3.1 扭转的概念和实例

工程中，受扭构件是很常见的。如汽车转向轴，当汽车转向时，驾驶员通过方向盘把力偶作用在转向轴的上端，在转向轴的下端则受到来自转向器的阻力偶作用，如图 3-1(a) 所示。又如，轴承传动系统的传动轴工作时，电动机通过皮带轮把力偶作用在一端，在另一端则受到齿轮的阻力偶作用，如图 3-1(b) 所示。

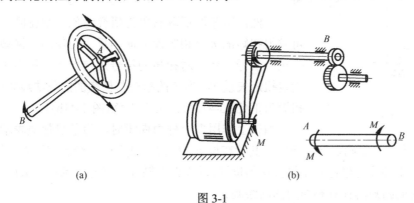

(a)　　　　　　　　　　(b)

图 3-1

上述杆件的受力可简化为图 3-2，其受力特点是在杆件两端作用两个大小相等、方向相反、作用面垂直于杆件轴线的力偶。变形特点是杆件的任意两个横截面绕其轴线做相对转动。扭转时杆件两个横截面相对转动的角度称为相对扭转角，一般用 φ 表示。

工程实际中，单纯发生扭转变形的杆件并不多。如果杆件的变形以扭转为主(通常称为轴)，则可以按照扭转变形对其进行强度和刚度计算；如果杆件的变形除了扭转还有其他的变形(如弯曲等)，则要通过组合变形计算。本章主要讨论圆轴扭转变形时的强度和刚度计算。

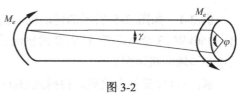

图 3-2

3.2 外力偶矩的计算——扭矩和扭矩图

在研究扭转的应力和变形之前，先介绍作用于轴上的外力偶矩及横截面上的内力。

外力偶矩的计算以工程中常见的传动轴为例，作用在轴上的外力偶矩与轴传递的功率和转速有关。由动力学可知，外力偶在单位时间内所做之功即功率 P，为该外力偶之矩 M_e 与相应角速度 ω 的乘积，即 $P=M_e\omega$。若已知轴传递的功率为 P，单位为 kW（千瓦），转

速为 n，单位为 r/min，由于 $1W=1N \cdot m/s$ ，可得 $P \times 10^3 = M \times \dfrac{2\pi n}{60}$ ，由此可得

$$M_e = \frac{P \times 60 \times 10^3}{2\pi \times n} = 9549 \frac{P}{n}(\text{N} \cdot \text{m}) \qquad (3\text{-}1)$$

应用时需要注意功率和转速的单位，功率及转速带入式(3-1)时，单位分别为 kW 和 r/min。

　　杆件上的外力偶矩确定后，就可用截面法计算任意横截面上的内力。以如图 3-3(a) 所示的圆轴为例，假想用 *m-m* 截面将圆轴一分为二，并取其左段为研究对象(图 3-3(b))。由于整个轴是平衡的，所以左段也处于平衡状态，这就要求 *m-m* 横截面上的内力必须归结为一个力偶矩，称为扭矩，用 T 表示。

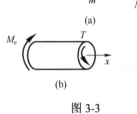

图 3-3

　　根据平衡方程 $\sum M_x = 0$ ，即

$$T - M_e = 0$$

得

$$T = M_e$$

　　显然，若截取后取右段为研究对象，则在同一横截面上可求得扭矩的大小相等而方向相反。为使同一横截面上的扭矩正、负号一致，对扭矩的符号规定如下：按右手螺旋法则确定扭矩矢量 T，当 T 的指向与横截面的外法线方向一致时，扭矩为正(图 3-4(a))，反之为负(图 3-4(b))。

　　当轴上作用多个外力偶矩时，为了清楚地表示各横截面上扭矩的变化，从而确定最大扭矩及其所在位置，可仿照轴力图的绘制方法来绘制扭矩图。通常以平行于轴线的坐标表示横截面的位置，以垂直于轴线的坐标表示相应截面上的扭矩。下面举例说明扭矩的计算和扭矩图的绘制。

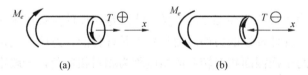

图 3-4

　　例 3-1　如图 3-5 所示的传动轴，已知轴的转速 $n = 300\text{r/min}$ ，主动轮 C 的输入功率 $P_C = 360\text{kW}$ ，3 个从动轮 A、B、D 的输出功率分别为 $P_A = 60\text{kW}$ ，$P_B = 120\text{kW}$ ，$P_D = 180\text{kW}$ 。试绘制该轴的扭矩图。

　　解：(1)计算外力偶矩。根据式(3-1)计算作用于各轮上的外力偶矩：

$$M_A = 9549 \frac{P_A}{n} = 9549 \times \frac{60\text{rW}}{300\text{r/min}} \approx 1910\text{N} \cdot \text{m}$$

$$M_B = 9549 \frac{P_B}{n} = 9549 \times \frac{120\text{rW}}{300\text{r/min}} \approx 3820\text{N} \cdot \text{m}$$

$$M_C = 9549 \frac{P_C}{n} = 9549 \times \frac{360\text{rW}}{300\text{r/min}} \approx 11459\text{N} \cdot \text{m}$$

$$M_D = 9549 \frac{P_D}{n} = 9549 \times \frac{180\text{rW}}{300\text{r/min}} \approx 5729\text{N} \cdot \text{m}$$

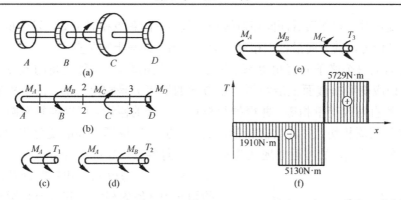

图 3-5

(2)计算扭矩。从受力情况看，在轴的 AB、BC、CD 三段内，各横截面上的扭矩是不相等的。现在用截面法，根据平衡方程计算各段内的扭矩。在 AB 段，用截面 1-1 截取，取左段为研究对象，并假设该截面上的扭矩 T_1 为正，如图 3-5(c)所示。由平衡方程 $\sum M_x = 0$，得

$$\sum M_x = 0, \quad M_A + T_1 = 0$$

于是有

$$T_1 = -M_A = -1910 \text{N} \cdot \text{m}$$

负号表明截面 1-1 上的实际扭矩方向与假设方向相反，按照扭矩的符号规定，该截面上的扭矩是负的。同理，可求得截面 2-2 和截面 3-3 上的扭矩分别为

$$T_2 = -(M_A + M_B) = -5730 \text{N} \cdot \text{m}, \quad T_3 = M_D = 5729 \text{N} \cdot \text{M}$$

(3)绘制扭矩图。根据上述计算，绘制扭矩图，如图 3-5(f)所示。可以看出，该轴的最大扭矩发生在 BC 段，且 $T_2 = 5730 \text{N} \cdot \text{m}$。

3.3 圆轴扭转时的应力及强度条件

3.3.1 纯剪力

设一薄壁圆筒的壁厚 δ 远小于其平均半径 $r_0 \left(\delta \leqslant \dfrac{r_0}{10} \right)$，两端受一对大小相等、转向相反的外力偶 M_e 作用，见图 3-6(a)。加力偶前，在圆筒表面刻上一系列的纵向线和圆周线，从而形成一系列的矩形格子。扭转后，可看到下列变形情况，见图 3-6(b)。

(1)各圆周线绕轴线发生了相对转动，但形状、大小及相互之间的距离均无变化，且仍在原来的平面内。

(2)所有的纵向线倾斜了同一微小角度 γ，变为平行的螺旋线。在小变形时，纵向线仍看作直线。

由(1)可知，扭转变形时，横截面的大小、形状及轴向间距不变，说明圆筒纵向与横向均无变形，线应变 ε 为零，由胡克定律 $\sigma = E\varepsilon$，可得横截面上的正应力 σ 为零。由(2)

可知，扭转变形时，相邻横截面间相对转动，截面上的各点相对错动，发生剪切变形，故横截面上有切应力，其方向沿各点相对错动的方向，即与半径垂直。

圆筒表面上每个格子的直角也都改变了相同的角度 γ，这种直角的改变量 γ 称为切应变。这个切应变和横截面上沿圆周切线方向的切应力是相对应的。由于相邻两圆周线间每个格子的直角改变量相等，并根据材料均匀连续的假设，可以推知沿圆周各点处切应力的方向与圆周相切，且其数值相等。至于切应力沿壁厚方向的变化规律，由于壁厚 δ 远小于平均半径 r_0，故可近似地认为沿壁厚方向各点处切应力的数值无变化。根据上

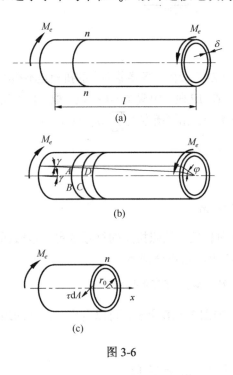

图 3-6

述分析可得，薄壁圆筒扭转时横截面上各点处的切应力 τ 值均相等，其方向与圆周相切，见图 3-6(c)。于是，由横截面上内力与应力间的静力关系，得

$$r\tau \int_A \mathrm{d}A = T$$

由于 τ 为常数，且对于薄壁圆筒，r 可用其平均半径 r_0 代替，而 $\int_A \mathrm{d}A = A = 2\pi r_0 \delta$ 为圆筒横截面面积，将其代入上式，得

$$\tau = \frac{T}{2\pi r_0^2 \delta} = \frac{T}{r_0 A_0} \qquad (3\text{-}2)$$

式中，$A_0 = 2\pi r_0 \delta$。根据图 3-6(b)所示的几何关系，可得薄壁圆筒表面上的切应变 γ 和相距为 l 的两端面间的相对扭转角 φ 之间的关系式：

$$\gamma = \varphi r / l \qquad (3\text{-}3)$$

式中，r 为薄壁圆筒的外半径。

3.3.2 圆轴扭转时的应力

1. 横截面上的应力

与薄壁圆筒相仿，在小变形条件下，圆轴在扭转时横截面上也只有切应力而无正应力。为求得圆轴在扭转时横截面上的切应力计算公式，须先从变形几何方面和物理关系方面求得切应力在横截面上的分布规律，然后考虑静力学方面来求解。

为了观察圆轴的扭转变形，在圆轴的表面上做出任意两个相邻的圆周线和纵向线(在图 3-7(a)中，变形前的纵向线用虚线表示)。在圆轴两端施加一矩为 M_e 的外力偶后，可以发现：各圆周线绕轴线相对地旋转了一个角度，圆周线的大小和形状均未发生改变；在小变形的情况下，圆周线间的间距也未变化，纵向线则倾斜了一个角度 γ。变形前表面的矩形方格 abcd 变形后错动成为平行四边形 a'b'cd。

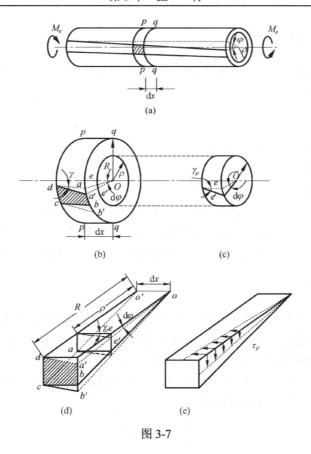

图 3-7

根据所观察到的现象,可做出如下假设:圆轴扭转变形前后,其横截面始终保持为平面,形状和大小不变,半径射线均保持为直线,且相邻两横截面间的距离不变。这就是圆轴扭转的平面假设(平截面假设)。按照这一假设,横截面如同刚性平面般绕圆轴的轴线转动。试验和弹性力学理论指出:在圆轴扭转变形后只有等直圆轴的圆周线才仍在垂直于其轴线的平面内,所以上述假设只适用于等直圆轴。

为确定横截面上任一点处的切应力随点位置的变化规律,假想地用相邻截面 *p-p* 和截面 *q-q* 从轴中取出长为 dx 的微段进行分析,并放大为图 3-7(b)。若截面 *q-q* 对截面 *p-p* 的相对扭转角为 dφ,则根据平面假设,横截面 *q-q* 上的任意半径 *Oa* 也转过了 dφ 到达 *Oa'*。由于截面转动,圆轴表面上的纵向线 *da* 倾斜了一个角度 γ。纵向线的倾斜角 γ 就是横截面周边上任一点 *d* 处的切应变(或剪应变)。根据平面假设,用相同的方法并参考局部放大图 3-7(c)、图 3-7(d),可以求得圆轴横截面上距圆心为 ρ 处的切应变:

$$\gamma_\rho = \rho \frac{\mathrm{d}\varphi}{\mathrm{d}x} \tag{a}$$

式(a)表示圆轴横截面上任一点处的切应变随该点在横截面上的位置而变化的规律,如图 3-7(e)所示。对于受力一定的圆轴而言,其变形程度是一定的,所以,表示单位长度相对扭转角的 dφ/dx 是一个常量。因此,在同一半径 ρ 的圆周各点处 γ_ρ 均相同,另外,γ_ρ 与 ρ 成正比。

2. 物理关系方面

以 τ_ρ 表示横截面上距圆心为 ρ 处的切应力，则由剪切胡克定律可知，在线弹性范围内，切应力与切应变成正比，即

$$\tau_\rho = G\gamma_\rho \tag{b}$$

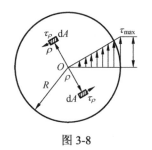

图 3-8

将式(a)代入式(b)得

$$\tau_\rho = G\rho\frac{\mathrm{d}\varphi}{\mathrm{d}x} \tag{c}$$

式(c)表明横截面上任一点的切应力 τ_ρ 与该点到圆心的距离 ρ 成正比。τ_ρ 的方向应垂直于半径，因为 γ_ρ 是垂直于半径平面内的切应变，切应力沿任一半径的变化情况如图 3-8 所示。

3. 静力学方面

横截面上切应力变化规律表达式(c)中的 $\mathrm{d}\varphi/\mathrm{d}x$ 是个待定参数，由静力学知识可以确定该参数。由于在横截面上任一直径上距圆心等距的两点处的微内力 $\tau_\rho\mathrm{d}A$ 等值而方向相反（图 3-8），因此整个横截面上的微内力 $\tau_\rho\mathrm{d}A$ 的合力必为零，对圆心 O 取矩组成一个力偶，即为横截面上的扭矩 T。由于 τ_ρ 的方向垂直于半径，故微内力 $\tau_\rho\mathrm{d}A$ 对圆心的力矩为 $\rho\tau_\rho\mathrm{d}A$。于是，由静力学中的合力矩原理可得

$$\int_A \rho\tau_\rho\mathrm{d}A = T \tag{d}$$

将式(c)代入式(d)，经整理后即得

$$G\frac{\mathrm{d}\varphi}{\mathrm{d}x}\int_A \rho^2\mathrm{d}A = T \tag{e}$$

式中，积分 $\int_A \rho^2\mathrm{d}A$ 仅与横截面的几何形状有关，称为横截面对圆心 O 点的极惯性矩，并用 I_P 表示，即

$$I_P = \int_A \rho^2\mathrm{d}A \tag{3-4}$$

其量纲为长度的四次方。将式(3-4)代入式(e)并整理，得

$$\frac{\mathrm{d}\varphi}{\mathrm{d}x} = \frac{T}{GI_P} \tag{3-5}$$

将式(3-5)代入式(c)，得

$$\tau_\rho = \frac{T\rho}{I_P} \tag{3-6}$$

式(3-6)即为圆轴扭转时横截面上任一点处切应力的计算公式。

由式(3-6)及图 3-8 可见：当 ρ 等于横截面的半径 R 时，即在横截面周边上的各点处，切应力将达到最大值 $\tau_{\max}$，为

$$\tau_{\max} = \frac{TR}{I_P}$$

上式中，令 $W_t = \dfrac{I_P}{R}$，则有

$$\tau_{\max} = \frac{T}{W_t} \tag{3-7}$$

式中，W_t 称为抗扭截面系数(或抗扭截面模量)，其量纲为长度的三次方。

推导切应力计算公式的主要依据是平面假设，且材料符合胡克定律。因此上述公式仅适用于在线弹性范围内的等直圆轴。为了计算截面对圆心的极惯性矩 I_P 和抗扭截面系数 W_t，在圆截面上距圆心为 ρ 处取厚度为 $d\rho$ 的环形面积作为微元面积(图 3-9(a))，并由式 (3-4) 可得实心圆截面对圆心 O 的极惯性矩为

$$I_P = \int_A \rho^2 \, dA = \int_0^{D/2} 2\pi\rho^3 d\rho$$

$$I_P = \frac{\pi D^4}{32} \tag{3-8}$$

实心圆截面的抗扭截面系数为

$$W_t = \frac{I_P}{D/2}, \quad 即 W_t = \frac{\pi D^3}{16} \tag{3-9}$$

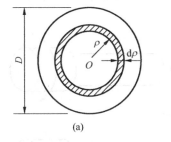 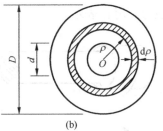

(a)　　　　　　　　(b)

图 3-9

由于平面假设同样适用于空心圆轴的情形，因此切应力公式也适用于空心圆轴的情形。

设空心圆轴的内、外径分别为 d 和 D(图 3-9(b))，其比值 $a = \dfrac{d}{D}$，则由式(3-4)可得空心圆截面对圆心 O 的极惯性矩为

$$I_P = \int_A \rho^2 \, dA = \int_{d/2}^{D/2} 2\pi\rho^3 d\rho, \quad 即 I_P = \frac{\pi}{32}(D^4 - d^4) \tag{3-10}$$

空心圆截面的抗扭截面系数为

$$W_t = \frac{I_P}{D/2}, \quad 即 W_t = \frac{\pi D^3}{16}(1 - a^4) \tag{3-11}$$

3.3.3 扭转强度条件

等直圆轴在扭转时，横截面内各点均处于纯剪切应力状态。其强度条件应是横截面上的最大工作切应力 $\tau_{\max}$ 不超过材料的许用切应力 $[\tau]$，即

$$\tau_{\max} \leqslant [\tau] \tag{3-12}$$

由于等直圆轴的最大工作切应力 $\tau_{\max}$ 存在于最大扭矩所在横截面(即危险截面)的圆周外表面上任一点处，故强度条件公式(3-12)应以这些危险点处的切应力为依据，于是上述强度条件可写为

$$\tau_{\max} = \frac{T_{\max}}{W_t} \leqslant [\tau] \tag{3-13}$$

与拉伸相似，不同材料的许用切应力 $[\tau]$ 各不相同，通常由扭转试验测得材料的扭转极限应力 τ_u，并除以适当的安全因数 n，即

$$[\tau] = \frac{\tau_u}{n} = \begin{cases} \tau_s/n_s & \text{(塑性材料)} \\ \tau_b/n_b & \text{(脆性材料)} \end{cases} \tag{3-14}$$

塑性材料和脆性材料在进行扭转试验时，其破坏形式不完全相同。塑性材料试样在外力偶作用下，先出现屈服，最后沿横截面被剪断，如图 3-10(a)所示；脆性材料试件受扭时，变形很小，最后沿与轴线约 45° 方向的螺旋面断裂，如图 3-10(b)所示。通常把塑性材料屈服时横截面上的最大切应力称为扭转屈服极限，用 τ_s 表示；把脆性材料断裂时横截面上的最大切应力称为扭转强度极限，用 τ_b 表示。扭转屈服极限 τ_s 与扭转强度极限 τ_b 统称为材料的扭转极限应力，用 τ_u 表示。

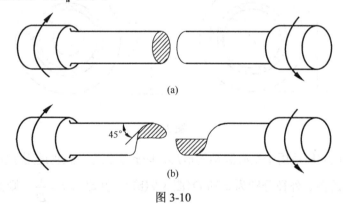

图 3-10

根据强度条件式(3-14)，可对实心或空心圆截面扭转传动轴进行三方面的强度计算，即校核强度、设计截面尺寸或计算许可载荷。

例 3-2　如图 3-11(a)所示的阶梯状分段等直圆轴，AB 段直径 $d_1 = 120\text{mm}$，BC 段直径 $d_2 = 100\text{mm}$。所受外力偶矩分别为 $M_A = 22\text{kN} \cdot \text{m}$，$M_B = 36\text{kN} \cdot \text{m}$，$M_C = 14\text{kN} \cdot \text{m}$。已知材料的许用切应力 $[\tau] = 80\text{MPa}$，试校核该轴的强度。

解：用截面法求得 AB、BC 段的扭矩，并绘制出该轴的扭矩图，见图 3-11(b)。由扭矩图可知 AB 段的扭矩比 BC 段的扭矩大，但两段轴的直径不同，因此需分别校核两段轴的强度。

AB 段：$\tau_{1,\max}=\dfrac{T_1}{W_{t1}}=\dfrac{22\times10^3\times10^3\mathrm{N\cdot mm}}{\dfrac{\pi}{16}\times(120\mathrm{mm})^3}$

$=64.84\mathrm{MPa}<[\tau]$

BC 段：$\tau_{2,\max}=\dfrac{T_2}{W_{t2}}=\dfrac{14\times10^3\times10^3\mathrm{N\cdot mm}}{\dfrac{\pi}{16}\times(100\mathrm{mm})^3}$

$=71.3\mathrm{MPa}<[\tau]$

因此，该轴满足强度条件的要求。

例 3-3 图 3-12 所示等截面圆轴，转速 $n=200\mathrm{r/min}$，由主动轮 A 的输入功率 $P_A=40\mathrm{kW}$，由从动轮 B、C、D 输出功率，分别为 $P_B=20\mathrm{kW}$，$P_C=P_D=10\mathrm{kW}$，试作扭矩图。

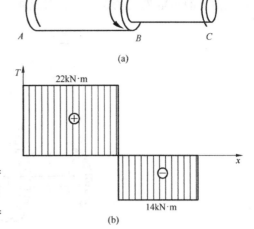

图 3-11

解：(1) 计算外力偶矩。

$$M_{eB}=9549\frac{P_B}{n}=9549\times\frac{20\mathrm{rW}}{200\mathrm{r/min}}=954.9\mathrm{N\cdot m}$$

$$M_{eA}=9549\frac{P_A}{n}=9549\times\frac{40\mathrm{rW}}{200\mathrm{r/min}}=1909.8\mathrm{N\cdot m}$$

$$M_{eC}=M_{eD}=9549\frac{P_C}{n}=9549\times\frac{10\mathrm{rW}}{200\mathrm{r/min}}=477.45\mathrm{N\cdot m}$$

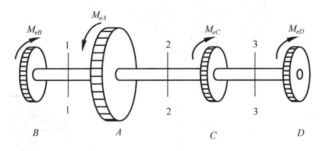

图 3-12

(2) 计算扭矩。

在图 3-13(a) 中，圆轴 BA 段内各截面上的扭矩相同。在 BA 段内任取一个截面 1-1，并假想 1-1 截面将轴分成两部分，取左端为研究对象。设该截面上的扭矩 T_1 为正，受力情况见图 3-13(b)。由静力平衡方程

$$\sum M_x=0,\quad T_1-M_{eB}=0$$

得

$$T_1=M_{eB}=954.9\mathrm{N\cdot m}$$

结果为正号，说明对 1-1 截面上扭矩符号的假设是正确的，该截面上的扭矩确实为正值。

同理，假想地将图 3-13（a）中的圆轴用 2-2 截面分成两部分，仍取左端为研究对象，设该截面上的扭矩 T_2 仍为正，受力情况如图 3-13（c）所示。由静力平衡方程

$$\sum M_x = 0, \quad T_2 - M_{eB} + M_{eA} = 0$$

得

$$T_2 = -954.9\text{N} \cdot \text{m}$$

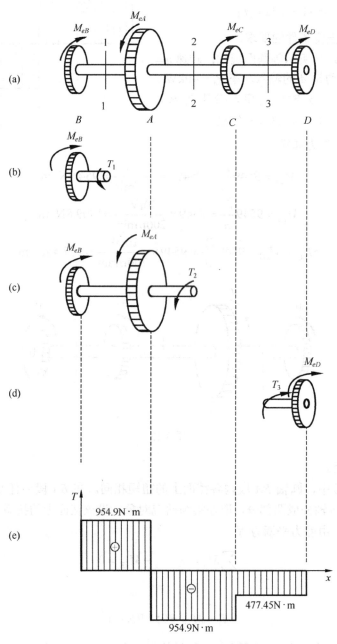

图 3-13

结果为负号，说明 2-2 截面上的扭矩符号假设与实际不符，即 T_2 应为负扭矩。同理可求出 3-3 截面上的扭矩，见图 3-13(d)，$T_3 = -477.45\text{N} \cdot \text{m}$，即 3-3 截面上的扭矩也为负扭矩。

(3) 作扭矩图。

取 x 轴和圆轴的轴线相平行，T 轴垂直向上。坐标原点与圆轴的左端对齐，用 x 表示横截面的位置，T 表示横截面上的扭矩，根据(2)中求出的各横截面上的扭矩作扭矩图，见图 3-13(e)。由图 3-13(e) 可知：绝对值最大的扭矩发生在 AB 段或 AC 段。

例 3-4 在例 3-3 中，若规定传动轴的许用切应力 $[\tau] = 40$ MPa。试按强度要求确定实心圆轴的直径 D。在最大切应力相同的情况下，若用相同材料制成的内外直径之比 $a = d/D' = 0.8$ 的空心圆轴代替实心圆轴，则空心圆轴的外径 D' 应为多少？比较二者的重量，并说明二者谁更节省材料。

解：在例 3-3 中已经求得 $T_{\max} = 954.9\text{N} \cdot \text{m}$，由强度条件式得

$$\tau_{\max} = \frac{T_{\max}}{W_t} = \frac{T_{\max}}{\pi D^3/16} \leqslant [\tau]$$

$$D \geqslant \sqrt[3]{\frac{16T_{\max}}{\pi[\tau]}} = \sqrt[3]{\frac{16 \times 954.9 \times 10^3 \text{N} \cdot \text{mm}}{\pi \times 40\text{MPa}}} \approx 50\text{mm}$$

因此，按强度要求，实心圆轴直径可取为 50mm。若改用内外直径之比 $a = 0.8$ 的空心圆轴，由强度条件式得

$$\tau_{\max} = \frac{T_{\max}}{W_t} = \frac{T_{\max}}{\pi D'^3(1-a^4)/16} \leqslant [\tau]$$

$$D' \geqslant \sqrt[3]{\frac{16T_{\max}}{\pi(1-a^4)[\tau]}} = \sqrt[3]{\frac{16 \times 954.9 \times 10^3 \text{N} \cdot \text{mm}}{\pi \times (1-0.8^4) \times 40\text{MPa}}} \approx 59\text{mm}$$

因此，按强度要求，空心圆轴直径可取为 59mm。在材料、长度相同的情况下，空心圆轴和实心圆轴的重量比等于二者的横截面面积之比，即

$$\frac{G'}{G} = \frac{A'}{A} = \frac{D'^2(1-a^2)}{D^2} = \frac{59^2(1-0.8^2)}{50^2} \approx 0.50$$

可见，空心圆轴的重量只是实心圆轴的 50%，其重量减轻是非常明显的。这是因为在横截面上切应力沿半径线性分布，圆心附近的材料切应力很低，没有得到充分利用。若将实心圆轴圆心附近的材料向周边移置形成空心圆轴，必将增大 I_P 和 W_t，提高圆轴的抗扭强度。但应注意过薄的圆筒受扭时，筒壁可能发生皱折，产生局部失稳而丧失承载能力。在具体设计中，采用空心圆轴还是实心圆轴，不仅要考虑强度的要求，还要考虑刚度的要求，并综合考虑结构需要和加工成本等因素。

3.4　圆轴扭转时的变形及刚度条件

等直圆轴的扭转变形是用两个横截面绕轴线转动的相对扭转角 $\Delta\varphi$ 来度量的。式(3-5)是计算等直圆轴相对扭转角的依据。由式(3-5)可得长为 l 的轴两端截面间的相对扭转角 $\Delta\varphi$（或用 φ 表示）：

$$\mathrm{d}\varphi = G\frac{T}{I_P}\mathrm{d}x \tag{3-15}$$

若两横截面之间的 T 不变，且轴为同一种材料制成的等直圆轴，则式(3-15)中的 $\dfrac{T}{GI_P}$ 为常量。这时式(3-15)可化为

$$\Delta\varphi = \varphi = \frac{Tl}{GI_P} \tag{3-16}$$

式中，$\Delta\varphi$ 的单位是 rad。式(3-16)表明：GI_P 越大，相对扭转角越小，故 GI_P 称为圆轴的抗扭刚度。

由于圆轴在扭转时各横截面上的扭矩可能并不相同，且圆轴的长度也各不相同，因此圆轴扭转的变形大小通常用相对扭转角沿轴线长度的变化率 $\theta = \mathrm{d}\varphi/\mathrm{d}x$ 来度量，θ 称为单位长度扭转角，单位是 rad/m。由式(3-5)可得

$$\theta = \frac{\mathrm{d}\varphi}{\mathrm{d}x} = \frac{T}{GI_P} \tag{3-17}$$

以上计算公式都只适用于材料在线弹性范围内的等直圆轴。

圆轴扭转时，除需要满足强度条件外，有时还需要满足刚度条件。例如，机器的传动轴扭转角过大，会使机器在运转时产生较大的振动。刚度要求通常是限制其单位长度扭转角 θ 的最大值 θ_{max} 不超过某一规定的允许值 $[\theta]$，即

$$\theta_{max} = \left.\frac{\mathrm{d}\varphi}{\mathrm{d}x}\right|_{max} = \left.\frac{T}{GI_P}\right|_{max} \leqslant [\theta]$$

对于等直圆轴，有

$$\theta_{max} = \frac{T_{max}}{GI_P} \leqslant [\theta] \tag{3-18}$$

式(3-18)就是等直圆轴在扭转时的刚度条件。

工程上，$[\theta]$ 的单位也常用 $(°)/m$，此时，应把式(3-18)不等式左端的 rad/m 换算成 $(°)/m$，故有

$$\theta_{max} = \frac{T_{max}}{GI_P} \times \frac{180°}{\pi} \leqslant [\theta] \tag{3-19}$$

各种轴类零件的 $[\theta]$ 值可在有关的机械设计手册中查到。对于一般的传动轴，$[\theta] = (0.5 \sim 1)(°)/m$；对于精密机械中的轴，$[\theta] = (0.15 \sim 0.5)(°)/m$；对于精度要求不高

的轴，$[\theta] = (1 \sim 2.5)(°)/m$。

根据刚度条件公式 (3-19)，可对实心或空心圆截面传动轴进行刚度计算，即校核刚度、设计截面尺寸或计算许可载荷。一般机械设备中的轴，通常是先按强度条件确定轴的尺寸，再按刚度条件校核刚度。精密机械对轴的刚度要求很高，其截面尺寸的设计往往是由刚度条件控制的。

例 3-5 在例 3-3 中，若规定该传动轴的许可单位长度扭转角 $[\theta] = 0.3(°)/m$，切变模量 $G = 80\mathrm{GPa}$。试按刚度要求确定实心圆轴的直径 D。

解：在例 3-3 中已经求得 $T_{\max} = 954.9\ \mathrm{N \cdot m}$，由刚度条件得

$$\theta_{\max} = \frac{T_{\max}}{GI_P} \times \frac{180°}{\pi} = \frac{T_{\max}}{G\pi D^4/32} \times \frac{180°}{\pi} \leqslant [\theta]$$

$$D \geqslant \sqrt[4]{\frac{32T_{\max}}{G\pi[\theta]} \times \frac{180°}{\pi}} = \sqrt[4]{\frac{32 \times 954.9 \times 10^3\,\mathrm{N \cdot mm}}{80 \times 10^3\,\mathrm{MPa} \times \pi \times 0.3 \times 10^{-3}(°)/\mathrm{mm}} \times \frac{180°}{\pi}} \approx 69.4\mathrm{mm}$$

因此，按刚度要求，实心圆轴直径可取为 70mm。对照例 3-4 中对实心圆轴的计算，可见，按照刚度要求确定的直径 $D = 70\mathrm{mm}$ 大于按照强度要求确定的直径 $D = 50\mathrm{mm}$，即刚度成为控制因素。这在刚度要求较高的机械设计中是经常出现的。

3.5 简单超静定轴

杆在扭转时，若支座反力矩仅用静力平衡方程不能求出，这类问题称为扭转超静定问题。其求解方法与拉压超静定问题类似。现举例说明。

如图 3-14 所示的圆杆 A、B 两端固定，在 C 截面处作用一扭转外力偶矩 M 后，两固定端产生约束反力偶矩 M_A 和 M_B。由静力平衡方程得到

$$M_A + M_B = M \tag{a}$$

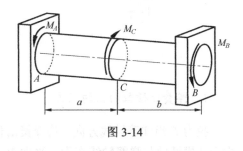

图 3-14

显然，由式 (a) 不能求出 M_A 和 M_B 的大小，这是一次扭转超静定问题。为了求出 M_A 和 M_B，必须考虑变形协调条件。

在 M 的作用下，截面 C 绕杆的轴线转动。截面 C 相对于 A 端产生扭转角 φ_{CA}，相对于 B 端产生扭转角 φ_{CB}。由于 A、B 两端固定，φ_{CA} 和 φ_{CB} 的数值相等，这就是变形协调条件。由此得变形协调方程为

$$\varphi_{CA} = \varphi_{CB} \tag{b}$$

设杆的抗扭刚度为 GI_P，由式 (3-16) 得

$$\varphi_{CA} = \frac{T_{AC}a}{GI_P} = \frac{M_A a}{GI_P}, \quad \varphi_{CB} = \frac{T_{BC}b}{GI_P} = \frac{M_B b}{GI_P} \tag{c}$$

将式 (c) 代入式 (b) 后，得到补充方程为

$$M_A = \frac{b}{a} M_B \tag{d}$$

由式(a)和式(d)求得

$$M_A = \frac{b}{a+b} M, \quad M_B = \frac{a}{a+b} M$$

3.6　圆柱形密圈螺旋弹簧的应力和变形

螺旋弹簧是工程中常用的机械零件，多用于缓冲装置、控制机构及仪表中，如车辆上用的缓冲弹簧、发动机进排气阀与高压容器安全阀中的控制弹簧、弹簧秤中的测力弹簧等。螺旋弹簧有多种形式，最常用的是圆柱形螺旋弹簧，弹簧丝截面为圆形。

圆柱形螺旋弹簧是将一根直径为 d 的圆截面弹簧丝绕成圆柱形而形成的，它的轴线是一条空间螺旋线，如图 3-15(a)所示，其应力和变形的精确分析比较复杂。由弹簧丝截面的中心到弹簧轴线的距离 $D/2$ 为弹簧的平均半径，弹簧丝轴线对水平面的倾角 α 称为螺旋角。当 α 很小，如 $\alpha<5°$ 时，对螺旋弹簧应力和变形的计算中，可不考虑倾角 α 的影响，即假设弹簧丝的横截面与弹簧轴线在同一平面内。一般将这种弹簧称为密圈螺旋弹簧。

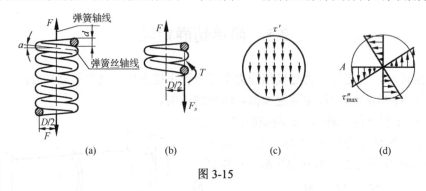

图 3-15

1.　弹簧丝横截面上的应力

拉力 F 沿弹簧轴线方向，将弹簧沿任一横截面截开，取上部为研究对象(图 3-15(b))。由于此横截面与弹簧轴线在同一平面内，即与拉力 F 在同一平面内，由平衡方程得

$$\sum F_y = 0, \ F_S = F \tag{a}$$

$$\sum M_0 = 0, \ T = \frac{FD}{2} \tag{b}$$

即弹簧丝横截面上的内力有剪力 F_S 和扭矩 T，其值分别等于 F 和 $\dfrac{FD}{2}$。与以上两种内力相应的是两种应力。

与剪力 F_S 相应的是切应力 τ'，按实用计算方法，可假设它沿截面是均匀分布的(图3-15(c))，即

$$\tau' = \frac{F_S}{A} = \frac{4F}{\pi d^2} \tag{c}$$

式中，A 为弹簧丝横截面面积；D 为弹簧丝直径；τ' 的方向与剪力 F_S 平行。

与扭矩相应的是切应力 τ''，其沿弹簧丝的半径呈线性分布，方向垂直于半径，最大值 τ''_{max} 出现在弹簧丝的周边上，其值为

$$\tau''_{max} = \frac{T}{W_P} = \frac{F\frac{D}{2} \times 16}{\pi d^3} = \frac{8FD}{\pi d^3} \tag{d}$$

弹簧丝横截面上任一点的总应力是剪切与扭转两种切应力的矢量和。最大切应力发生在弹簧丝横截面内侧边缘处，其值为

$$\tau_{max} = \tau''_{max} + \tau' = \frac{8FD}{\pi d^3} + \frac{4F}{\pi d^2} = \frac{8FD}{\pi d^3}\left(1 + \frac{d}{2D}\right) \tag{3-20}$$

式中，括号内的第二项代表剪切的影响，当 $\frac{D}{d} \geqslant 10$ 时，$\frac{d}{2D}$ 相比不超过 5%，此时可以将其省略，也就是说可以不考虑剪切的影响，只考虑扭转的影响。于是，式(3-20)可简化为

$$\tau_{max} = \frac{8FD}{\pi d^3} \tag{3-21}$$

上述计算中未考虑弹簧丝曲率的影响，实际上弹簧丝是一个曲杆。在 $\frac{D}{d}$ 值较小，即弹簧丝曲率较大时，用式(3-21)计算将产生较大的误差，此误差随比值 $\frac{D}{d}$ 的增大而减小。当 $D/d < 10$ 时，不可略去剪力的影响，要想得到较精确的计算结果，根据理论和试验研究，可采用如下的实用公式：

$$\tau_{max} = k \frac{8FD}{\pi d^3} \tag{3-22}$$

式中，k 为一个修正系数，称为曲度系数，按式(3-23)计算：

$$k = \frac{4c-1}{4c-4} + \frac{0.615}{c} \tag{3-23}$$

式中，$c = D/d$，称为弹簧系数。

求得 τ 后，即可建立强度条件：

$$\tau_{max} = \frac{T}{W} \leqslant [\tau] \tag{3-24}$$

式中，$[\tau]$ 为弹簧丝的许用切应力，其值可查机械设计手册。弹簧材料一般是弹簧钢，其许用切应力 $[\tau]$ 的数值颇高。

2. 弹簧的变形

弹簧的变形是指整个弹簧在外力作用下沿轴向的伸长(或缩短)变化。弹簧丝内同时存在剪力和扭矩，但相比于扭矩引起的变形，剪力引起的变形数值很小，可忽略不计。所以

在计算变形时只考虑扭矩的影响。

以图 3-16 为例,从弹簧丝上截取长为 ds 的一微段 AB,在微段两端截面 A 和 B 上作用有扭矩 $T = FD/2$。用 AC 和 BC 分别代表由 A、B 两截面引出的弹簧半径,根据前面所做的假设,微段 ds 位于水平面内,所以 AC 和 BC 相交于 C 点。微段 ds 受扭矩作用后,两截面间产生相对扭转角,设截面 A 不动,则截面 B 产生了扭转角 $\mathrm{d}\varphi$。假定 $\mathrm{d}\varphi$ 的计算可采用原直杆扭转变形的公式,即

$$\mathrm{d}\varphi = \frac{T\mathrm{d}s}{GI_P} \tag{a}$$

式中,G 为弹簧丝材料的切变模量;I_P 为弹簧丝截面的极惯性矩,且

$$I_P = \frac{\pi d^4}{32} \tag{b}$$

微段 ds 所产生的扭转角使弹簧沿轴向产生位移 $\mathrm{d}\lambda$(图 3-16)。这里,可将截面 B 处的弹簧半径 BC 假想为一刚性杆,并将截面 B 以下的弹簧假设为一刚体悬挂在刚性杆 BC 的端点 C,B 端的扭转角 $\mathrm{d}\varphi$ 使 C 点下降到 C'点,即相当于截面以下的弹簧沿轴向移动了距离 $\mathrm{d}\lambda$,所以

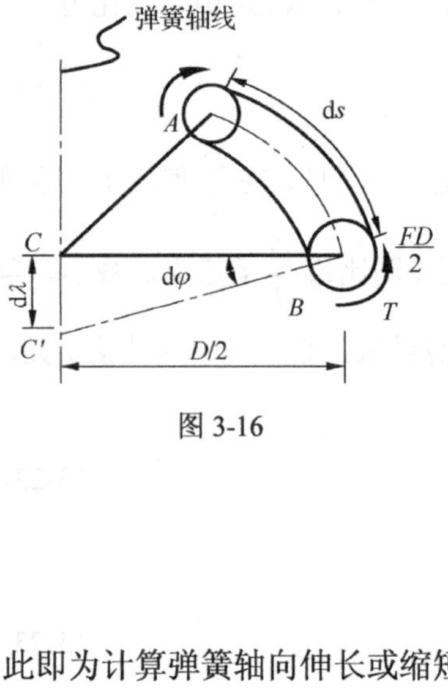

$$\mathrm{d}\lambda = CC' = \mathrm{d}\varphi\frac{D}{2}$$

欲求整个弹簧的轴向位移 λ,应将微段 ds 的轴向位移 $\mathrm{d}\lambda$ 沿弹簧丝的全长 l 积分,得

$$\lambda = \int_l \mathrm{d}\lambda = \frac{D}{2}\int_0^l \frac{T\mathrm{d}s}{GI_P} \tag{c}$$

设 n 为弹簧圈数,不考虑倾角 α 的影响,则 $l \approx n \cdot \pi D$。将式(b)及 $T = FD/2$ 代入式(c),得

图 3-16

$$\lambda = \frac{\dfrac{FD}{2}n\pi\dfrac{D^2}{2}}{G\dfrac{\pi d^4}{32}} = \frac{8FD^3n}{Gd^4} \tag{3-25}$$

此即为计算弹簧轴向伸长或缩短的公式,也可以写成

$$\lambda = \frac{F}{B} \tag{d}$$

式中

$$B = \frac{Gd^4}{8nD^3} \tag{3-26}$$

它是使弹簧产生单位位移所需的力,称为弹簧刚度,其单位为 N/m 或 kN/m。

专题 4　非圆截面杆扭转的概述

前面各节讨论了圆形截面杆的扭转。但有些受扭构件的横截面并非圆形。例如,农业机械中有时采用方轴作为传动轴,又如曲轴承受扭转的曲柄,其横截面是矩形的。

在分析等直圆杆扭转中其横截面上的应力时，主要依据为平面假设。对于等直非圆杆，其横截面不再保持为平面。取一横截面为矩形的杆，在其侧面上画出纵向线和横向周界线（图 3-17(a)），扭转变形后发现横向周界线已变为空间曲线（图 3-17(b)）。这表明变形后杆的横截面已不再保持为平面，这种现象称为翘曲。所以，平面假设对非圆截面杆件的扭转已不再适用。这类问题只能用弹性理论方法求解。

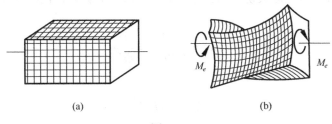

(a)   (b)

图 3-17

非圆截面杆件的扭转可分为自由扭转和约束扭转。如果扭转时杆横截面的翘曲不受任何约束，称为自由扭转，此时各横截面的翘曲程度相同，横截面上只有切应力而无正应力。若因受力或约束条件的限制，扭转各横截面的翘曲程度不同，则称为约束扭转，这时两相邻截面间纵向线段的长度有改变，故横截面上除了有切应力还有正应力。一般情况下，实体杆件在约束扭转时的正应力很小，通常不予考虑，但对于薄壁截面杆的约束扭转，由于其横截面上的正应力较大而不可忽略。

非圆截面杆的自由扭转一般在弹性力学中讨论。这里引用弹性力学的一些结果，并只限于矩形截面杆扭转的情况。矩形截面杆扭转时横截面上的切应力分布如图 3-18(a)所示。此时，杆件横截面上的切应力分布具有如下特点。

(1) 截面边缘各点的切应力形成与边界相切的顺流；

(2) 四个角点上的切应力等于零；

(3) 最大切应力发生在矩形长边的中点处，为

$$\tau_{\max} = \frac{T}{W_t} = \frac{T}{\alpha h b^2} \tag{3-27}$$

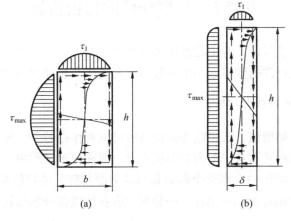

(a)   (b)

图 3-18

式中，W_t 仍称为抗扭截面系数；h 和 b 分别代表矩形截面长边和短边的长度；α 是一个与比值 h/b 有关的系数，其数值已列入表 3-1 中。短边中点的切应力 τ_1 是短边上的最大切应力，为

$$\tau_1 = \nu\tau_{max} \tag{3-28}$$

式中，τ_{max} 是长边中点的最大切应力；系数 ν 与比值 h/b 有关，已列入表 3-1 中。杆件两端的相对扭转角为

$$\Delta\varphi = \frac{Tl}{G\beta hb^3} = \frac{Tl}{GI_t} \tag{3-29}$$

其中

$$GI_t = G\beta hb^3$$

式中，I_t 称为截面的相当极惯性矩，而 GI_t 称为非圆截面杆件的抗扭刚度；β 也是与比值 h/b 有关的系数，并已列入表 3-1 中。

表 3-1　矩形截面杆扭转时的系数 α、β 和 ν

h/b	1.0	1.2	1.5	2.0	2.5	3.0	4.0	6.0	8.0	10.0
α	0.208	0.219	0.231	0.246	0.258	0.267	0.282	0.299	0.307	0.313
β	0.141	0.166	0.196	0.229	0.249	0.263	0.281	0.299	0.307	0.313
ν	1.000	0.930	0.858	0.796	0.767	0.753	0.745	0.743	0.743	0.743

当 $h/b > 10$ 时，截面称为狭长矩形（图 3-18(b)），这时 $\alpha = \beta \approx 1/3$。若以 δ 表示狭长矩形短边的长度，则式(3-27)和式(3-29)化为

$$\tau_{max} = \frac{T}{h\delta^2/3}, \quad \Delta\varphi = \frac{Tl}{Gh\delta^3/3} \tag{3-30}$$

在狭长矩形截面上，扭转切应力的变化情况如图 3-18(b)所示。虽然最大切应力在长边的中点，但沿长边各点的切应力实际上变化不大，接近相等，在靠近短边处才迅速减小为零。

专题 5　薄壁杆件的自由扭转

为减轻结构本身重量，工程上常采用各种轧制型钢，如工字钢、角钢等；也经常使用薄壁管状杆件。这类杆件的壁厚远小于横截面的其他两个尺寸(高和宽)，称为薄壁杆件。

1. 开口薄壁杆件的自由扭转

开口薄壁杆件，如槽钢、工字钢等的横截面可以看作由若干个狭长矩形组成的。自由扭转时，假设横截面在其本身平面内的形状不变，即在变形过程中，横截面在其本身平面内的投影只做刚性平面运动，则整个截面和组成截面各部分的扭转角相等。若以 $\Delta\varphi$ 表示整个截面的扭转角，$\Delta\varphi_1, \Delta\varphi_2, \cdots, \Delta\varphi_i, \cdots$ 分别代表各组成部分的扭转角，于是有变形协调条件：

$$\Delta \varphi = \Delta \varphi_1 = \Delta \varphi_2 = \cdots = \Delta \varphi_i = \cdots \tag{a}$$

若以 T 表示整个截面上的扭矩，T_1，T_2，$\cdots$，T_i，$\cdots$ 分别表示截面各组成部分上的扭矩，则因整个截面上的扭矩应等于各组成部分上的扭矩之和，有

$$T = T_1 + T_2 + \cdots + T_i + \cdots = \sum T_i \tag{b}$$

由式(3-30)可得

$$\Delta \varphi_1 = \frac{T_1 l}{G \frac{1}{3} h_1 \delta_1{}^3}, \quad \Delta \varphi_2 = \frac{T_2 l}{G \frac{1}{3} h_2 \delta_2{}^3}, \quad \cdots, \quad \Delta \varphi_i = \frac{T_i l}{G \frac{1}{3} h_i \delta_i{}^3}, \quad \cdots \tag{c}$$

由式(c)解出 T_1，T_2，$\cdots$，T_i，$\cdots$ 并代入式(b)，并注意到由式(a)表示的关系，得

$$T = \Delta \varphi \frac{G}{l} \left(\frac{1}{3} h_1 \delta_1^3 + \frac{1}{3} h_2 \delta_2^3 + \cdots + \frac{1}{3} h_i \delta_i^3 + \cdots \right) = \Delta \varphi \frac{G}{l} \sum \frac{1}{3} h_i \delta_i^3 \tag{d}$$

引用记号

$$I_t = \sum \frac{1}{3} h_i \delta_i^3 \tag{3-31}$$

式(d)又可写成

$$\Delta \varphi = \frac{Tl}{GI_t} \tag{3-32}$$

式中，GI_t 即为抗扭刚度。

在组成截面的任意一个狭长矩形上，长边各点的切应力可由式(3-30)计算，即

$$\tau_i = \frac{T_i}{\frac{1}{3} h_i \delta_i^2} \tag{3-33}$$

由于 $\Delta \varphi_i = \Delta \varphi$，故由式(c)及式(3-32)得

$$\frac{T_i l}{G \frac{1}{3} h_i \delta_i^3} = \frac{Tl}{GI_t}$$

由此解出 T_i，代入式(3-33)得出

$$\tau_i = \frac{T \delta_i}{I_t} \tag{3-34}$$

由式(3-34)看出：当 δ_i 为最大时，切应力 τ_i 达到最大值。故 τ_{max} 发生在宽度最大狭长矩形的长边上，且

$$\tau_{max} = \frac{T \delta_{max}}{I_t} \tag{3-35}$$

沿截面的边缘，切应力与边界相切，沿着周边或周边的切线形成环流，如图 3-19 所示，因而在同一截面的两侧，切应力方向相反。环流流向与截面的扭矩一致；角点处的切应力为零；中线上的切应力也为零；长边边缘处的切应力接近均匀分布。

计算槽钢、工字钢等开口薄壁杆件的 I_t 时，应对式(3-31)略加修正。这是因为在这些型钢截面上，各狭长矩形连接处有圆角，翼缘内侧有斜率，这就增加了杆件的抗扭刚度。修正公式是

$$I_t = \eta \frac{1}{3} \sum h_i \delta_i^3 \tag{3-36}$$

式中，η 为修正系数。角钢 $\eta = 1.00$，槽钢 $\eta = 1.12$，T 形钢 $\eta = 1.15$，工字钢 $\eta = 1.20$。

对于中线为曲线的开口薄壁杆件(图 3-20)，计算时可将截面展直，作为狭长矩形截面处理。

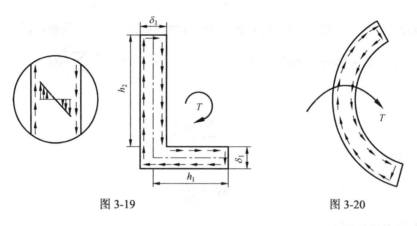

图 3-19　　　　　　　　　　　　　　　　图 3-20

2. 闭口薄壁杆件的自由扭转

3.3.1 节中介绍的薄壁圆筒扭转，其壁厚固定，而这里介绍的闭口薄壁杆件，其壁厚是可变的。类似于薄壁圆筒，闭口薄壁杆件自由扭转时，横截面上的切应力沿厚度是均匀分布的，方向与周边或截面中线相切。

用相距为 dx 的两个横截面和与轴线平行的两个纵向截面从杆件中取出一部分 *abcd*，如图 3-21(b)所示。设在 *b* 点处的壁厚为 δ_1，切应力为 τ_1；*c* 点处的壁厚为 δ_2，切应力为 τ_2。根据切应力互等定理，*ab* 和 *cd* 上的切应力分别为 τ_1、τ_2。根据轴线方向的平衡方程

$$\sum F_x = 0, \quad \tau_1 \delta_1 = \tau_2 \delta_2 \tag{a}$$

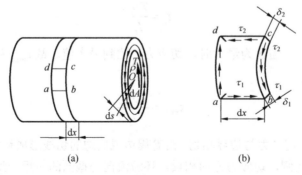

(a)　　　　　　　　　　　　　　　(b)

图 3-21

由于两个纵向截面是任意选择的，故式(a)表明，横截面沿其周边任一点处的切应力 τ 与该点处的壁厚 δ 之积为一常数，即

$$\tau\delta = 常数 \tag{b}$$

$\tau\delta$ 称为剪力流。式(b)表明：闭口薄壁杆件在自由扭转时，截面中心线上单位长度的剪力流保持不变。

在横截面沿中线方向取微长度 ds，在微面积 δds 上的微剪力为 $\tau\delta ds$，其方向与中线相切。微剪力对截面内任一点 O 的力矩为 $\tau\delta\rho ds$，则整个截面上的内力对点 O 的力矩等于截面上的扭矩，即

$$T = \int \tau\delta\rho ds = \tau\delta\int \rho ds \tag{c}$$

式中，ρ 为点 O 到截面中线切线的垂直距离；ρds 等于图 3-21(a)中阴影线三角形面积的 2 倍，故其沿壁厚中线全长 s 的积分应是该中线所围面积 A_0 的 2 倍。于是可得

$$T = \tau\delta \cdot 2A_0$$

$$\tau = \frac{T}{2A_0\delta} \tag{3-37}$$

式(3-37)即为闭口薄壁杆件在自由扭转时横截面上任一点处切应力的计算公式。由式(3-37)可知：闭口薄壁杆件自由扭转时，横截面上的切应力 τ 与截面上的扭矩成正比，与截面中线所围面积 A_0 和壁厚 δ 成反比，在壁厚 δ 最小处，切应力最大，即

$$\tau_{max} = \frac{T}{2A_0\delta_{min}} \tag{3-38}$$

闭口薄壁杆件的单位长度扭转角可按功能原理来求得。

由纯剪切应力状态下的应变能密度 u 的表达式 $u = \frac{\tau^2}{2G}$ 及式(3-37)可得杆内任一点处的应变能密度：

$$u = \frac{\tau^2}{2G} = \frac{1}{2G}\left(\frac{T}{2A_0\delta}\right)^2 = \frac{T^2}{8GA_0^2\delta^2} \tag{3-39}$$

又由根据应变能密度 u 计算扭转时杆内应变能的表达式 $U = \int_V u dV$ 可得单位长度杆内的应变能为

$$U = \int_V u dV = \frac{T^2}{8GA_0^2}\int_V \frac{dV}{\delta^2} \tag{3-40}$$

式中，dV 为单位长度杆壁的体积，$dV = 1 \times \delta \times ds = \delta ds$。将 dV 代入式(3-40)，并沿壁厚中线的全长 s 积分得

$$U = \frac{T^2}{8GA_0^2}\int_s \frac{ds}{\delta} \tag{d}$$

然后，计算单位长度杆两端截面上的扭矩对杆段的相对扭转角 $\Delta\varphi'$ 所做的功。由于杆件在线弹性范围内工作，因此所做的功为

$$W = \frac{1}{2}T\Delta\varphi' \tag{e}$$

式(d)和式(e)中的 U 和 W 在数值上相等，从而解得

$$\Delta\varphi' = \frac{T}{4GA_0^2}\int_s \frac{\mathrm{d}s}{\delta} \tag{3-41}$$

式中，积分取决于杆的壁厚 δ 沿壁厚中线 s 的变化规律。当壁厚 δ 为常数时，有

$$\Delta\varphi' = \frac{Ts}{4GA_0^2\delta} \tag{3-42}$$

式中，s 为壁厚中线的全长。

习　题

3-1　圆轴截面直径 $d = 50\mathrm{mm}$，如图所示，两端受 $M_e = 1\mathrm{kN\cdot m}$ 的外力偶作用，材料的切变模量 $G = 80\mathrm{GPa}$。试求：①横截面上 $\rho_A = d/4$ 的 A 点处的切应力和切应变；②该截面上最大切应力和该轴的单位长度扭转角。

3-2　如图所示的圆轴，其切变模量 $G = 80\mathrm{GPa}$，试求：①实心和空心段内的最大切应力；②截面 B 相对截面 A 的扭转角 φ_{BA}。

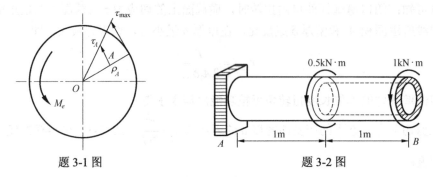

题 3-1 图　　　　　　　　　　　　题 3-2 图

3-3　如图所示外径 $D = 200\mathrm{mm}$ 的圆轴，AB 段为实心的，BC 段为空心的，且内径 $d = 50\mathrm{mm}$，已知材料的许用切应力为 $[\tau] = 50\mathrm{MPa}$，求 M_e 的许可值。

3-4　如图所示，实心圆轴和空心圆轴通过牙嵌式离合器连接在一起。已知轴的转速 $n = 98\mathrm{r/min}$，传递的功率 $P = 7.4\mathrm{kW}$，轴的许用切应力 $[\tau] = 40\mathrm{MPa}$。试选择实心圆轴的直径 d_1 和内外径比值为 $1:2$ 的空心圆轴的外径 D_2。

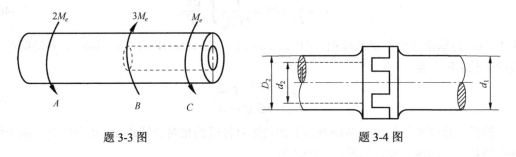

题 3-3 图　　　　　　　　　　　　题 3-4 图

3-5 如图所示的阶梯形圆截面组合实心圆轴，A、C 两端固定，B 端面处作用外力偶 $M_e = 900\text{N}\cdot\text{m}$，相应段的长度、直径、切变模量分别为 $l_1 = 1.2\text{m}$，$l_2 = 1.5\text{m}$，$d_1 = 25\text{mm}$，$d_2 = 37.5\text{mm}$，$G_1 = 80\text{GPa}$，$G_2 = 40\text{GPa}$。试求该组合实心圆轴中的最大切应力。

3-6 一内径 $d = 100\text{ mm}$ 的空心圆轴如图所示，已知圆轴受扭矩 $T = 5\text{ kN}\cdot\text{m}$ 作用，许用切应力 $[\tau] = 80\text{MPa}$，试确定空心圆轴的壁厚。

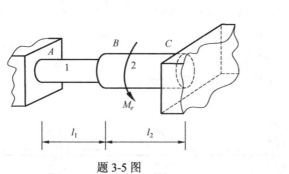
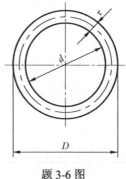

题 3-5 图   题 3-6 图

3-7 空心钢轴的外径 $D = 100\text{mm}$，内径 $d = 50\text{mm}$。已知间距 $l = 2.7\text{m}$ 的两截面的相对扭转角 $\varphi = 1.8°$，材料的切变模量 $G = 80\text{GPa}$。试计算：①轴内最大切应力；②当轴以 $n = 80\text{r/min}$ 的速度旋转时，轴传递的功率 P（单位为 kW）。

3-8 如图所示的闭口薄壁杆件受到外力偶 M 的作用。若 $[\tau] = 60\text{MPa}$，试按强度条件确定其许用扭矩。若在杆上沿母线开一缝，试问开缝后，许用扭矩又为多少？

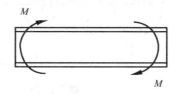
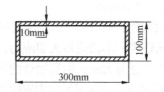

题 3-8 图

3-9 从受扭圆轴内截取图中虚线所示部分，则该部分哪个面上无切应力？

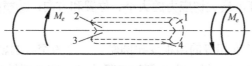

题 3-9 图

3-10 受扭圆轴上贴有 3 个应变片，如图所示，实测时哪个应变片的读数几乎为零？

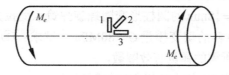

题 3-10 图

3-11　如图所示，传动轴的转速 $n=360\text{r/min}$ ，其传递的功率 $P=15\text{kW}$ 。已知 $D=30\text{mm}$ ， $d=20\text{mm}$ 。试计算 AC 段横截面上的最大切应力，以及 CB 段横截面上的最大和最小切应力。

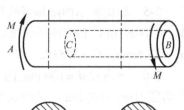

3-12　电动机的传动轴传递的功率为 30kW ，转速为 1400r/min ，直径为 40mm ，轴材料的许用切应力 $[\tau]=40\text{MPa}$ ，切变模量 $G=80\text{GPa}$ ，许用单位扭转角 $[\theta]=0.01\text{rad/m}$ ，试校核该轴的强度和刚度。

3-13　如图所示的传动轴，转速 $n=130\text{r/min}$ ， $P_A=13\text{kW}$ ， $P_B=30\text{kW}$ ， $P_C=10\text{kW}$ ， $P_D=7\text{kW}$ 。试画出该轴的扭矩图。

题 3-11 图

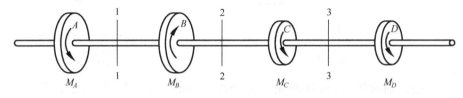

题 3-13 图

3-14　一根外径 $D=80\text{mm}$ 、内径 $d=60\text{mm}$ 的空心圆截面轴，其传递的功率 $P=150\text{kW}$ ，转速 $n=100\text{r/min}$ ，求内圆上一点和外圆上一点的应力。

3-15　如图所示的传动轴，其直径 $d=50\text{mm}$ 。试计算：①轴的最大切应力；②截面Ⅰ-Ⅰ上半径为 20mm 的圆轴处的切应力；③从强度考虑三个轮子如何布置比较合理。

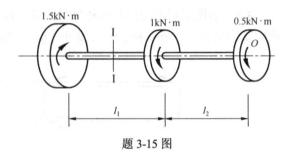

题 3-15 图

3-16　如图所示矩形截面杆受 $M_e=3\text{kN}\cdot\text{m}$ 的一对外力偶作用，材料的切变模量 $G=80\text{GPa}$ 。试求：①杆内最大切应力的大小、位置和方向；②横截面短边中点的切应力；③单位长度扭转角。

3-17　如图所示的长度相等的两根受扭圆轴，一个为空心圆轴，另一个为实心圆轴，两者材料相同，受力情况也一样。实心圆轴直径为 d ；空心圆轴外径为 D ，内径为 d_0 ，且 $d_0/D=0.8$ 。试求当空心圆轴与实心圆轴的最大切应力均达到材料的许用切应力（ $\tau_{\max}=[\tau]$ ）且扭矩 T 相等时的重量比和刚度比。

3-18　弹簧丝直径 $d=18\text{mm}$ 的圆柱形密圈螺旋弹簧承受拉力 $F=0.5\text{kN}$ 作用，弹簧的平均直径 $D=125\text{mm}$ ，材料的切变模量 $G=80\text{MPa}$ 。试求：①弹簧丝内的最大切应力；②使其伸长量等于 6mm 所需的弹簧有效圈数。

3-19　发电量为 1500kW 的水轮机主轴如图所示。 $D=550\text{mm}$ ， $d=300\text{mm}$ ，正常转速 $n=250\text{r/min}$ 。材料的许用切应力 $[\tau]=500\text{MPa}$ 。试校核水轮机主轴的强度。

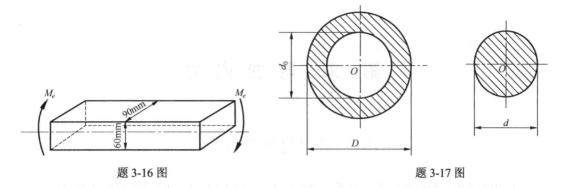

题 3-16 图　　　　　　　　　　　　　　　　　　　题 3-17 图

3-20　如图所示，钻头简化成直径为 20mm 的圆截面杆，在头部受均布阻抗扭矩 M_e 的作用，许用切应力为 $[\tau] = 70$MPa。试求：①许可的 M_e；②若 $G = 80$GPa，上、下两端的相对扭转角。

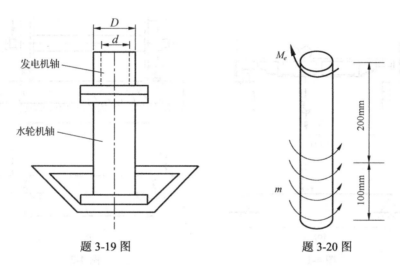

题 3-19 图　　　　　　　　　　　　　　题 3-20 图

3-21　圆锥形轴如图所示，锥度很小，两端直径分别为 d_1、d_2，长度为 l，试求在外力偶 M_e 的作用下轴的总扭转角。

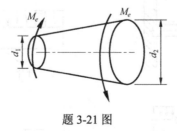

题 3-21 图

第4章 弯曲内力

4.1 弯曲的概念和实例

工程中经常遇到受弯构件，如桥式起重机大梁(图4-1(a))、火车轮轴(图4-2(a))、房屋建筑中的楼板梁(图4-3(a))、受气流冲击的汽轮机叶片(图4-4(a))等。这些杆件的受力特点是作用于杆件上的外力(横向力或力偶矢)垂直于杆件的轴线，变形特点是杆件的轴线由原来的直线变成曲线，这种形式的变形称为弯曲变形，习惯上把以弯曲变形为主的杆件称为梁。

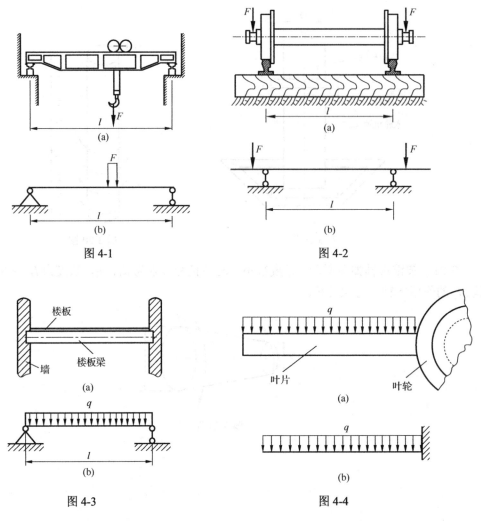

图 4-1   图 4-2

图 4-3   图 4-4

工程问题中，绝大部分受弯杆件的横截面至少有一根对称轴，如图4-5(a)所示。此对称轴与梁的轴线共同确定了梁的一个纵向对称面,如图 4-5(b)所示。上面提到的桥式起重机大梁、火车轮轴、房屋建筑中的楼板梁、受气流冲击的汽轮机叶片等都属于这种情况。当作用于杆件上的所有外力都在纵向对称面内时,杆件弯曲变形后的轴线也将是位于这个面内的一条曲线。也就是说,载荷的作用平面、梁的弯曲平面与梁的纵向对称面重合,这种弯曲称为对称弯曲,也称为平面弯曲。若梁不具有纵向对称面,或者梁虽然具有纵向对称面但外力并非作用在纵向对称面内,则这种弯曲统称为非对称弯曲。

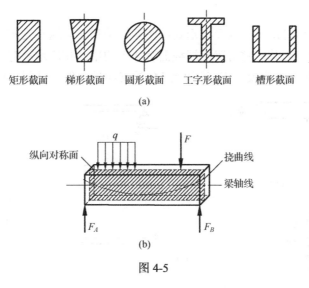

矩形截面　　梯形截面　　圆形截面　　工字形截面　　槽形截面

(a)

(b)

图 4-5

平面弯曲是最基本的弯曲问题。本章主要讨论受弯杆件发生平面弯曲时横截面上的内力,它是弯曲强度和刚度计算的重要基础。

4.2 受弯杆件的简化

工程中,受弯杆件的几何形状、支承条件和载荷情况通常都比较复杂。为了便于分析计算,需要进行一些必要的简化,得到实际构件的计算简图,即力学模型。下面就构件、支座、载荷的简化分别进行讨论。

1. 构件的简化

由于所研究的大多为等截面直梁,且外力作用在梁的纵向对称面内,因此,在计算简图中就用梁的轴线代表实际的梁。

梁的支座按它对梁的约束情况,通常可简化为以下 3 种基本约束形式。

1)固定铰支座

固定铰支座如图 4-6(a)所示,其简化形式如图 4-6(b)所示。这种支座限制梁在支座处的截面沿水平方向和垂直方向的移动,但并不限制梁绕铰中心的转动。因此,固定

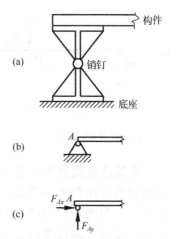

图 4-6

铰支座的约束反力可以用通过铰链中心的水平分量 F_{Ax} 和铅垂分量 F_{Ay} 来表示，如图 4-6(c) 所示。

2) 可动铰支座

可动铰支座也称链杆铰支座，如图 4-7(a) 所示，其简化形式如图 4-7(b)、(c) 所示。这种支座只能限制梁在支座处的截面沿垂直于支座支承面方向的移动。因此，可动铰支座的约束反力只有一个，即垂直于支座支承面的反力，用 F_A 表示，如图 4-7(d) 所示。

3) 固定端

固定端如图 4-8(a) 所示，其简化形式如图 4-8(b) 所示。这种支座使梁的端截面既不能移动，也不能转动。因此，它对梁的端截面有 3 个约束，相应地就有 3 个支座反力，即水平支座反力 F_{Ax}、铅垂支座反力 F_{Ay} 和矩为 M_A 的支座反力偶，见图 4-8(c)。

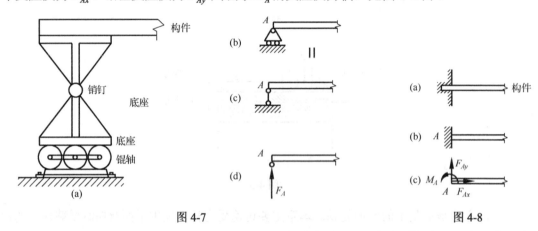

图 4-7　　　　　　　　　　　　　　图 4-8

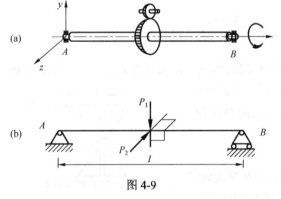

图 4-9

应当注意，梁实际支座的简化主要根据每个支座对梁的位移约束情况来确定。如图 4-9(a) 所示的传动轴，轴的两端为短滑动轴承。由于支承处的间隙等原因，短滑动轴承并不能约束轴端部横截面绕 z 轴或 y 轴的微小偏转。这样就可以把短滑动轴承简化为铰支座。又因轴肩与轴承的接触限制了轴线方向的位移，故可将两轴承中的一个简化为固定铰支座，另一个简化为可动铰支座，见图 4-9(b)。

2. 载荷的简化

梁的计算简图中，梁上作用的载荷通常可简化为集中力、集中力偶和分布载荷。当把载荷作用的范围看成一个点且并不影响载荷对梁的作用时，就可将载荷简化为一集中力，否则就应将载荷简化为分布载荷。如梁重力的简化，在理论力学中，将其简化为一作用在刚体重心处的集中力，在只考虑重力的运动效应时，这种简化是可以的。但在材料力学中，由于要考虑重力的变形效应，因此只能将其简化为分布载荷，用 q

来表示分布载荷集度，指沿梁长度方向单位长度上所受到的力，其常用单位为 N/m 或 kN/m。

3. 静定梁的基本形式

常见的静定梁主要有三种形式：简支梁、外伸梁和悬臂梁(图 4-10)。

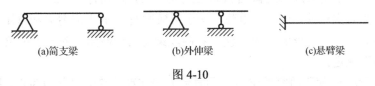

(a)简支梁 (b)外伸梁 (c)悬臂梁

图 4-10

对于上述三种梁，在已知载荷的情况下，可以利用静力平衡方程确定梁的所有支座反力，统称为静定梁。有时为了工程的需要，为一个梁设置较多支座，使得梁的支座反力数目多于可列的独立平衡方程的数目，这时只用静力平衡方程就不能确定所有支座反力，这种梁称为超静定梁(图 4-11)。

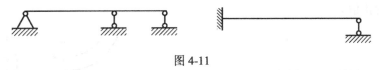

图 4-11

4.3 剪力方程、弯矩方程与剪力图、弯矩图

1. 剪力和弯矩

与受拉压和受扭一样，构件在弯曲变形时其横截面上也会产生内力，内力的大小将影响其强度与刚度，因此梁的强度与刚度的计算要建立在分析和计算梁的内力的基础上。下面以图 4-12(a)所示的简支梁为例，用截面法计算梁的弯曲内力。

施加于梁的外力均已知，现研究离梁左端的距离为 x 的截面 m-m 上的内力。应用截面法在横截面 m-m 处将梁切开，并选取左段作为研究对象，见图 4-12(b)。将作用在左段梁上的所有外力均向截面 m-m 的形心 C 简化，得外力的主矢与主矩。为保持平衡，梁的任一横截面上应同时存在两种内力分量：与垂直于梁轴的外力主矢平衡的内力 F_S，即剪力；与外力主矩平衡的内力偶矩 M，即弯矩。

根据左段梁的平衡方程 $\sum F_y = 0$ 有

$$F_{Ay} - F_1 - F_S = 0$$

可得

$$F_S = F_{Ay} - F_1$$

即剪力 F_S 等于左段梁上外力的代数和。又由平衡方

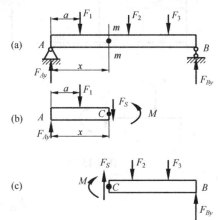

图 4-12

程 $\sum M_C = 0$ ，有

$$M + F_1(x-a) - F_{Ay}x = 0$$

可得 　　　　　　$M = F_{Ay}x - F_1(x-a)$

即弯矩等于左段梁上所有外力对截面 *m-m* 上形心 *C* 的力矩的代数和。

　　取右段梁为研究对象，也可以用截面法求得横截面 *m-m* 上的剪力和弯矩，但是指向或转向与左段梁的结果是相反的。为了使左右两段梁在同一截面上的内力正负号相同，对内力正负号有如下规定。

　　(1) 剪力正负号：使所研究的梁段有顺时针方向转动的趋势时剪力为正，见图 4-13 (a)，反之为负，见图 4-13 (b)。

　　(2) 弯矩正负号：使所研究的梁段产生上凹下凸时的弯矩为正（即上边纵向受压，下边纵向受拉），见图 4-14 (a)，反之为负，见图 4-14 (b)。

　　按上述规定，无论以左段还是右段为研究对象，图 4-12 (b)、(c) 所示截面 *m-m* 上的剪力和弯矩均为正值。

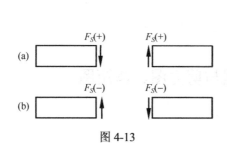

图 4-13

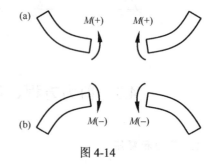

图 4-14

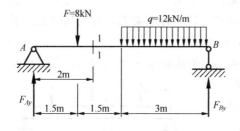

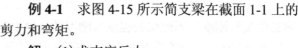

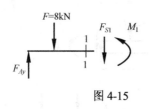

图 4-15

例 4-1　求图 4-15 所示简支梁在截面 1-1 上的剪力和弯矩。

解：(1) 求支座反力。

由平衡条件 $\sum M_B = 0$ ，有

$$-F_{Ay} \times 6 + 8 \times 4.5 + 12 \times 3 \times 1.5 = 0$$

$$F_{Ay} = 15\text{kN}$$

由平衡条件 $\sum M_A = 0$ ，有

$$F_{By} \times 6 - 8 \times 1.5 - 12 \times 3 \times 4.5 = 0$$

$$F_{By} = 29\text{kN}$$

(2) 求截面 1-1 上的剪力和弯矩。

以 1-1 截面左侧为研究对象，可得

$$F_{S1} = F_{Ay} - F = 15 - 8 = 7(\text{kN})$$

$$M_1 = F_{Ay} \times 2 - F \times (2-1.5) = 15 \times 2 - 8 \times 0.5 = 26.0(\text{kN/m})$$

如果以截面 1-1 右侧为研究对象来计算，可以得到完全相同的结果。

从上述计算过程中，可以得到如下的规律。

(1)梁任一横截面上的剪力在数值上等于此截面一侧(左侧或右侧)梁上外力的代数和。截面左侧梁上向上的外力(或截面右侧梁上向下的外力)引起的剪力为正值，反之为负值。

(2)梁任一横截面上的弯矩在数值上等于此截面一侧(左侧或右侧)梁上外力对该截面形心之矩的代数和。无论截面左段还是右段的梁，向上的外力引起的弯矩为正值，反之为负值。

根据上述规律，直接根据截面一侧梁上的外力即可求出该截面上的剪力和弯矩。

2. 剪力方程和弯矩方程

梁横截面上的剪力和弯矩一般是随横截面的位置而变化的，为了描述其变化规律，可以用坐标 x 表示横截面沿梁轴线的位置，则剪力和弯矩可以表示为 x 的函数，即

$$F_S = F_S(x) \tag{4-1}$$

$$M = M(x) \tag{4-2}$$

这两个表达式分别称为剪力方程和弯矩方程。

3. 剪力图和弯矩图

与绘制轴力图和扭矩图一样，也可以用图来表示剪力 F_S 和弯矩 M 沿轴线的变化情况。这种图分别称为剪力图和弯矩图。但须注意，画剪力图时，应将正剪力画在坐标轴 x 的上方，负剪力画在下方；画弯矩图时，通常将弯矩图画在梁的受压一侧，即正弯矩画在坐标轴 x 的上方，负弯矩画在下方。下面举例说明剪力图和弯矩图的绘制。

例 4-2 简支梁受力的大小和方向如图 4-16(a)所示，试画出其剪力图和弯矩图，并确定剪力和弯矩绝对值的最大值：$|F_S|_{\max}$ 和 $|M|_{\max}$。

解：(1)确定支座反力。设 A、F 处的支座反力分别为 F_{Ay} 和 F_{Fy}，根据平衡方程

$$\sum M_A = 0, \quad \sum M_F = 0$$

可以求得

$$F_{Ay} = 0.89 \text{kN}, \quad F_{Fy} = 1.11 \text{kN}$$

方向如图 4-16(a)所示。

(2)建立坐标系。

建立 F_S-x 和 M-x 坐标系，如图 4-16(b)和图 4-16(c)所示。

(3)确定控制面及控制面上的剪力和弯矩值。

在集中力和集中力偶作用处的两侧截面以

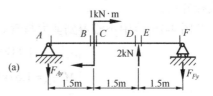
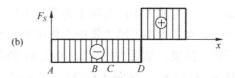
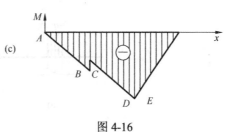

图 4-16

及支座反力内侧截面均为控制面,即图 4-16(a)中的 A、B、C、D、E、F 各截面均为控制面。应用截面法和平衡方程,求得这些控制面上的剪力和弯矩值。

A 截面:
$$F_S = -0.89\text{kN}, \quad M = 0$$

B 截面:
$$F_S = -0.89\text{kN}, \quad M = -1.335\text{kN} \cdot \text{m}$$

C 截面:
$$F_S = -0.89\text{kN}, \quad M = -0.335\text{kN} \cdot \text{m}$$

D 截面:
$$F_S = -0.89\text{kN}, \quad M = -1.67\text{kN} \cdot \text{m}$$

E 截面:
$$F_S = 1.11\text{kN}, \quad M = -1.67\text{kN} \cdot \text{m}$$

F 截面:
$$F_S = 1.11\text{kN}, \quad M = 0$$

(4)分段建立剪力方程和弯矩方程。

剪力方程:

A–D 中:
$$F_S(x) = -F_{Ay} \quad (0 < x < 3.0\text{m}) \tag{a}$$

E–F 中:
$$F_S(x) = 2\text{kN} - F_{Ay} \quad (3.0\text{m} < x < 4.5\text{m}) \tag{b}$$

弯矩方程:

AB 段:
$$M(x) = -F_{Ay}x \quad (0 \leqslant x < 1.5\text{m}) \tag{c}$$

CD 段:
$$M(x) = 1\text{kN} \cdot \text{m} - F_{Ay}x \quad (1.5\text{m} < x \leqslant 3\text{m}) \tag{d}$$

EF 段:
$$M(x) = -F_{Ay}x + 1\text{kN} \cdot \text{m} + 2\text{kN}(x - 3\text{m}) \quad (3\text{m} \leqslant x \leqslant 4.5\text{m}) \tag{e}$$

(5)根据剪力方程和弯矩方程在控制面之间连图线。

根据剪力方程,各段的剪力都是常数,所以图形均为平行于 x 轴的直线。于是,连接 F_S 坐标系中相应于 AD 段的 A 点和 D 点,以及相应于 EF 段的 E 点和 F 点,便可以画出剪力图。

根据弯矩方程,各段的弯矩都是 x 的线性函数,所以弯矩图形均为斜直线。再按照顺序连接各点。

从图 4-16(c)中不难得到剪力与弯矩的绝对值的最大值分别为

$$|F_S|_{\max} = 1.11\text{kN}(\text{发生在}EF\text{段})$$
$$|M|_{\max} = 1.67\text{kN} \cdot \text{m}(\text{发生在}D\text{、}E\text{截面})$$

由例 4-2 可以看出,凡是集中力(包括支座反力)作用处,剪力图有突变,突变量即为该处集中力的大小;在集中力偶作用处,弯矩图有突变,突变量即为集中力偶的大小。事实上,集中力不可能"集中"作用于一点,它是分布于一个微段 Δx 内的分布力经简化后所得的结果,见图 4-17(a)。若在 Δx 的范围内把载荷看作均匀分布的,则剪力图将连续地从 F_{S1} 变到 F_{S2},见图 4-17(b)。对集中力偶作用处,也可作同样的解释。

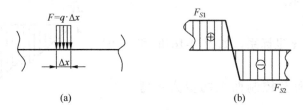

(a)　　　　　　　　　　(b)

图 4-17

例 4-3　简支梁受均布载荷作用，见图 4-18（a）。试建立该梁的剪力方程和弯矩方程，并画出剪力图和弯矩图。

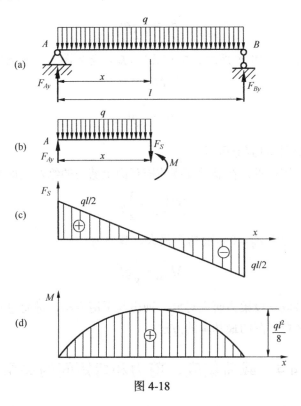

图 4-18

解：（1）求支座反力。

$$F_{Ay} = F_{By} = \frac{1}{2}ql$$

（2）建立剪力方程和弯矩方程。

在任意横截面 x 处截取左段梁为研究对象，设截面上的剪力和弯矩如图 4-18（b）所示。由平衡方程 $\sum F_y = 0$，有

$$F_{Ay} - qx - F_S = 0$$

得

$$F_S = F_{Ay} - qx = \frac{1}{2}ql - qx \quad (0 < x < l) \tag{a}$$

由 $\sum M = 0$，有

$$M = F_{Ay}x - \frac{1}{2}qx^2 = \frac{1}{2}qlx - \frac{1}{2}qx^2 \quad (0 \leqslant x \leqslant l) \tag{b}$$

（3）画剪力图和弯矩图。

由式（a）可知，剪力图为一斜直线，且在

在 $x = 0$ 处，$\qquad\qquad F_S = \dfrac{1}{2}ql$

在 $x = l$ 处，$\qquad\qquad F_S = -\dfrac{1}{2}ql$

由此画出剪力图，如图 4-18(c) 所示。由式(b) 可知，弯矩图为一抛物线，在

$x = 0$ 和 $x = l$ 处，$\qquad\qquad M = 0$

$x = \dfrac{l}{2}$ 处，$\qquad\qquad M = \dfrac{1}{8}ql^2$

由此画出弯矩图，如图 4-18(d) 所示。

　　由剪力图和弯矩图可见，在靠近支座的横截面上剪力的绝对值最大，为

$$|F_S|_{\max} = \dfrac{1}{2}ql$$

在梁的中点截面上，剪力 $F_S = 0$，而弯矩最大，其值为

$$M_{\max} = \dfrac{1}{8}ql^2$$

　　例 4-3 是通过截取一段梁为研究对象，列出其平衡方程，进而建立剪力方程和弯矩方程。这是作剪力图和弯矩图的最基本的方法。

4.4　载荷集度、剪力和弯矩间的关系

　　在载荷作用下，梁内产生剪力和弯矩。本节研究剪力、弯矩与载荷集度三者间的关系及其在绘制剪力图与弯矩图时的应用。如图 4-19(a) 所示的直梁，考虑仅在 OXY 平面内作用有外力的情形，承受集度为 $q = q(x)$ 的分布力。这里，假定 $q(x)$ 向下作用时为正值。为了研究剪力与弯矩沿梁轴的变化，用坐标分别为 x 与 $x+dx$ 的横截面从梁中切取一微段（图 4-19(b)）进行分析。如图 4-19 所示，设截面 x 的内力为 F_S 和 M，由于梁上仅作用连续变化的分布载荷，内力沿梁轴也应连续变化，因此截面 $x+dx$ 的内力为 F_S+dF_S 与 $M+dM$。此外，在该微段上还作用有集度为 $q(x)$ 的分布载荷。

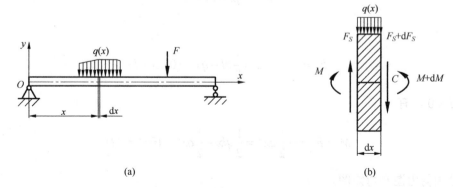

(a)　　　　　　　　　　　　　　(b)

图 4-19

在上述各力作用下，微段处于平衡状态，平衡方程为

$$\sum F_y = 0, \quad q\mathrm{d}x + (F_S + \mathrm{d}F_S) - F_S = 0 \tag{a}$$

$$\sum M_C = 0, \quad M + \mathrm{d}M + q\mathrm{d}x \cdot \frac{\mathrm{d}x}{2} - F_S\mathrm{d}x - M = 0 \tag{b}$$

由式(a)，得

$$\frac{\mathrm{d}F_S}{\mathrm{d}x} = -q \tag{4-3}$$

由式(b)并略去二阶微量 $q(\mathrm{d}x)^2/2$，得

$$\frac{\mathrm{d}M}{\mathrm{d}x} = F_S \tag{4-4}$$

将式(4-4)代入式(4-3)，又得

$$\frac{\mathrm{d}^2 M}{\mathrm{d}x^2} = -q \tag{4-5}$$

上述关系式表明：剪力图某点处的切线斜率，等于相应截面处载荷集度 q 的负值；弯矩图某点处的切线斜率，等于相应截面处的剪力 F_S；而弯矩图某点处的二阶导数，等于相应截面处载荷集度 q 的负值。上述微分关系式也说明剪力图和弯矩图的几何形状与作用在梁上的载荷集度有如下关系。

(1) 剪力图的斜率等于作用在梁上的分布载荷集度，弯矩图在某一点处的斜率等于对应截面处剪力的数值。

(2) 如果一段梁上没有分布载荷作用，即 $q = 0$，这一段梁上剪力的一阶导数等于零，弯矩的一阶导数等于常数。因此，这一段梁的剪力图为平行于 x 轴的水平直线，弯矩图为斜直线。

(3) 如果一段梁上作用有均布载荷，这一段梁上剪力的一阶导数等于常数，弯矩的一阶导数为 x 的线性函数。因此，这一段梁的剪力图为斜直线；斜率由 q 决定，弯矩图为二次抛物线。

(4) 弯矩图二次抛物线的凹凸性与载荷集度的正负（q 向上为正，q 向下为负）：当分布载荷向下时，弯矩图为向上凸的曲线；相反，当分布载荷向上时，弯矩图为向下凸的曲线。

应用上述平衡微分关系以及这些微分关系所描述的几何图形，不必写出剪力方程与弯矩方程，即可在坐标系中相应控制面的点之间绘制出剪力图和弯矩图。

例4-4 有一外伸梁，其上载荷如图 4-20(a) 所示，$l = 4\mathrm{m}$。试画出此梁的剪力图和弯矩图。

解：(1) 求支座反力。

$$F_{By} = 20\mathrm{kN}, \quad F_{Dy} = 4\mathrm{kN}$$

画内力图时，需根据梁上的外力情况将梁分段，再逐段画之。本例应将梁分为 AB、BC 和 CD 三段。

(2) 剪力图。

梁段 AB 上有均布载荷，则该梁段的剪力图为斜直线，且可由如下两式确定：

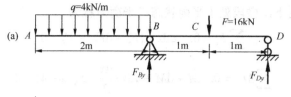

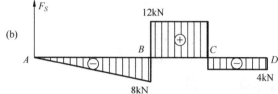

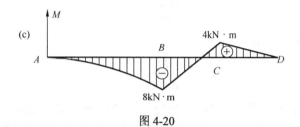

图 4-20

$$F_{SA} = 0, \quad F_{SB左} = -\frac{1}{2}ql = -8\text{kN}$$

梁段 BC 和 CD 上均无载荷，则剪力图均为水平线，且可由如下两式确定：

$$F_{SB右} = F_{SB左} + F_{By} = (-8+20)\text{kN} = 12\text{kN}$$

$$F_{SD左} = -F_{Dy} = -4\text{kN}$$

该梁的剪力图如图 4-20(b) 所示。

(3)弯矩图。

梁段 AB 上有均布载荷，则该梁段的弯矩图为二次抛物线，又因 q 向下（q > 0），所以为向上凸的曲线，其大致图形可由如下两式画出：

$$M_A = 0, \quad M_B = -\frac{1}{2}ql \cdot \frac{l}{4} = -8\text{kN} \cdot \text{m}$$

梁段 BC 与 CD 上均无载荷，则弯矩图均为斜直线，它们可通过如下三式分别画出：

$$M_B = -8\text{kN} \cdot \text{m}, \quad M_C = F_{Dy} \cdot \frac{l}{4} = 4\text{kN} \cdot \text{m}, \quad M_D = 0$$

该梁的弯矩图如图 4-20(c) 所示。

由该例知，只须计算出 $F_{SB左}$、$F_{SB右}$、$F_{SD左}$ 和 M_B、M_C，就可画出梁的剪力图和弯矩图。

根据弯曲内、外力的微分关系，采用截面法，求得各梁段起点与终点截面的剪力与弯矩及其曲线特征见表 4-1。

表 4-1 各梁段起点与终点截面的剪力、弯矩及其曲线特征

梁段	AB		BC		CD	
截面	A+	B−	B+	C−	C+	D−
剪力	0	8kN	12kN	12kN	−4kN	−4kN
	$q=c<0$			$q=0$		
弯矩	0	−8kN·m	−8kN·m	4kN·m	4kN·m	0
	$q=c<0$			$q=0$		

专题 6 平面曲杆的弯曲内力

一般曲杆具有纵向对称面，其轴线是一平面曲线，工程上称其为平面曲杆。当载荷作用于纵向对称面内时，曲杆将发生弯曲变形。这时横截面上有弯矩 M、剪力 F_S 和轴力 F_N。现以轴线为圆周四分之一的曲杆为例，说明其内力的计算，见图 4-21。

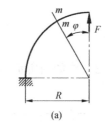
(a)

以圆心角为 φ 的横截面 $m\text{-}m$ 将曲杆分为两部分，该截面的右部分如图 4-21(b)所示，将作用于这一部分上的各力分别投影于轴线在该截面上的切线和法线方向，并对该截面的形心取矩，根据平衡方程，容易求得

$$F_N(\varphi)=F\sin\varphi$$
$$F_S(\varphi)=F\cos\varphi$$
$$M(\varphi)=-FR\sin\varphi$$

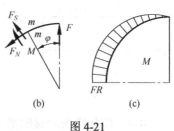
(b) (c)

图 4-21

关于内力的符号，规定为：引起拉伸的轴力 F_N 为正；使轴线曲率增加的弯矩 M 为正；以剪力 F_S 对所考虑的一段曲杆内任一点取矩，若力矩为顺时针方向，则剪力 F_S 为正。作弯矩图时，将 M 画在轴线的法线方向，并画在杆件受压的一侧。也可以作曲杆的剪力图和轴力图。

习 题

4-1 如图所示的梁，C 截面的剪力和弯矩值分别为多少？

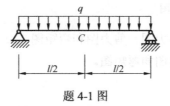

题 4-1 图

4-2　梁的剪力图如图所示，作弯矩图及载荷图。已知梁上没有作用集中力偶。

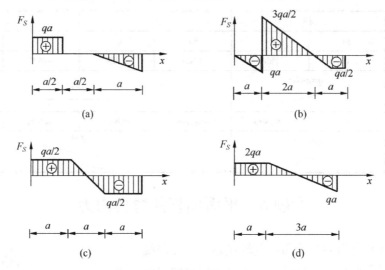

(a)　　　　　　　　　　(b)

(c)　　　　　　　　　　(d)

题 4-2 图

4-3　作如图所示梁的剪力图和弯矩图。

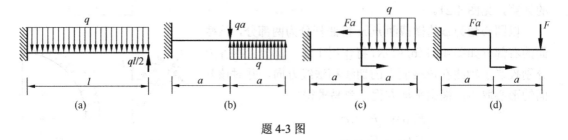

(a)　　　　　(b)　　　　　(c)　　　　　(d)

题 4-3 图

4-4　作如图所示梁的剪力图和弯矩图。

4-5　作如图所示刚架的轴力图、剪力图和弯矩图。

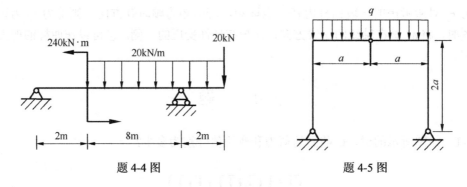

题 4-4 图　　　　　　　题 4-5 图

4-6　作如图所示刚架的轴力图、剪力图和弯矩图。

4-7　作如图所示梁的剪力图和弯矩图。

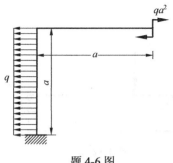

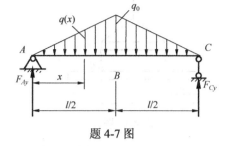

题 4-6 图   题 4-7 图

4-8 试用截面法求图所示梁中 *n-n* 截面上的剪力和弯矩。

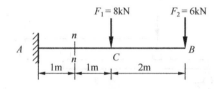

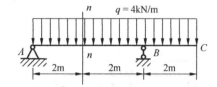

题 4-8 图

4-9 试用截面法求图所示梁中 1-1、2-2 截面上的剪力和弯矩,并讨论这两个截面上的内力特点。设 1-1、2-2 截面无限接近于载荷作用位置。

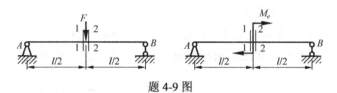

题 4-9 图

4-10 作如图所示各梁的剪力图和弯矩图。

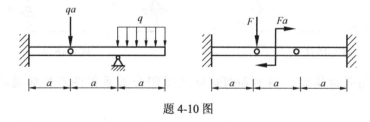

题 4-10 图

4-11 如图所示,起吊一根单位长度重量为 $q(\mathrm{kN/m})$ 的等截面钢筋混凝土梁,要想在起吊中使梁内产生的最大正弯矩与最大负弯矩的绝对值相等,应将起吊点 *A*、*B* 放在何处?(即 $a = ?$)

4-12 如图所示,简支梁受移动载荷 *F* 的作用。试求梁的弯矩最大时载荷 *F* 的位置。

4-13 如图所示,桥式起重机大梁上小车的每个轮子对大梁的压力均为 *F*,小车的轮距为 *d*,大梁的跨度为 *l*。试问小车在什么位置时梁内的弯矩最大?其最大弯矩值等于多少?最大弯矩在何截面?

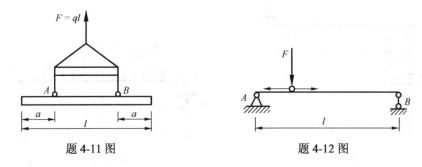

题 4-11 图   题 4-12 图

4-14 试确定在图示载荷作用下梁 *ABC* 的最大弯矩。

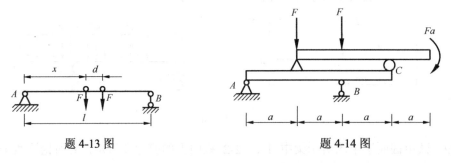

题 4-13 图   题 4-14 图

4-15 多跨静定梁受载情况如图所示。设 $|M_A|$、$|F_{SA}|$ 分别表示截面 A 处弯矩和剪力的绝对值，试求其值与 a、l 的关系。

4-16 如图所示，分布长度为 l 的均布载荷 q 可以沿外伸梁移动。当距离 A 端为 x 的截面 C 与支座截面 B 上的弯矩绝对值相等时，x 值应为多少？求 B、C 截面上的弯矩值。

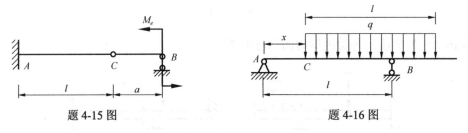

题 4-15 图   题 4-16 图

4-17 利用载荷集度、剪力和弯矩间的微积分关系作图示外伸梁的剪力图和弯矩图。

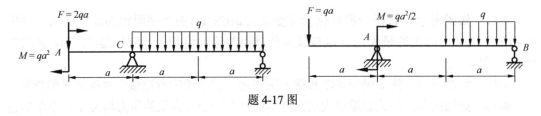

题 4-17 图

4-18 简支梁剪力图如图所示，求梁受载情况，并作弯矩图。

4-19 试作图示刚架的轴力图、剪力图和弯矩图。

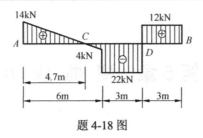

题 4-18 图

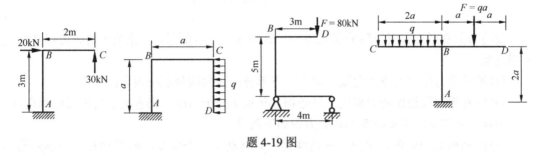

题 4-19 图

4-20 图示各梁,试用剪力、弯矩与载荷集度间的关系画剪力、弯矩图。

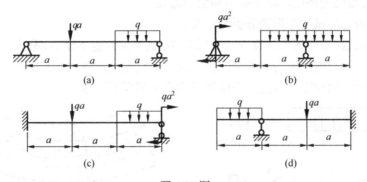

题 4-20 图

第5章 弯曲应力

5.1 关于弯曲理论的基本假设

设纯弯曲变形前和变形后分别如图 5-1(a)和图 5-1(b)所示。当梁变形时,可以观察到下列现象。

(1)所有纵向线都变成了曲线,梁上、下部分的纵向线分别缩短和伸长;

(2)所有横向线仍保持为直线,只是相互转动了一个角度,仍垂直于弯曲后的纵向线。

根据上述现象,对梁内变形与受力作如下假设。

(1)横截面变形后仍是平面,只是绕某一轴转动了一个角度,但仍垂直于变形后的梁轴线,这就是平面假设;

(2)纵向纤维间无挤压,这就是单向受力假设。

这两个假设已为试验与理论分析所证实。

根据平面假设,变形时梁内存在一个纵向层,既不伸长也不缩短,称为中性层(图 5-2)。中性层与横截面的交线,称为中性轴。由于载荷作用在梁的纵向对称面内,梁的整体变形也必定对称于纵向对称面,因此,中性轴必垂直于截面的对称轴。

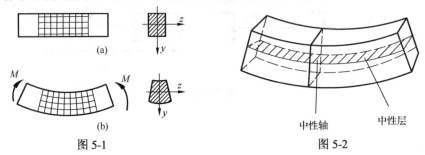

图 5-1 图 5-2

设想用两个横截面从梁中截取长为 $\mathrm{d}x$ 的微段,图 5-3(a)、(b)分别表示所取微段变形前、后的情况。根据平面假设,变形前相距为 $\mathrm{d}x$ 的两横截面,变形后相对地旋转了一个角度 $\mathrm{d}\theta$。取梁轴线方向为 x 轴,纵向对称轴为 y 轴,中性轴为 z 轴(中性轴位置待定),现在研究距中性层为 y 的纤维 bb 的变形。

纤维 bb 变形前的长度为 $bb = \mathrm{d}x$,变形后的长度为

$$b'b' = (\rho + y)\mathrm{d}\theta$$

式中, ρ 为中性层的曲率半径。

于是纤维 bb 的正应变为

$$\varepsilon = \frac{b'b' - bb}{bb} = \frac{(\rho + y)\mathrm{d}\theta - \mathrm{d}x}{\mathrm{d}x} \tag{a}$$

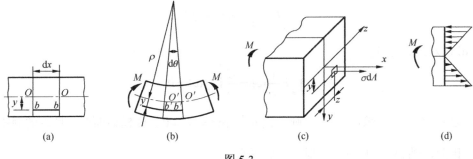

图 5-3

因为中性层的纤维变形前后的长度不变，于是有

$$\mathrm{d}x = OO = O'O' = \rho\mathrm{d}\theta \tag{b}$$

将式(b)代入式(a)，整理后得

$$\varepsilon = \frac{y}{\rho} \tag{c}$$

可见，只要平面假设成立，则纵向纤维的线应变与它到中性层的距离成正比。

5.2 弯曲正应力

5.2.1 纯弯曲时的正应力

因纵向纤维之间无正应力，每一纤维都是单向拉伸和压缩。对于线弹性材料，其应力与应变关系服从胡克定律，即

$$\sigma = E\varepsilon$$

将式(c)代入上式，得

$$\sigma = E\frac{y}{\rho} \tag{d}$$

式(d)表明，任意点的正应力与该点到中性轴的距离成正比，即横截面上的正应力沿截面高度呈线性分布，见图 5-3(d)。

横截面上的微内力元素为 $\sigma\mathrm{d}A$，它构成垂直于横截面的空间平行力系，见图 5-3(c)，这一力系向截面形心简化，分解为以下三个内力分量，即

$$F_N = \int_A \sigma\mathrm{d}A, \quad M_y = \int_A z\sigma\mathrm{d}A, \quad M_z = \int_A y\sigma\mathrm{d}A$$

在纯弯曲情况下，梁横截面上的轴力 F_N 与绕 y 轴的弯矩 M_y 为零，仅存在绕 z 轴的弯矩 M_z。因此，横截面上的正应力应满足下列静力学条件：

$$F_N = \int_A \sigma\mathrm{d}A = 0 \tag{e}$$

$$M_y = \int_A z\sigma\mathrm{d}A = 0 \tag{f}$$

$$M_z = \int_A y\sigma \mathrm{d}A = M \tag{g}$$

将式(d)代入式(e)，得

$$\int_A E\frac{y}{\rho}\mathrm{d}A = \frac{E}{\rho}\int_A y\mathrm{d}A = 0$$

式中，$E/\rho \neq 0$，若要满足式(e)，则须积分$\int_A y\mathrm{d}A = S_z = 0$，即横截面对中性轴的静矩应等于零。因此，轴$z$(即中性轴)必通过截面形心。

将式(d)代入式(f)，得

$$\int_A z\sigma \mathrm{d}A = \int_A E\frac{zy}{\rho}\mathrm{d}A = \frac{E}{\rho}\int_A yz\mathrm{d}A = 0$$

式中，$\int_A yz\mathrm{d}A = I_{yz}$为横截面对轴$y$、$z$的惯性积，由于轴$y$为横截面的对称轴，所以恒有$I_{yz} = 0$，故式(f)自动满足。

将式(d)代入式(g)，得

$$\int_A y\sigma \mathrm{d}A = \int_A Ey\frac{y}{\rho}\mathrm{d}A = \frac{E}{\rho}\int_A y^2\mathrm{d}A = M$$

式中，积分$\int_A y^2\mathrm{d}A = I_z$是横截面对轴$z$的惯性矩。于是，上式可写成

$$\frac{1}{\rho} = \frac{M}{EI_z} \tag{5-1}$$

式中，$\dfrac{1}{\rho}$为梁轴线变形后的曲率。式(5-1)表明$\dfrac{1}{\rho}$与EI_z成反比，而与横截面上的弯矩成正比，所以称EI_z为弯曲刚度。

将式(5-1)代入式(d)，得

$$\sigma = \frac{M}{I_z}y \tag{5-2}$$

式(5-2)就是纯弯曲时横截面上正应力的计算公式。式中，M为横截面上的弯矩，I_z为横截面对中性轴的惯性矩，它仅与横截面的形状和尺寸有关，y为欲求应力点到中性轴的距离。在应用式(5-2)计算正应力时，M、y均以绝对值代入，而拉应力、压应力则通过观察弯曲变形直接判定。当横截面上的弯矩为正时，梁下边受拉，上边受压，所以中性轴以下为拉应力，中性轴以上为压应力。当横截面上的弯矩为负时，相反。

由式(5-2)可知，梁横截面上的最大正应力发生在离中性轴最远处，设该处到中性轴的距离为$y_{\max}$，则横截面上最大正应力的数值为

$$\sigma_{\max} = \frac{M}{I_z}y_{\max}$$

式中，比值$I_z/y_{\max}$称为抗弯截面系数，与截面的几何形状有关，用W_z表示，即

$$W_z = \frac{I_z}{y_{max}} \tag{5-3}$$

于是，最大弯曲正应力为

$$\sigma_{max} = \frac{M}{W_z} \tag{5-4}$$

由式(5-4)可见，横截面上的最大弯曲正应力与弯矩成正比，与抗弯截面系数成反比。几种常见截面形状(图 5-4)的惯性矩 I_z 与抗弯截面系数 W_z 给出如下。

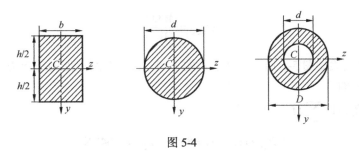

图 5-4

宽度为 b，高度为 h 的矩形截面：

$$I_z = \frac{1}{12}bh^3, \quad W_z = \frac{1}{6}bh^2$$

直径为 d 的圆形截面：

$$I_z = \frac{\pi}{64}d^4, \quad W_z = \frac{\pi}{32}d^3$$

外径为 D、内径为 d 的空心圆截面：

$$I_z = \frac{\pi}{64}D^4(1-a^4), \quad W_z = \frac{\pi}{32}D^3(1-a^4)$$

式中，$a = d/D$。

一些常见型钢截面的惯性矩和抗弯截面系数，可在附录Ⅱ中查得。梁弯曲时，其横截面上的拉应力和压应力各自都有最大值。对于中性轴为对称轴的横截面，如矩形截面、圆形截面和工字形截面等，其最大拉应力和最大压应力相等。如果梁的横截面关于中性轴不对称，其最大拉应力和最大压应力并不相等，应把截面上受拉区和受压区距中性轴最远处的距离 y_1 和 y_2 分别代入式(5-2)，计算最大拉应力和最大压应力。以上公式是在平面假设和纯弯曲的前提下导出的，并认为材料服从胡克定律，且拉伸和压缩的弹性模量相等。因此，以上公式的应用也必然受到这些条件的限制。

5.2.2 横力弯曲时的正应力

工程实际中，梁的横截面上既有弯矩又有剪力，即前述横力弯曲的情况。此时，横截面上既有弯曲正应力，又有弯曲切应力。由于切应力的存在，梁的横截面将发生翘曲而不保持为平面。此外，与中性层平行的纵向纤维之间还存在挤压应力。因此，梁纯弯曲时，有关几何方面的两个假设在横力弯曲时均不再成立。一般而言，在弯曲问题中，正应力是强度计算的主要因素，剪力的存在对横截面上正应力的分布规律影响很小。因此，对横力弯曲的情况，式(5-2)仍然适用。由上述讨论可知，式(5-2)、式(5-4)仍可用来计算在横力弯曲时直梁横截面上任一点的弯曲正应力和最大弯曲正应力，但此时应当注意用相应横截面上的弯矩 $M(x)$ 来代替两式中的 M，即

$$\sigma = \frac{M(x)}{I_z} y \tag{5-5a}$$

$$\sigma_{max} = \frac{M(x)}{W_z} \tag{5-5b}$$

例 5-1　简支梁如图 5-5 所示，试求截面 I-I 上 A、B 两点处的正应力，并绘出该截面上的正应力分布图。

解：由平衡条件 $\sum M_0 = 0$，得

$$F_{R1} \times (1.2+1) = 8 \times 1, \quad F_{R1} \approx 3.64\text{kN}$$

则截面 I-I 上的弯矩为

$$M_1 = F_{R1} \times 1 = 3.64\text{kN} \cdot \text{m}$$

矩形截面的惯性矩为

$$I_z = \frac{bh^3}{12} = 21.1 \times 10^{-6}\text{m}^4$$

故可得 A、B 两点处的正应力分别为

$$\sigma_A = \frac{M_1 y_A}{I_z} = -6.9\text{MPa}, \quad \sigma_B = \frac{M_1 y_B}{I_z} = 12.94\text{MPa}$$

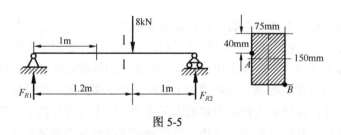

图 5-5

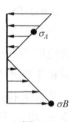

图 5-6

正应力分布图如图 5-6 所示。

5.3　弯曲切应力

梁在发生横力弯曲时，横截面上不仅存在正应力，而且存在切应力，即弯曲切应力，有时也称为弯曲剪应力。下面讨论几种工程中常见截面梁的弯曲切应力。

1. 矩形截面梁

在梁的横截面上切应力的分布是比较复杂的。但是，为了简化计算，进一步的研究证明，对于比较高而窄的矩形截面梁的横截面上的切应力分布规律，一般可作如下两个假设。

(1)横截面上任一点处的切应力的方向平行于剪力 F_S；

(2)切应力沿截面宽度均匀分布，即离中性轴等距离的各点的切应力相等。

图 5-7(a) 为在纵向对称面内承受任意载荷的矩形截面梁，其高为 h，宽为 b。从梁中截出长为 dx 的微段 m-m、n-n，见图 5-7(b)，假设微段两横截面上的弯矩分别为 M 和 $M+dM$，用截面上的正应力来代替这些弯矩，如图 5-7(c) 所示。为了计算 n-n 截面中 bb_1 水平线上各点的切应力 τ，用平行中性层的 bb_1 水平面将微段截开，研究其下边部分的微块 (图 5-7(d))。由于此微块的侧边上存在竖向切应力 τ，根据切应力互等定理,在其顶面 abb_1a_1 上一定存在切应力 τ'，且 $\tau' = \tau$，求得 τ'，τ 就能得到。微块的两侧面上有正应力 σ_I 和 σ_{II}，它们在两侧面上的轴向内力分别为 F_{N1} 和 F_{NII}(图 5-7(e))，且

$$F_{N_I} = \int_{A^\circ} \sigma_I dA$$

式中，A° 为微块侧面的面积，将 $\sigma_I = \dfrac{M}{I_z} y_1$ 代入上式，得

$$F_{N_I} = \frac{M}{I_z} \int_{A^\circ} y_1 \, dA = \frac{M}{I_z} S_z^\circ \tag{a}$$

同理可得

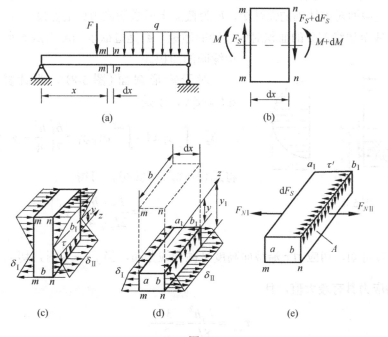

图 5-7

$$F_{N_{\text{II}}} = \frac{M + \mathrm{d}M}{I_z} \int_{A^{\circ}} y_1 \mathrm{d}A = \frac{M + \mathrm{d}M}{I_z} S_z^{\circ} \tag{b}$$

式中，积分 $S_z^{\circ} = \int_A y_1 \mathrm{d}A$ 为微块侧面面积对中性轴的静矩。

微块顶面上的切应力可认为是均匀分布的，有

$$\mathrm{d}F_S = \tau' b \mathrm{d}x \tag{c}$$

由微块的轴向平衡方程 $\sum F_x = 0$，可得

$$F_{N_{\text{II}}} - F_{N_{\text{I}}} - \mathrm{d}F_S = 0$$

将式(a)、式(b)和式(c)代入上式，整理后得到

$$\tau' = \frac{\mathrm{d}M}{\mathrm{d}x} \frac{S_z^{\circ}}{I_z b}$$

根据弯矩与剪力之间的微分关系 $\dfrac{\mathrm{d}M}{\mathrm{d}x} = F_S$，将其代入上式，得

$$\tau' = \frac{F_S S_z^{\circ}}{I_z b}$$

根据切应力互等定理，横截面上距中性轴为 y 的 bb_1 水平线上的切应力 $\tau = \tau'$，即

$$\tau = \frac{F_S S_z^{\circ}}{I_z b} \tag{5-6}$$

式(5-6)就是矩形截面梁横截面上任一点的切应力计算公式。式中，F_S 为横截面上的剪力，I_z 为整个横截面对中性轴的惯性矩，b 为截面上所求切应力处的宽度，S_z° 为横截面上切应力所在横线至边缘部分的面积对中性轴的静矩，A° 是过欲求切应力点的水平线到截面边缘间的面积。

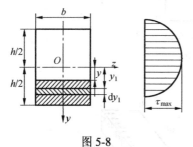

图 5-8

对于矩形截面（图 5-8），为计算 S_z°，可取 $\mathrm{d}A = b\mathrm{d}y_1$，于是

$$S_z^{\circ} = \int_{A^{\circ}} y_1 \mathrm{d}A = \int_y^{h/2} b y_1 \mathrm{d}y_1 = \frac{b}{2}\left(\frac{h^2}{4} - y^2\right) \tag{d}$$

将式(d)代入式(5-6)，可得

$$\tau = \frac{F_S}{2I_z}\left(\frac{h^2}{4} - y^2\right) \tag{5-7}$$

从式(5-7)可知，切应力 τ 沿截面高度呈抛物线分布。当 $y = \pm\dfrac{h}{2}$ 时，切应力为零，在中性轴上，切应力具有最大值，且

$$\tau_{\max} = \frac{F_S h^2}{8I_z} = \frac{3F_S}{2A}$$

由上式可知，矩形截面上的最大切应力为平均切应力的 1.5 倍。

例 5-2　如图 5-9 所示，BC 为圆杆，$d=20\text{mm}$，梁 AD 的截面为矩形，$b=40\text{mm}$，$h=60\text{mm}$。梁和杆的许用应力均为 $[\sigma]=160\text{ MPa}$。试求：①许用均布载荷 $[q]$；②梁 B 左截面上点 K 的切应力。

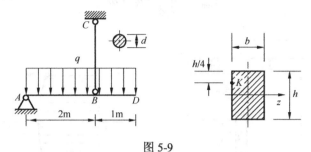

图 5-9

解：（1）先考虑梁：由 $\dfrac{M_{\max}}{W_z}=\dfrac{0.5q\times 6}{bh^2}\leqslant[\sigma]$，可求得 $[q]=7.68\text{kN/mm}$。

再考虑杆：

$$\frac{F_N}{A}=\frac{2.25q\times 4}{\pi d^2}\leqslant[\sigma]$$

将 $q=7.68\text{kN/mm}$ 代入上式，满足强度，所以取 $[q]=7.68\text{kN/mm}$。

（2）$F_S=1.25q$，$I_z=\dfrac{bh^3}{12}$，$S_z^{\circ}=13500\text{mm}^3$，所以 $\tau_K=\dfrac{F_S S_z^{\circ}}{bI_z}=4.5\text{MPa}$。

2. 工字形截面梁

工字形截面如图 5-10(a)所示，其上、下的水平矩形称为翼缘，中间的垂直矩形称为腹板。由于腹板为狭长矩形，因此可以假设腹板上各点处的弯曲切应力平行于腹板侧边，并沿腹板厚度均匀分布。根据上述假设，腹板上的弯曲切应力可用式(5-6)来计算，即

$$\tau=\frac{F_S S_z^{\circ}}{I_z \delta}$$

式中，S_z° 为图 5-10(a)中阴影部分的面积对中性轴的静矩，且

$$S_z^{\circ}=\frac{b}{2}\left(\frac{h_0^2}{4}-\frac{h^2}{4}\right)+\frac{\delta}{2}\left(\frac{h^2}{4}-y^2\right) \tag{5-8}$$

因此腹板上 y 处的弯曲切应力为

$$\tau(y)=\frac{F_S}{8I_z\delta}[b(h_0^2-h^2)+\delta(h^2-4y^2)] \tag{5-9}$$

由式(5-9)可看出，腹板上的弯曲切应力沿腹板高度也是按抛物线规律分布的，如图 5-10(b)所示，在中性轴处，切应力最大，其值为

$$\tau_{\max}=\frac{F_S}{8I_z\delta}[bh_0^2-(b-\delta)h^2]$$

在腹板和翼缘的结合处（$y=\pm\dfrac{h}{2}$），切应力最小，其值为

$$\tau_{\min} = \frac{F_S}{8I_z\delta}(bh_0^2 - bh^2)$$

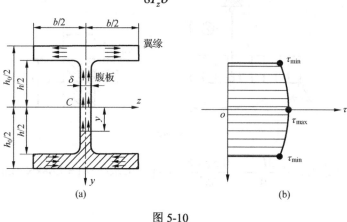

(a)　　　　　　　　　　　　　(b)

图 5-10

由 $\tau_{\max}$ 和 $\tau_{\min}$ 的表达式可知，因为 $\delta \ll b$，所以最大切应力与最小切应力差别不大。因此，可以认为腹板上的切应力是近似均匀分布的。翼缘的水平切应力小于腹板内的切应力，而其正应力却大于腹板的正应力，故翼缘承担了截面上弯矩的主要部分。在工字形截面梁腹板与翼缘的结合处，切应力的分布比较复杂，而且存在应力集中现象，为了减小应力集中，宜将结合处做成圆角过渡。

例 5-3　如图 5-11 所示的工字形截面，已知其承受弯矩 $M = 1.5\text{kN}\cdot\text{m}$，剪力 $F_S = 1\text{kN}$。试求：①截面对 z 轴的惯性矩；②最大弯曲正应力和最大弯曲切应力；③翼缘所能承担弯矩的百分数。

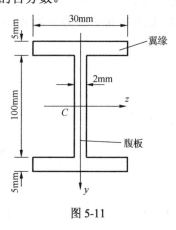

图 5-11

解：（1）由图 5-11 及式(5-8)可得

$$I_z = 2I_1 + I_2 = \frac{bh^3}{12} + 2\left(\frac{b_1h_1^3}{12} + b_1h_1d^2\right) = 9.94\times10^5\,\text{mm}^4$$

（2）最大弯曲正应力和最大弯曲切应力为

$$\sigma_{\max} = \frac{My_{\max}}{I_z} = 83\text{MPa}$$

$$S_{z\max}^\circ = 1.04\times10^4\,\text{mm}^3$$

$$\tau_{\max} = \frac{F_S S_{z\max}^\circ}{I_z\delta} = 5.23\text{MPa}$$

（3）翼缘 $I_z' = 8.28\times10^5\,\text{mm}^4$，承受最大应力时：$\sigma_{\max} = \dfrac{My_{\max}'}{I_z'}$，得翼缘承担的弯矩

$M' = 1.25\text{kN}\cdot\text{m}$，$\dfrac{M'}{M} = 83.3\%$。

3. 箱形薄壁截面梁

一箱形薄壁截面梁的横截面如图 5-12(a)所示，其左、右腹板上的弯曲切应力沿腹板高度也呈抛物线分布，如图 5-12(b)所示。设左、右腹板的厚度均为 δ，则在分析计算腹板的弯曲切应力时，只需将式(5-9)中的 δ 改为 2δ 即可。同样，箱形薄壁截面梁上、下盖板的切应力较腹板切应力小，强度计算中也可不考虑。至于圆环形薄壁截面梁，分析表明，最大弯曲切应力仍发生在中性轴上，并沿中性轴均匀分布，其值为

$$\tau_{max} = \frac{2F_S}{A} \tag{5-10}$$

式中，A 为横截面的面积。

例 5-4 用 4 块木板粘接而成的箱形薄壁截面梁的截面尺寸如图 5-13 所示。若已知横截面上的弯矩 $M = 6\,\text{kN}\cdot\text{m}$，剪力 $F_S = 4\text{kN}$。试求：①粘接缝处的切应力；②横截面上的最大切应力；③横截面上的最大正应力。

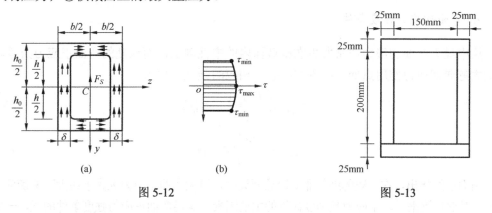

图 5-12   图 5-13

解： (1)粘接缝处的切应力：

$$I_z = 1.6 \times 10^{-4}\,\text{m}^4, \quad S_{z1}^{\circ} = 5.63 \times 10^{-4}\,\text{m}^3, \quad \tau_1 = \frac{F_S S_{z1}^{\circ}}{I_z 2\delta} = 0.282\text{MPa}$$

(2)横截面上的最大切应力：

$$S_{z\,max}^{\circ} = 8.13 \times 10^{-4}\,\text{m}^3, \quad \tau_{max} = \frac{F_S S_{z\,max}^{\circ}}{I_z 2\delta} = 0.407\text{MPa}$$

(3)横截面上的最大正应力：

$$\sigma_{max} = \frac{My_{max}}{I_z} = 4.69\text{MPa}$$

5.4 弯曲的强度条件

1. 弯曲正应力强度条件

最大弯曲正应力发生在梁截面上离中性轴最远处，而该处的切应力一般为零或很小，因而，最大弯曲正应力作用点可看成处于单向拉伸或单向压缩受力状态。于是，仿照拉压

杆的强度设计计算方法建立梁的弯曲正应力强度条件，即

$$\sigma_{\max} = \left(\frac{M}{W_z}\right)_{\max} \leqslant [\sigma] \tag{5-11}$$

该强度条件要求梁内的最大正应力 $\sigma_{\max}$ 不超过材料在单向受力时的许用应力$[\sigma]$。对于等截面直梁，式(5-11)变为

$$\sigma_{\max} = \frac{M_{\max}}{W_z} \leqslant [\sigma] \tag{5-12}$$

式(5-11)与式(5-12)仅适用于许用拉应力$[\sigma_t]$与许用压应力$[\sigma_c]$相同的梁。如果两者不同，则要求最大工作拉应力和最大工作压应力分别不超过材料的许用拉应力和许用压应力。对于中性轴不是对称轴的梁，其最大工作拉应力和最大工作压应力通常不一定发生在同一截面上。对于这种梁，如果其由抗拉强度和抗压强度不等（即$[\sigma_t] \neq [\sigma_c]$）的材料制成，则危险截面可能有两个，即最大正弯矩和最大负弯矩所在的截面。

2. 弯曲切应力强度条件

梁中最大弯曲切应力通常发生在横截面内的中性轴上，而该处的弯曲正应力为零。因此最大弯曲切应力作用点处于纯剪切状态，相应的强度条件为

$$\tau_{\max} = \left(\frac{F_S S_z^\circ}{I_z b}\right)_{\max} \leqslant [\tau] \tag{5-13}$$

$$\tau_{\max} = \frac{F_S S_{z\max}^\circ}{I_z b} \leqslant [\tau] \tag{5-14}$$

前面已经指出，在一般的细长非薄壁截面梁中，最大弯曲正应力远大于最大弯曲切应力。因此，对细长梁来说，正应力是强度计算的主要因素。满足弯曲正应力强度条件的梁，一般都能满足弯曲切应力强度条件。只有在下述一些情况下，才需进行梁的弯曲切应力强度校核。

(1)梁的跨度较短，或在支座附近有较大的集中载荷，以至于梁的弯矩值较小、剪力值较大。

(2)铆接或焊接的工字形梁，如果腹板较薄而截面高度较大。

(3)材料的许用切应力$[\tau]$很小的梁，如木梁。

例5-5 图 5-14 所示的外伸木梁受可移动载荷 $F = 40\text{kN}$ 的作用，已知许用正应力 $[\sigma] = 10\text{MPa}$，许用切应力$[\tau] = 3\text{MPa}$，$h/b = 3/2$，试求梁的横截面尺寸。

解：载荷位置用坐标 x 表示，当载荷在支座之间时荷移，如图 5-14 (b)所示，支座 A 和 B 的支反力分别为

$$F_{Ay} = \frac{(l-x)F}{l} \quad (0 < x \leqslant 0.75\text{m})$$

$$F_{By} = \frac{Fx}{l} \quad (0.75\text{m} < x < 1.5\text{m})$$

最大剪力发生在当载荷无限靠近支座 A 时，最大剪力 $F_{s\max}(x)$ 值最大，为 F；同理，当载荷无限靠近支座 B 时，最大剪力也为 F。由此可见，当载荷无限靠近 A 或 B 时，其最

大剪力值最大，为

$$F_{s\max} = F = 40\text{kN}$$

建立弯矩方程

$$M(x) = F_{Ay}x = Fx\left(1 - \frac{x}{l}\right)$$

对弯矩方程求导，确定 x 取值

$$\frac{\mathrm{d}M(x)}{\mathrm{d}x} = F\left(1 - \frac{2x}{l}\right) = 0$$

得 $x = \dfrac{l}{2}$，$M_{\max} = 15\text{kN} \cdot \text{m}$

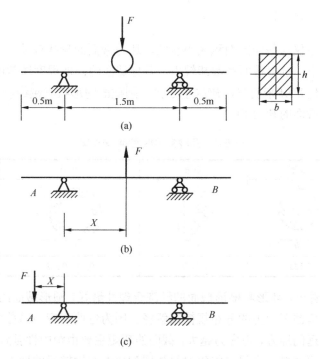

图 5-14

当载荷移动到杆的任一端时，如图 5-14(c)所示，

$$M(x) = Fx,\ (0 < x \leqslant 0.5\text{m}),\quad M_{\max} = 40\text{kN} \times 0.5\text{m} = 20\text{kN} \cdot \text{m}$$

综上所述，取 $M_{\max} = 20\text{kN} \cdot \text{m}$，$F_{s\max} = F = 40\text{kN}$。

由

$$\sigma_{\max} \frac{M_{\max}}{W_Z} \leqslant [\sigma]$$

得

$$b \geqslant 175\text{mm}, h \geqslant 262.5\text{mm}$$

而

$$\tau_{\max} = \frac{3F_{s\max}}{2A} = 1.31\text{MPa} < [\tau]$$

专题 7　提高弯曲强度的措施

由前面的分析可知，在一般情况下，弯曲正应力是控制梁弯曲强度的主要因素，弯曲正应力强度条件为

$$\sigma_{\max} = \left(\frac{M}{W_z} \right)_{\max} \leqslant [\sigma]$$

从上式可以看出，梁的弯曲强度与由外力引起的弯矩、横截面的尺寸与形状以及所用的材料有关。要提高梁的承载能力，可以从以下几个方面进行综合考虑。

1. 梁的合理截面形状

抗弯截面系数不仅与截面的面积大小有关，还与截面的形状有关。比较合理的截面形状应是截面面积较小，抗弯截面系数却较大。各种截面的合理程度通常用抗弯截面系数 W 与截面面积 A 的比值 W/A 来衡量，W/A 值越大，则截面的形状就越经济合理。表 5-1 给出了几种工程中常用截面的 W/A 值。

表 5-1　几种常用截面的 W/A 值

截面形状	圆形	矩形	环形	槽形
W/A	$0.125h$	$0.167h$	$0.27 \sim 0.31h$	$0.27 \sim 0.31h$

从表 5-1 中可看出，环形和槽形截面的经济合理性最好，圆形截面的经济合理性最差。这一结论很容易从弯曲正应力的分布规律来解释。因为弯曲正应力沿截面高度线性分布，在截面距中性轴越远的地方，正应力越大，截面的弯矩主要由距中性轴较远的材料来承担。因此，为了充分利用材料，应尽可能将材料放置到离中性轴较远的地方。

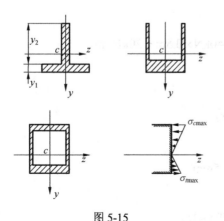

图 5-15

选择梁的合理截面，还应考虑到材料特性。对于抗拉和抗压强度相同的塑性材料梁，宜采用对称于中性轴的截面，如工字形与箱形等截面。而对于抗拉强度低于抗压强度的脆性材料梁，则最好采用中性轴偏于受拉一侧的截面，如 T 形与槽形等截面（图 5-15）。在后述情况下，理想的设计是使

$$\frac{\sigma_{t\max}}{\sigma_{c\max}} = \left[\frac{\sigma_t}{\sigma_c} \right]$$

即使

$$\frac{y_1}{y_2} = \left[\frac{\sigma_t}{\sigma_c} \right] \tag{5-15}$$

式中，y_1 与 y_2 分别表示最大拉应力与最大压应力所在点至中性轴的距离。

2. 变截面梁与等强度梁的概念

一般情况下，梁内不同横截面的弯矩不同。因此，根据弯曲正应力强度条件所设计的等截面梁，只有危险截面上的最大正应力达到了材料的许用正应力，其余截面上的最大正应力都比许用正应力小。因此，在工程实际中，有时根据弯矩沿梁轴的变化情况，将梁相应设计成变截面的。这种截面沿梁轴变化的梁称为变截面梁。

从弯曲强度方面考虑，理想的变截面梁是使所有横截面上的最大弯曲正应力均相同，并等于许用正应力，即要求

$$\sigma_{max} = \frac{M(x)}{W_z(x)} = [\sigma]$$

由此得

$$W_z(x) = \frac{M(x)}{[\sigma]} \tag{5-16}$$

式中，$M(x)$ 为任一横截面上的弯矩；$W_z(x)$ 为该截面的抗弯截面系数。这样，各个截面的大小将随截面上的弯矩而变化。截面按式(5-16)而变化的梁称为等强度梁。

等强度梁是一种理想的变截面梁，在工程实际中，由于加工制造及构造等方面的原因，一般只能近似地达到强度的要求。因此，工程应用中很少采用等强度梁，而是根据不同的情况，采用其他形式的变截面梁。

图 5-16 所示的梁是土木建筑工程中常见的几种变截面梁的例子。例如，阳台式雨篷的支承梁常采用图 5-16(a) 所示的形状；对于跨中弯矩大、两边弯矩逐渐减小的支梁，常采用图 5-16(b)(屋顶部的薄腹梁)或图 5-16(c)(承重较大的鱼腹梁)所示的形状。

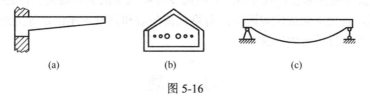

(a)   (b)   (c)

图 5-16

3. 合理安排梁的受力情况

梁的弯矩与载荷作用位置与梁的支承方式有关，因此提高梁弯曲强度的一个重要措施是合理安排梁的约束与加载方式。以简支梁为例(图 5-17(a))，跨中最大弯矩为 $M_{max} = ql^2/8$。若将两端支座各向中间移动 $0.2l$(图 5-17(b))，则最大弯矩值为 $M_{max} = ql^2/40$，只有前者的 1/5。也就是说，按图 5-17(b) 布置支座，同一根梁的承载能力可以提高 4 倍。在可能的情况下，还可以用改变载荷分布的方法来提高梁的承载能力。从强度角度来考虑，把集中力尽量分散作用，甚至改变为均布载荷较为合理。以简支梁为例(图 5-18(a))，当集中力 F 作用在跨中时，梁上的最大弯矩为 $M_{max} = Fl/4$，若采用一辅助梁(图 5-18(b))，使集中力 F 通过辅助梁作用到主梁上，则主梁上的最大弯矩减小至 $Fl/8$，只有原来的 1/2。

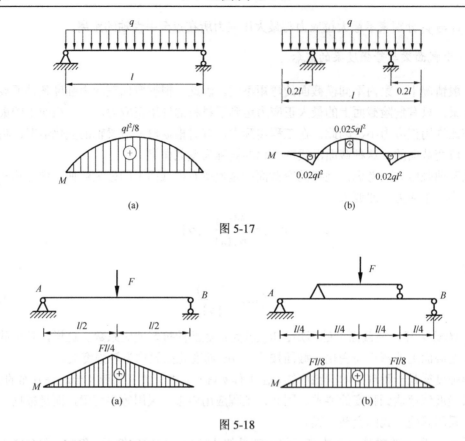

图 5-17

图 5-18

上述措施都是从考虑弯曲正应力强度提出的。而工程实际中，设计一个构件还应考虑刚度、稳定性、工艺条件，以及加工制造和使用等诸方面因素。例如，增加梁横截面的高度，虽可增大抗弯截面系数，但过高的截面高度会降低梁的侧向稳定性；变截面梁用材少，但刚度会降低，且加工制造比较困难；而将载荷分散和调整支座位置等措施，都必须在不影响使用和条件允许的前提下进行。

习　　题

5-1　任意截面形状的等直梁在弹性纯弯曲条件下，中性轴的位置如何？

5-2　如图所示的圆截面悬臂梁，若其他条件不变，而直径增加一倍，则其最大正应力有何变化？

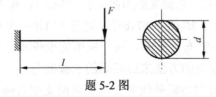

题 5-2 图

5-3　简支梁如图所示，试求截面 Ⅰ - Ⅰ 上 A、B 两点处的正应力，并绘出该截面上的正应力分布图。

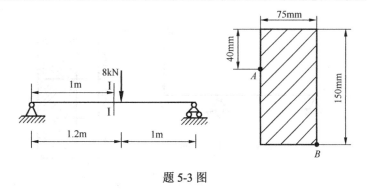

题 5-3 图

5-4 如图所示的一矩形截面简支梁，$h = 200\text{mm}$，$b = 100\text{mm}$，$l = 3\text{m}$，$F = 6.0\text{kN}$。试求在下面两种情况下，在集中力截面上点 A、B 处的正应力。①F 沿 z 方向。②F 沿 y 方向。

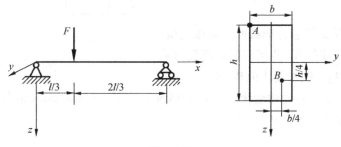

题 5-4 图

5-5 如图所示的一起重机与梁，梁由两根 No.28a 工字钢组成，可移动的起重机自重 $P = 50\text{kN}$，起重机吊重 $F = 10\text{kN}$，$[\sigma] = 160\text{MPa}$，$[\tau] = 100\text{MPa}$，试校核梁的强度。（一根工字钢的惯性矩 $I_z = 7114.14 \times 10^4\ \text{mm}^4$，$\dfrac{I_z}{S_{z\max}^\circ} = 246.2\text{mm}$。）

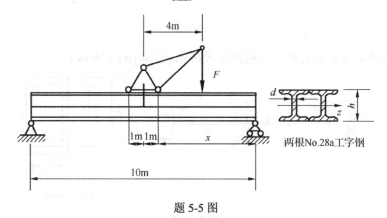

题 5-5 图

5-6 图示梁由 3 块等厚木板胶合而成，已知 $F = 5\text{kN}$，胶合面上的许用切应力为 5MPa，木材的 $[\tau] = 8\text{MPa}$。试校核该梁的剪切强度。

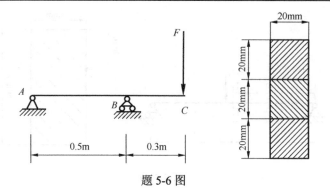

题 5-6 图

5-7　直径 $d = 3\text{mm}$ 的高强度钢丝绕在直径 $D = 600\text{mm}$ 的轮缘上，已知材料的弹性模量 $E = 200\text{GPa}$，求钢丝横截面上的最大弯曲正应力。

5-8　边宽为 a 的正方形截面梁可按图(a)与(b)所示两种方式放置。若相应的抗弯截面系数分别为 W_a 与 W_b，试求其比值 W_a/W_b。

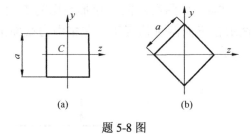

题 5-8 图

5-9　如图所示，悬臂梁受集中力 $F = 10\text{kN}$ 和均布载荷 $q = 28\text{kN/m}$ 作用，计算 A 右截面上 a、b、c、d 四点处的正应力。

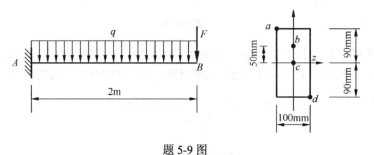

题 5-9 图

5-10　试确定图示箱式截面梁的许可载荷 q，已知 $[\sigma] = 160\text{MPa}$。

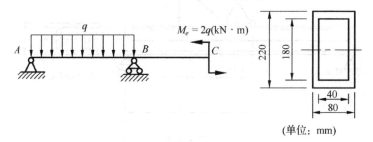

题 5-10 图

5-11　如图所示的矩形截面钢梁，测得长度为 2m 的 AB 段的伸长量 $l_{AB} = 1.3\text{mm}$，求均布载荷集度和最大正应力。已知 $E = 200\text{GPa}$。

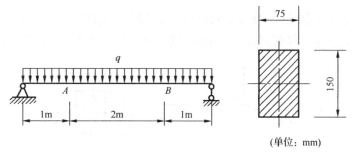

（单位：mm）

题 5-11 图

5-12 已知一外伸梁的截面形状和受力情况如图所示。试作梁的 F_S、M 图，并求梁内的最大弯曲正应力。其中，$q = 60\text{kN/m}$，$a = 1\text{m}$。

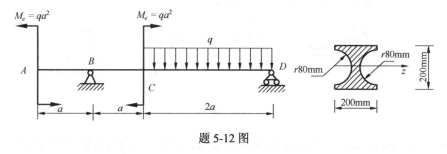

题 5-12 图

5-13 当载荷 F 直接作用在跨长 $l = 6\text{m}$ 的简支梁 AB 的中点时，梁的最大正应力超过许用值 30%。为了消除此过载现象，配置了如图所示的辅助梁 CD，求此辅助梁的最小跨长 a。

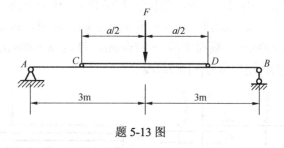

题 5-13 图

5-14 如图所示，一个由 No.16 工字钢制成的简支梁承受集中载荷 F。在梁的 C 截面处下边缘上，用标距 $s = 20\text{mm}$ 的应变仪量得其纵向伸长量 $Os = 0.008\text{mm}$，已知梁的跨长 $l = 1.5\text{m}$，$a = 2\text{m}$，弹性模量 $E = 210\text{GPa}$。试求 F 的大小。

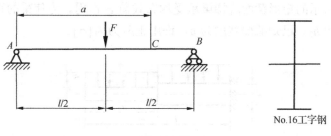

No.16工字钢

题 5-14 图

5-15　图示木梁受移动载荷 $F = 40\text{kN}$ 作用。已知木材的许用正应力 $[\sigma] = 10\text{MPa}$，许用切应力 $[\tau] = 3\text{MPa}$，木梁的横截面为矩形截面，其高宽比 $h/b = 3/2$。试确定此梁的横截面尺寸。

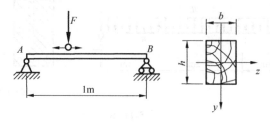

题 5-15 图

5-16　一梁的材料为铸铁，弯矩图及可供选择的截面形状和放置方式如图所示。截面图中的 C 为形心，$y_2/y_1 = 2$，选择哪种方案最佳？

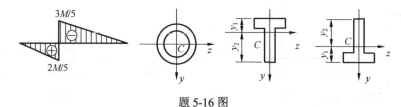

题 5-16 图

5-17　对于横截面边长为 $b×2b$ 的矩形截面梁，试求当外力偶分别作用在平行于截面长边及短边的纵向对称面内时，梁所能承担的许用弯矩之比，以及梁的弯曲刚度之比。

5-18　某轴的外伸部分是空心圆轴，轴的直径及载荷如图所示，此轴主要承受弯曲变形，已知拉伸和压缩的许用应力相等，即 $[\sigma] = 120\text{MPa}$，试分析圆轴的强度是否足够。

5-19　如图所示的简支梁由四块尺寸相同的木板粘接而成，试校核其强度。已知载荷 $F = 4\text{kN}$，梁跨度 $l = 400\text{mm}$，截面宽度 $b = 50\text{mm}$，高度 $h = 80\text{mm}$，木板的许用正应力 $[\sigma] = 7\text{MPa}$，胶合缝的许用切应力 $[\tau] = 5\text{MPa}$。

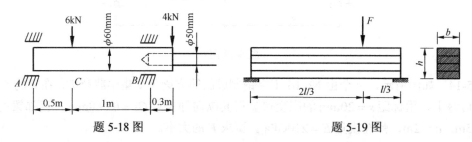

题 5-18 图　　　　　　　　　　　　　　题 5-19 图

5-20　如图所示的矩形截面阶梯梁承受均布载荷 q 作用。为使梁的重量最轻，试确定 l 与截面高度 h_1 和 h_2。已知截面宽度为 b，许用正应力为 $[\sigma]$。

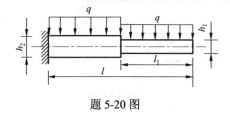

题 5-20 图

第6章 弯曲变形

6.1 工程中的弯曲变形问题

梁在载荷作用下，产生应力的同时也会发生变形。在许多工程问题中，梁不仅要满足强度条件，还必须满足刚度条件，即梁的变形必须控制在工程规定的许可范围之内，否则会影响正常工作。

如图 6-1 所示的齿轮轴，若弯曲变形过大，将影响齿轮的啮合和轴承的配合，造成磨损不匀，产生噪声，降低寿命，还会影响加工精度。又如，桥式起重机大梁在起吊重物时，若变形过大，将使梁上小车行走困难，出现爬坡现象，还会引起较严重的振动；管道变形过大，将影响管道内物料的正常输送，出现积液、沉淀和法兰连接不紧密等现象；楼板梁变形过大，将使下面的抹灰层开裂、脱落。因此，若变形超过允许范围，即使仍然是弹性的，也被认为是一种失效。

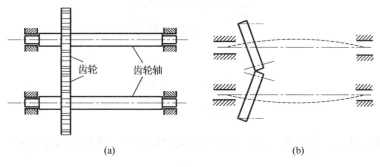

(a)   (b)

图 6-1

工程中虽然经常限制梁的变形，但在另一些情况下，又常常利用弯曲变形来达到某种要求。例如，叠板弹簧(图 6-2)应有较大的变形，才可以更好地起到缓冲减震的作用；弹簧扳手(图 6-3)要有明显的弯曲变形，才可以使测得的力矩更准确；对于高速工作的内燃机、离心机和压气机的主要构件，需要调节它们的变形使构件自身的振动频率避开外界周期力的频率，以免引起强烈的共振。此外，在求解弯曲超静定问题和冲击问题时，也须考虑梁的变形。求解弯曲变形的方法很多，主要有积分法、叠加法、奇异函数法、共轭梁法、能量法、有限差分法等，本章主要介绍积分法和叠加法。

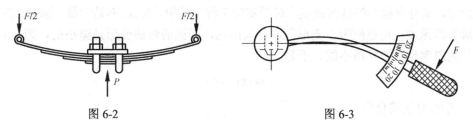

图 6-2   图 6-3

6.2 挠曲线的微分方程

确定梁的挠度和转角，关键是确定挠度方程和转角方程，应用梁弯曲时曲率 $\dfrac{1}{\rho}$ 与弯矩之间的物理关系来确定这两个方程，即

$$\frac{1}{\rho} = \frac{M}{EI_z}$$

这是梁发生纯弯曲时的公式。取长度为 $\mathrm{d}x$ 的微段梁，根据微积分的思想可以认为其发生的是纯弯曲，于是，将上式推广到平面弯曲，则

$$\frac{1}{\rho(x)} = \frac{M(x)}{EI_z} \tag{6-1}$$

当为变截面梁时，式(6-1)中的 EI_z 随 x 变化，可以写成 $EI_z(x)$，但这种情况在工程中并不多见。根据数学几何学知识，对于平面曲线 $\omega(x)$，其曲率 $\dfrac{1}{\rho(x)}$ 有下面的关系：

$$\frac{1}{\rho(x)} = \pm \frac{\omega''(x)}{\left[1 + \omega'(x)^2\right]^{\frac{3}{2}}} \tag{6-2}$$

于是，有

$$\frac{\omega''(x)}{\left[1 + \omega'(x)^2\right]^{\frac{3}{2}}} = \pm \frac{M(x)}{EI_z} \tag{6-3}$$

当挠曲线上凸时，$\dfrac{1}{\rho} < 0$，这样弯曲的梁段弯矩为负；当挠曲线下凸时，$\dfrac{1}{\rho} > 0$，这样弯曲的梁段弯矩为正。于是，式(6-3)可写成

$$\frac{\omega''(x)}{[1 + \omega'(x)^2]^{\frac{3}{2}}} = \frac{M(x)}{EI_z} \tag{6-4}$$

式(6-4)称为梁的挠曲线微分方程，当 $\dfrac{M(x)}{EI_z}$ 为常数时，微分方程为

$$\frac{\omega''(x)}{[1 + \omega'(x)^2]^{\frac{3}{2}}} = C \tag{6-5}$$

此时，微分方程的解是圆曲线。对于实际工程中的梁，$M(x)$ 不是常量，因此，式(6-5)的求解非常困难，可以应用小变形假设将其简化，即梁的弯曲变形是微小的，因而其挠曲线各处的斜率也是非常微小的。于是

$$\omega'(x)^2 \ll 1 \tag{6-6}$$

这样，式(6-4)就简化为

$$\omega''(x) = \frac{M(x)}{EI_z} \tag{6-7}$$

这个方程称为挠曲线近似微分方程。这个方程很容易求解，只需用积分法即可。要注意的是，应用挠曲线近似微分方程解答得到的挠曲线方程是近似的，是存在误差的，弹性力学理论表明，简支梁受均布力时，对于跨中截面的最大挠度，用挠曲线近似微分方程得到的解答有 2.7% 的误差，这个误差是工程上允许的。

6.3 弯曲变形的求解

1. 用积分法求弯曲变形

对挠曲线近似微分方程(6-7)相继积分两次可得

$$\theta = \frac{\mathrm{d}\omega}{\mathrm{d}x} = \int \frac{M(x)}{EI} \mathrm{d}x + C \tag{6-8}$$

$$\omega = \iint \frac{M(x)}{EI} \mathrm{d}x \mathrm{d}x + Cx + D \tag{6-9}$$

式中，C 与 D 为积分常数。上述积分常数可利用梁上某些截面的已知位移来确定。例如，在固定端处，横截面的挠度与转角均为零，即

$$\omega = 0, \quad \theta = 0$$

在铰支座处，横截面的挠度为零，即 $\omega = 0$。

梁截面的已知位移条件或用位移表述的约束条件，称为梁的位移边界条件。积分常数确定后，将其代入式(6-8)或式(6-9)，即得到梁的挠曲线方程：

$$\omega = f(x)$$

和转角方程：

$$\theta = \frac{\mathrm{d}\omega}{\mathrm{d}x} = f'(x)$$

由此可求出任一截面的挠度和转角。当弯矩方程需分段建立时，各梁段的挠度、转角方程也将不同，但在相邻梁的交接处，相连两截面应具有相同的挠度和转角，即应满足连续光滑条件。分段处挠曲线所应满足的连续光滑条件，称为梁的位移连续条件。由以上分析可以看出，梁的位移不仅与梁的弯曲刚度及弯矩有关，而且与梁的位移边界条件及位移连续条件有关。

例 6-1 试用积分法计算图 6-4 所示梁的挠度 ω_B 和转角 θ_B。

解：

$$EI\omega'' = M(x) = -\frac{qa^2}{2} + qax - \frac{q}{2}x^2$$

积分一次，得

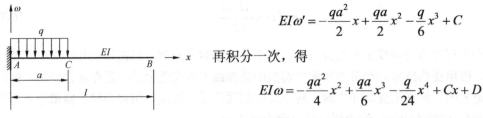

图 6-4

$$EI\omega' = -\frac{qa^2}{2}x + \frac{qa}{2}x^2 - \frac{q}{6}x^3 + C$$

再积分一次，得

$$EI\omega = -\frac{qa^2}{4}x^2 + \frac{qa}{6}x^3 - \frac{q}{24}x^4 + Cx + D$$

因为截面 A 处的挠度和转角都为 0，所以，有位移边界条件：

$$x = 0, \quad \omega(0) = 0, \quad \omega'(0) = 0$$

可求得积分常数：

$$C = 0, \quad D = 0$$

从而

$$EI\omega' = -\frac{qa^2}{2}x + \frac{qa}{2}x^2 - \frac{q}{6}x^3$$

$$EI\omega = -\frac{qa^2}{4}x^2 + \frac{qa}{6}x^3 - \frac{q}{24}x^4$$

可得

$$\omega(C) = \frac{qa^4}{8EI}, \quad \theta(C) = -\frac{qa^3}{6EI}$$

$$\omega_B = \omega_C + \theta_C(l-a) = \frac{qa^3}{24EI}(a-4l)(\downarrow)$$

2. 用叠加法求弯曲变形

在材料服从胡克定律和小变形的条件下，由小挠度曲线微分方程得到的挠度和转角均与载荷呈线性关系。因此，当梁承受复杂载荷时，可将其分解成几种简单载荷，利用梁在简单载荷作用下的位移计算结果，叠加后得到梁在复杂载荷作用下的挠度和转角，这就是叠加法。应用叠加法计算时可以参照附录Ⅲ，其列出了各种简单载荷作用下梁的挠度和转角。

例 6-2 图 6-5 所示的简支梁同时承受均布载荷 q 和集中力 F 的作用。已知梁的弯曲刚度为常数。试用叠加原理计算跨中点处的挠度。

解：梁的变形是由均布载荷 q 和集中力 F 共同引起的。在均布载荷 q 单独作用下（图 6-5(b)），梁跨中点的挠度由附录Ⅲ查得

$$(y_C)_q = \frac{5ql^4}{384EI}(\downarrow)$$

在集中力 F 单独作用下（图 6-5(c)），梁跨

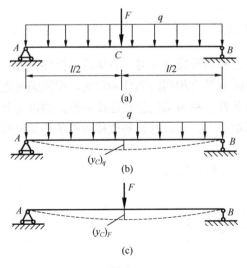

图 6-5

中点的挠度由附录Ⅲ查得

$$(y_C)_F = \frac{Fl^3}{48EI}(\downarrow)$$

叠加以上结果，求得在均布载荷 q 和集中力 F 共同作用下，梁跨中点的挠度为

$$y_C = (y_C)_q + (y_C)_F = \frac{5ql^4}{384EI} + \frac{Fl^3}{48EI}(\downarrow)$$

例 6-3 一悬臂梁的弯曲刚度为 EI，梁上载荷如图 6-6(a)所示。试求截面 C 的挠度和转角。

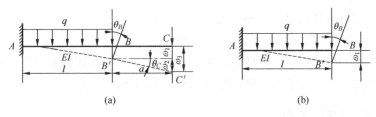

图 6-6

解：梁段 AB 在均布载荷 q 作用下的挠曲线如图 6-6(a)中的 $AB'C'$ 所示，其中 $B'C'$ 段为倾斜直线，因而截面 B、C 的转角相同，即

$$\theta_C = \theta_B = \frac{ql^3}{6EI}$$

截面 C 的挠度可视为由两部分组成：一部分为 ω_1，根据图 6-6(b)所示的简图求得，即

$$\omega_1 = \frac{ql^4}{8EI}(\downarrow)$$

另一部分为由截面 B 转过角 θ_B 而引起的截面 C 的挠度 ω_2，因梁的变形很小，ω_2 可用 $\theta_B a$ 来表示。则截面 C 的挠度为

$$\omega_C = \omega_1 + \omega_2 = \frac{ql^3}{2EI}\left(\frac{l}{4} + \frac{a}{3}\right)(\downarrow)$$

6.4 梁的刚度条件与合理刚度设计

6.4.1 梁的刚度条件

对于工程中的许多受弯构件，除应满足强度要求外，还应限制最大挠度 ω_{max} 和最大转角 θ_{max} 不超过某一规定的数值，就得刚度条件：

$$\begin{cases} |\omega|_{max} \leqslant [\delta] \\ |\theta|_{max} \leqslant [\theta] \end{cases} \tag{6-10}$$

在各类工程设计中，对构件弯曲位移的许可值有不同的规定。例如，土建工程中，梁

的许用挠度为 $[\delta]=\dfrac{l}{800}\sim\dfrac{l}{200}$；桥式起重机梁的许用挠度为 $[\delta]=\dfrac{l}{750}\sim\dfrac{l}{500}$；机械制造工程

中轴的许用挠度为 $[\delta]=\dfrac{3l}{10000}\sim\dfrac{5l}{10000}$；在安装齿轮或滑动轴承处，轴的许用转角为

$[\theta]=0.001\text{rad}$。其他梁或轴的许用挠度和转角值可从有关设计规范或手册中查得。

6.4.2 梁的合理刚度设计

由梁的位移表(附录Ⅲ)可见,梁的位移(挠度和转角)除与梁的支承和载荷情况有关外,还取决于以下三个因素:

(1)材料,梁的位移与材料的弹性模量 E 成反比;

(2)截面,梁的位移与截面的惯性矩 I 成反比;

(3)跨长,梁的位移与跨长 l 的 n 次幂成正比(在各种不同载荷形式下,n 分别等于1、2、3 或 4)。由此可见,为了减小梁的位移,可以采取下列措施。

1. 增大梁的弯曲刚度 EI

对于钢材来说,采用高强度钢可以显著提高梁的强度,但对刚度的改善并不明显,因高强度钢与普通低碳钢的 E 值是相近的。因此,为增大梁的刚度,应设法增大 I 值。在截面面积不变的情况下,采用适当形状的截面使截面面积分布在距中性轴较远处,以增大截面的惯性矩 I,这样不仅可降低应力,而且能增大梁的弯曲刚度以减小位移。所以工程上常采用工字形、箱形等截面。

2. 调整跨长和改变结构

由于梁的挠度和转角值与其跨长的 n 次幂成正比,因此,设法缩短梁的跨长,将能显著

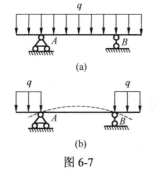

地减小其挠度和转角值。工程实际中的钢梁通常采用两端外伸的结构(图 6-7(a)),就是为了缩短跨长从而减小梁的最大挠度值。同时,梁外伸部分的自重作用将使梁的 AB 跨产生向上的挠度(图6-7(b)),从而使 AB 跨的向下挠度有所减小。

3. 采用超静定结构

在悬臂梁的自由端或者简支梁的跨中增加一个支座,均可使梁的挠度显著减小。这样就使得静定梁变为超静定梁,可使刚度增大。

图 6-7

6.5 简单超静定梁

1. 超静定梁简述

静定梁是用平衡方程就可以解出所有未知力的梁。当在静定梁上增加约束时,仅仅由平衡方程已无法解得所有未知力,这种梁称为超静定梁或静不定梁。在静定梁上增加的约

束称为多余约束，因为其对保持结构的静定性是多余的。未知力的个数与平衡方程数目之差，即多余约束的数目，称为超静定次数。超静定次数表示求解未知力时，除平衡方程外，所需补充方程的个数。

2. 超静定梁的基本求解方法

对于超静定梁的求解，首先需要建立平衡方程。其次需要根据多余约束对位移的限制，建立各部分位移之间的几何方程，称为变形协调方程。再次需要建立力与位移之间的物理方程或者本构方程。最后将几何方程和物理方程进行联立，得到求解超静定问题所需要的补充方程。求解超静定梁的基本步骤如下：①确定超静定次数。②将超静定梁转化为静定梁，即通过选择合适的多余约束，去除该约束并在其位置用约束反力加以代替。③写变形协调条件，即对比去约束前后的梁，找出解除约束后该处需要满足的变形条件。④联立求解平衡方程、变形协调方程以及物理方程，解出全部未知力，最后进行强度与刚度的计算。

例 6-4 一悬臂梁 AB 承受集中载荷 F 作用，因其刚度不够，用一短梁加固，如图 6-8(a) 所示，且设两梁各截面的弯曲刚度均为 EI。试计算梁 AB 最大挠度的减少量。

解： (1)求解超静定。

梁 AB 与梁 AC 均为静定梁，但由于在截面 C 处用铰链相连即增加了一个约束，由它们组成的结构属于一次超静定，需要建立一个补充方程才能求解。选择铰链 C 为多余约束并予以解除，以相应约束反力 F_R 代替其作用，则原结构的基本系统如图 6-8(b)所示。在约束反力 F_R 作用下，梁 AC 的截面 C 铅垂下移；在载荷 F 与约束反力 F_R 作用下，梁 AB 的截面 C 也应铅垂下移。设前一位移为 ω_1，后一位移为 ω_2，则变形协调条件为

$$\omega_1 = \omega_2 \tag{a}$$

由附录Ⅲ并应用叠加法，可求得 ω_1 和 ω_2 分别为

$$\omega_1 = \frac{F_R (l/2)^3}{3EI} = \frac{F_R l^3}{24EI} \tag{b}$$

$$\omega_2 = \frac{(5F - 2F_R)l^3}{48EI} \tag{c}$$

将式(b)和式(c)代入式(a)，得到补充方程为

$$\frac{F_R l^3}{24EI} = \frac{(5F - 2F_R)l^3}{48EI}$$

化简得

$$F_R = \frac{5}{4}F$$

(2)刚度比较。

未加梁 AC 时，梁 AB 的 B 端挠度为

$$\omega'_B = \frac{Fl^3}{3EI}$$

加梁 AC 后，该截面的挠度为

$$\omega_B = \frac{Fl^3}{3EI} - \frac{5F_R l^3}{48EI} = \frac{13Fl^3}{64EI}$$

两者之比为

$$\frac{\omega_B}{\omega_{B'}} = 60.9\%$$

由此可见，经加固后，梁 AB 的最大挠度显著减小。

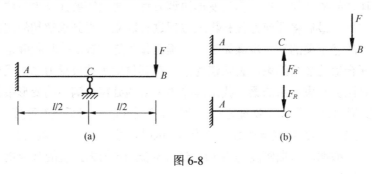

图 6-8

专题 8　工程中减小弯曲变形的一些措施

　　梁的弯曲变形与弯矩大小、跨度长短、支承条件及截面的弯曲刚度等有关，所以要提高弯曲刚度就应该从以下各个方面考虑。

　　(1)合理选择截面形状。影响梁强度的截面几何性质是抗弯截面系数 W，而控制梁刚度的截面几何性质是惯性矩 I。与提高弯曲强度的措施一样，应使用较小的截面面积 A，获得较大的惯性矩 I。故一般来说 I/A 越大，截面形状越合理。

　　(2)合理选择材料。影响梁强度的材料性能是极限应力 σ_u，而影响梁刚度的材料性能则是弹性模量 E。所以，从提高梁的刚度方面考虑，应以弹性模量的高低来确定材料的选择。要注意的是，各种钢材(或各种铝合金)的极限应力虽然差别很大，但它们的弹性模量十分接近。例如，低碳钢 Q235 与合金钢 30 铬锰硅的强度极限分别为 $\sigma_b' = 400\text{MPa}$ 与 $\sigma_b'' = 1100\text{MPa}$，而它们的弹性模量则分别为 $E' = 200\text{GPa}$ 与 $E'' = 210\text{GPa}$。因此，在设计中，若选择普通钢材已经满足强度要求，仅为了进一步提高梁的刚度而改用优质钢材，显然是不合理的。

　　(3)梁的合理加强。梁的最大弯曲正应力取决于危险截面的弯矩与抗弯截面系数，而梁的位移则与梁内所有微段的弯曲变形均有关。因此，对于梁的危险区采用局部加强的措施，可以提高梁的强度，但是，为了提高梁的刚度，则必须在更大范围内增加梁的弯曲刚度。

　　(4)合理安排梁的约束与加载方式。提高梁刚度的另一重要措施是合理安排梁的约束与加载方式，如将集中力变为分布力，适当地调整载荷或支座的位置，在结构允许的情况下，将力的作用位置尽可能靠近支座。例如，对于在跨中承受集中载荷的简支梁，如果将该载荷改为均布载荷施加在同一梁上，则梁的最大挠度将仅为前者的 62.5%。

又如，图 6-9(a) 所示的跨度为 l 的简支梁承受均布载荷 q 作用，如果将梁两端的铰支座各向内移动少许，如移动 $l/4$(图 6-9(b))，则最大挠度将仅为前者的 8.75%。这些实例说明，合理安排约束与加载方式，将显著减小梁的弯曲变形。

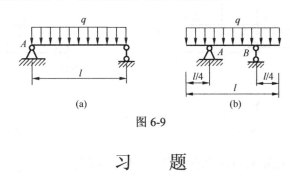

图 6-9

习　　题

6-1　材料相同的悬臂梁 Ⅰ、Ⅱ，所受载荷及截面尺寸如图所示。问梁 Ⅰ 的最大挠度是梁 Ⅱ 的多少倍？

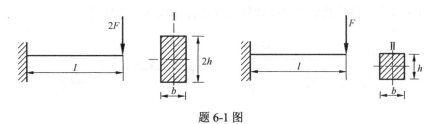

题 6-1 图

6-2　用积分法求图示梁的挠曲线方程时，位移边界条件是什么？位移连续条件又是什么？

6-3　试画出图示梁的挠曲线的大致形状。

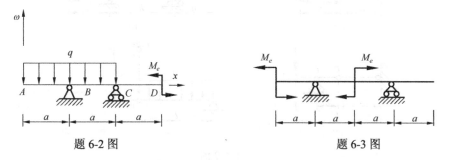

题 6-2 图　　　　　　　　　　　　　题 6-3 图

6-4　试用积分法计算图示梁的挠度 ω_B 和转角 θ_B。

6-5　如图所示，长度为 l 的两个悬臂梁在 C 处用铰链连接，并在 C 处用一长度为 l、拉压刚度为 EA 的绳索吊住，在 C 处施加向下的力 F，试求 C 点挠度 ω_C。

6-6　如图所示的外伸梁，为使载荷 F 作用点的挠度 ω_C 等于零，试求载荷 F 与 q 间的关系。

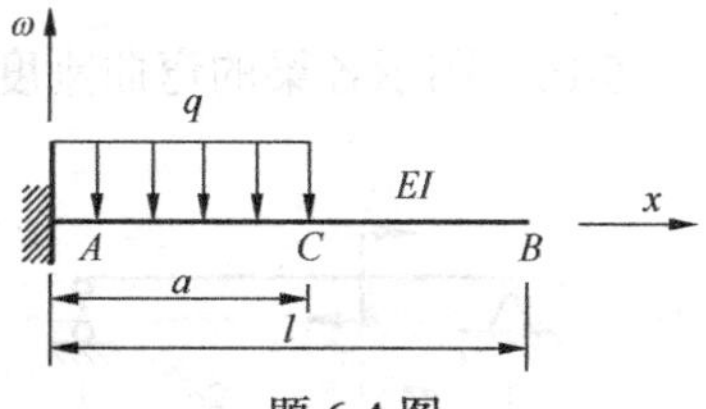

题 6-4 图

6-7　如图所示的超静定梁，分别取支座 B 和 C 为多余约束，试画出两种情况下结构的静定基，并写出相应的变形协调条件。

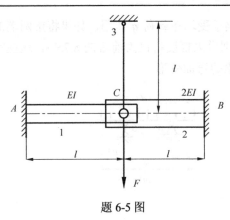

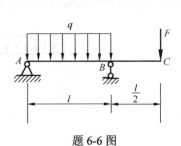

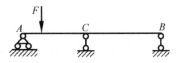

题 6-5 图　　　　　　　　　　题 6-6 图

6-8 如图所示，已知梁的弯曲刚度均为 *EI*，试根据约束条件画出挠曲线的大致形状，并应用积分法计算截面 *B* 的转角和梁的最大挠度。

题 6-7 图

6-9 当用积分法求图示各梁的弯曲变形时，至少应当分几段？有多少个积分常数？并列出位移边界条件和位移连续条件。

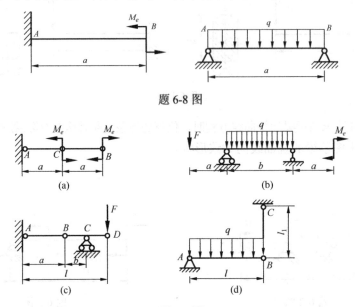

题 6-8 图

题 6-9 图

6-10 图示各梁的弯曲刚度 *EI* 为常数，画出各梁挠曲线的大致形状。

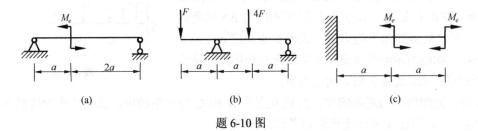

题 6-10 图

6-11 用积分法求图示各梁指定截面处的挠度与转角，设 EI 为常数。

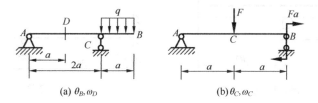

(a) θ_B, ω_D (b) θ_C, ω_C

题 6-11 图

6-12 如图所示，简支梁的左右支座截面上分别作用有外力偶 M_{e1} 和 M_{e2}。若使该梁挠曲线的拐点位于距左端支座 $l/3$ 处，试问 M_{e1} 和 M_{e2} 应保持何种关系？

6-13 如图所示，重量为 P 的等直梁放置在水平刚性平面上，若受力后未提起的部分保持与平面密合，试求提起部分的长度。

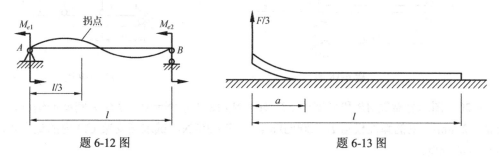

题 6-12 图   题 6-13 图

6-14 如图所示的外伸梁，两端受载荷 F 的作用，弯曲刚度 EI 为常数。试求：①当 x/l 为何值时，梁跨度中点的挠度和自由端的挠度相等；②当 x/l 为何值时，梁跨度中点的挠度最大。

6-15 如图所示的悬臂梁，材料的许用应力 $[\sigma]=160\text{MPa}$，$E=200\text{GPa}$，梁的许用挠度比为 $[\omega/l] \leqslant 1/400$，梁截面由两个槽钢组成，试选择槽钢的型号。

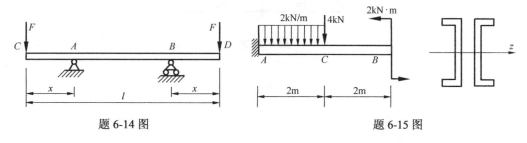

题 6-14 图   题 6-15 图

6-16 梁 AB 因强度和刚度不足，用同一材料和同样截面的短梁 AC 加固，如图所示。试求：①两梁接触处的压力 F_C；②加固后梁 AB 的最大弯矩和截面 B 的挠度减小的百分数。

6-17 试求图示超静定梁的支座反力。

6-18 图示悬臂梁的弯曲刚度 $EI=30\times10^2\text{N}\cdot\text{m}^2$。弹簧的刚度常数为 $k=175\times10^3\text{N/m}$。若梁与弹簧间的空隙为 $\delta=1.25\text{mm}$，当集中力 $F=450\text{N}$ 作用于梁的自由端时，试问弹簧将分担多大的力？

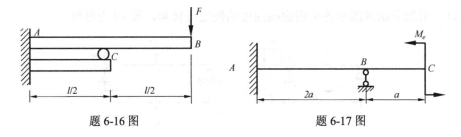

题 6-16 图　　　　　　　　　　题 6-17 图

6-19　图示结构中 1、2 两杆的抗拉刚度同为 EA。

(1)若将横梁 AB 视为刚体，试求杆 1 和杆 2 的内力。

(2)若考虑横梁的变形，且弯曲刚度为 EI，试求杆 1 和杆 2 的内力。

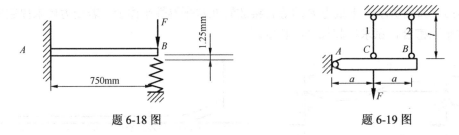

题 6-18 图　　　　　　　　　　题 6-19 图

6-20　图示悬臂梁 AB 和简支梁 CD 均用 No.18 工字钢制成，BG 为圆截面钢杆，其直径 $d = 20\text{mm}$。钢的弹性模量 $E = 200\text{GPa}$。若 $F = 30\text{kN}$，试求简支梁 CD 内的最大正应力和 G 点的挠度。

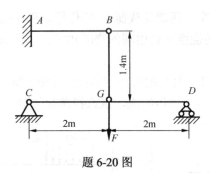

题 6-20 图

第7章 应力和应变分析、强度理论

7.1 应力状态概述

7.1.1 应力状态的概念

构件内一点处所有微截面的应力总况或集合，称为该点处的应力状态。构件内一点处沿所有方位的应变总况或集合，则称为该点处的应变状态。由于微体的边长均为无穷小量，因此，当围绕一点所取微体内各截面的应力均为已知时，过该点所作各微截面的应力也完全确定。同样，当围绕一点所取微体内沿各方位的应变均为已知时，该点沿各方位的应变也完全确定。所以，在分析一点的应力与应变状态时，通常以微体作为研究对象。

(1)点的应力状态。

点的应力状态指过一点所作各斜截面上的应力情况，即过一点所有方位面上的应力集合。

(2)一点应力状态的描述。

以该点为中心取无限小的三对面互相垂直的六面体(单元体)为研究对象，单元体三对互相垂直的面上的应力可描述为一点的应力状态。

(3)求一点的应力状态。

①单元体三对面的应力已知，单元体平衡。

②单元体任意部分平衡。

③用截面法和平衡条件求得任意方位面上的应力，即点在任意方位的应力。

7.1.2 应力状态的分类

(1)单元体：微小正六面体。

(2)主平面和主应力。

主平面：无切应力的平面。

主应力：作用在主平面上的正应力。

(3)三种应力状态。

单向应力状态：三个主应力只有一个不等于零，如图 7-1 中的 A、E 点。

二向应力状态：三个主应力中有两个不等于零，如图 7-1 中的 B、D 点。

三向应力状态：三个主应力都不等于零。

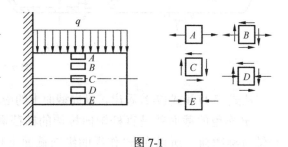

图 7-1

7.2　二向和三向应力状态的实例

作为二向应力状态的实例，我们研究锅炉或其他圆筒形容器的应力状态(图 7-2)。当这类圆筒的壁厚 δ 远小于它的直径 D 时(如 $\delta < \dfrac{D}{20}$)称为薄壁圆筒。若封闭的薄壁圆筒所受内压力为 p，则沿圆筒轴线作用于筒底的总压力为 F(图 7-2(b))，且 $F = p \cdot \dfrac{\pi D^2}{4}$ 。

在力 F 的作用下，圆筒横截面上应力 σ' 的计算属于第 2 章的轴向拉伸问题。因为薄壁圆筒的横截面面积是 $A = \pi D \delta$，故有

$$\sigma' = \frac{F}{A} = \frac{p \cdot \dfrac{\pi D^2}{4}}{\pi D \delta} = \frac{pD}{4\delta} \tag{7-1}$$

用相距为 l 的两个横截面和包含直径的纵向截面，从圆筒中截取一部分(图 7-2(c))，若在筒壁的纵向截面上应力为 σ''，则内力为

$$F_N = \sigma'' \delta l$$

在这一部分圆筒内壁的微分面积 $l \cdot \dfrac{D}{2} \mathrm{d}\varphi$ 上，压力为 $pl \cdot \dfrac{D}{2} \mathrm{d}\varphi$。它在 y 方向的投影为 $pl \cdot \dfrac{D}{2} \mathrm{d}\varphi \cdot \sin\varphi$，通过积分求出上述投影的总和为

$$\int_0^\pi pl \cdot \frac{D}{2} \sin\varphi \mathrm{d}\varphi = plD$$

积分结果表明，截出部分在纵向截面上的投影面积 lD 与 p 的乘积，就等于内压力的合力。由平衡方程 $\sum F_y = 0$，得

$$2\sigma'' \delta l - plD = 0$$
$$\sigma'' = \frac{pD}{2\delta} \tag{7-2}$$

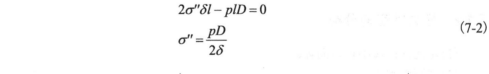

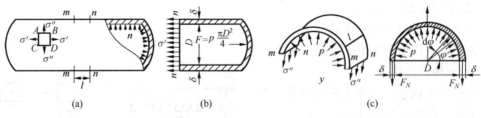

图 7-2

从式(7-1)和式(7-2)看出，纵向截面上的应力 σ'' 是横截面上应力 σ' 的两倍。

σ' 作用的截面就是直杆轴向拉伸的横截面，这类截面上没有切应力。又因内压力是轴对称载荷，所以在 σ'' 作用的纵向截面上也没有切应力。这样，通过壁内任意点的纵横两截面皆为主平面，σ'' 和 σ' 皆为主应力。此外。在单元体 $ABCD$ 的第三个方向上，

有作用于内壁的内压力 p 和作用于外壁的大气压力，它们都远小于 σ' 和 σ''，可以认为等于零，于是得到了二向应力状态。

从杆件的扭转和弯曲等问题可以看出，最大应力往往发生于构件的表层。因为构件表面一般为自由表面，即有一个主应力等于零，因而从构件表层取出的微分单元体就接近二向应力状态，这是最有实用意义的情况。

在滚珠轴承中，滚珠与外圈接触点处的应力状态可以作为三向应力状态的实例。围绕接触点 A（图 7-3(a)），以垂直和平行于压力 F 的平面截取单元体，如图 7-3(b) 所示。在滚珠与外圈的接触面上，有接触应力 σ_3。由于 σ_3 的作用，单元体将向周围膨胀，于是引起周围材料对它的约束应力 σ_2 和 σ_1。所取单元体的三个相互垂直的面皆为主平面，且三个主应力皆不等于零，于是得到三向应力状态。与此相似，桥式起重机大梁两端的滚动轮与轨道的接触处、火车车轮与钢轨的接触处也都是三向应力状态。

在研究一点的应力状态时，通常用 σ_1、σ_2、σ_3 代表该点的三个主应力，并以 σ_1 代表数值最大的主应力，以 σ_3 代表代数值最小的主应力，即 $\sigma_1 > \sigma_2 > \sigma_3$。

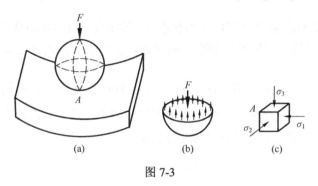

(a)　　　　　　　　　(b)　　　　　　　　　(c)

图 7-3

例 7-1　圆球形容器（图 7-4(a)）的壁厚为 δ，内径为 D，内压为 p。试求容器壁内的应力。

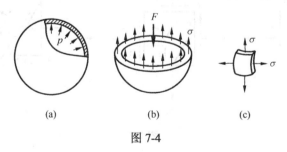

(a)　　　　　　　　　(b)　　　　　　　　　(c)

图 7-4

解：用包含直径的平面把容器分成两个半球，其一如图 7-4(b) 所示。半球上内压力的合力为 F，等于半球在直径平面上的投影面积 $\dfrac{\pi D^2}{4}$ 与 p 的乘积，即

$$F = p \cdot \frac{\pi D^2}{4}$$

容器截面上的内力为

$$F_N = \pi D \delta \cdot \sigma$$

由平衡方程 $F_N - F = 0$，容易求出

$$\pi D \delta \sigma - \frac{\pi D^2}{4} p = 0$$

$$\sigma = \frac{pD}{4\delta}$$

由容器的对称性可知，包含直径的任意截面上皆无切应力，且正应力都等于由上式算出的 σ（图 7-4(c)）。与 σ 相比，若再省略半径方向的应力，三个主应力将是

$$\sigma_1 = \sigma_2 = \sigma, \quad \sigma_3 = 0$$

所以，这也是一个二向应力状态。

7.3　二向应力状态分析

7.3.1　解析法

二向应力状态分析，就是在二向应力状态下，已知过一点的互相垂直截面上的应力 σ_x、σ_y、τ_{xy}，确定通过这一点的其他截面上的应力，从而进一步确定过该点的主平面、主应力和最大切应力。

已知 σ_x、σ_y、τ_{xy}，求主应力 σ_1、σ_2 及主应力 σ_1 的方向 α_0。从构件内某点截取的单元体如图 7-5 所示。单元体前、后两个面上无任何应力，故前、后两个面为主平面，且这两个面上的主应力为零，所以它是二向应力状态。

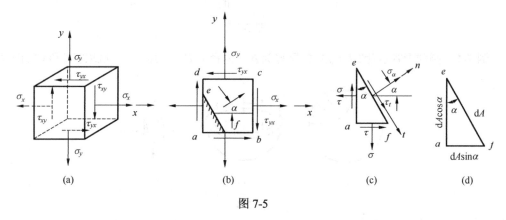

图 7-5

在图 7-5(a) 所示的单元体的各面上，设应力分量 σ_x、σ_y、τ_{xy} 和 τ_{yx} 皆已知。图 7-5(b) 为单元体的正投影图。σ_x（或 σ_y）表示的是法线与 x 轴（或 y 轴）平行的面上的正应力。切应力 τ_{xy}（或 τ_{yx}）的两个下角标的含义分别为：第一个角标 x（或 y）表示切应力作用平面的法线方向；第二个角标 y（或 x）则表示切应力的方向平行于 y 轴（或 x 轴）。关于应力的符号规定为：正应力以拉应力为正，而压应力为负；切应力以对单元体内任意点的矩为顺时针时，规定为正，反之为负。按照上述符号规定，在图 7-5(a) 中 σ_x、σ_y 和 τ_{xy} 皆为正，而 τ_{yx} 为负。

现研究单元体任意斜截面 ef 上的应力（图 7-5(b)）。该截面外法线 n 与 x 轴的夹角为 α。且规定：由 x 轴转到外法线 n 为逆时针时，α 为正。以斜截面 ef 把单元体假想截开，考虑

任一部分的平衡，如 *aef* 部分(图 7-5(c))。斜截面 *ef* 上有正应力 σ_α 和切应力 τ_α。设 *ef* 面的面积为 d*A*(图 7-5(d))，则 *af* 面和 *ae* 面的面积应分别是 d*A*sinα 和 d*A*cosα。作用于 *ef* 部分上的力及作用于 *af* 和 *ae* 部分上的力应使分离体 *aef* 保持平衡。根据平衡方程 $\sum F_n = 0$ 和 $\sum F_t = 0$，有

$$\sum F_n = 0, \quad \sigma_\alpha \mathrm{d}A + (\tau_{xy}\mathrm{d}A\cos\alpha)\sin\alpha - (\sigma_x \mathrm{d}A\cos\alpha)\cos\alpha$$

$$+ (\tau_{yx}\mathrm{d}A\sin\alpha)\cos\alpha - (\sigma_y \mathrm{d}A\sin\alpha)\sin\alpha = 0$$

$$\sum F_t = 0, \quad \tau_\alpha \mathrm{d}A - (\tau_{xy}\mathrm{d}A\cos\alpha)\cos\alpha - (\sigma_x \mathrm{d}A\cos\alpha)\sin\alpha$$

$$+ (\sigma_y \mathrm{d}A\sin\alpha)\cos\alpha + (\tau_{yx}\mathrm{d}A\sin\alpha)\sin\alpha = 0$$

根据剪应力互等定理，$\tau_{xy} = -\tau_{yx}$，并考虑到下列三角关系：

$$\cos^2\alpha = \frac{1+\cos 2\alpha}{2}, \quad \sin^2\alpha = \frac{1-\cos 2\alpha}{2}, \quad 2\sin\alpha\cos\alpha = \sin 2\alpha$$

联立解得

$$\sigma_\alpha = \frac{\sigma_x + \sigma_y}{2} + \frac{\sigma_x - \sigma_y}{2}\cos 2\alpha - \tau_{xy}\sin 2\alpha \tag{7-3}$$

$$\tau_\alpha = \frac{\sigma_x - \sigma_y}{2}\sin 2\alpha + \tau_{xy}\cos 2\alpha \tag{7-4}$$

这样，在二向应力状态下，只要知道一对互相垂直面上的应力 σ_x、σ_y 和 τ_{xy}，就可以依据式(7-3)和式(7-4)求出 α 为任意值时的斜截面上的应力 σ_α 和 τ_α 了。

7.3.2　图解法

考虑一种特殊情况，即在式(7-3)和式(7-4)中，平行于 σ_x 和 σ_y 的平面为主平面的情形。

由主应力 $\sigma_x = \sigma_1$，$\sigma_y = \sigma_2$，$\tau_{yx} = 0$，以及斜截面角度 α，求斜截面上的应力 σ_α、τ_α(图 7-6)。

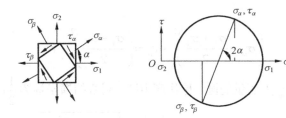

图 7-6

将已知条件代入式(7-3)和式(7-4)，得

$$\begin{cases} \sigma_\alpha = \dfrac{\sigma_1 + \sigma_2}{2} + \dfrac{\sigma_1 - \sigma_2}{2}\cos 2\alpha \\[2mm] \tau_\alpha = \dfrac{\sigma_1 - \sigma_2}{2}\sin 2\alpha \end{cases}$$

将此式与圆心在 $(x_0,\ 0)$、半径为 r 的圆的参数方程

$$\begin{cases} x = x_0 + r\cos\theta \\ y = r\sin\theta \end{cases}$$

相比较可见，如果取 σ_α 为横坐标轴，τ_α 为纵坐标轴。将圆心取在 $((\sigma_1+\sigma_2)/2,\ 0)$，取半径为 $(\sigma_1-\sigma_2)/2$，画一个圆，那么圆上任意一点的坐标就是 $(\sigma_\alpha,\ \tau_\alpha)$ 了。这个圆就是在 σ_α 轴上，找到横坐标为 σ_1 和 σ_2 的两点，然后以它为直径画出来的圆。这个圆叫做应力圆，或莫尔圆。应力圆上 σ_1 这一点对应于单元体上 σ_1 所在的面，即法线为 x 轴方向的面；圆上 σ_2 这一点对应于单元体上 σ_2 所在的面，即法线为 y 轴方向的面。在圆上从 σ_1 点开始，沿着圆周逆时针转过圆心角 $2\times90° = 180°$，到达 σ_2 点。对应于在单元体上，从 σ_1 所在的面逆时针转过 $90°$ 到达 σ_2 所在的面。一旦应力圆画出，应力状态就确定了。也就是说，二向应力状态下任意 α 角度的斜截面上的应力 σ_α 和 τ_α 就可以求出了。实际上，在单元体上，从已知 σ_1 所在的面，逆时针转过 α 角到达未知应力的斜截面；那么在应力圆上只要从已知的 τ_1 点，沿着圆周逆时针转过圆心角 2α 所到达的点的坐标 $(\sigma_\alpha,\ \tau_\alpha)$，就是 α 斜截面上未知待求的应力了。总结一下应力圆上的"点"与单元体上的"面"的对应关系："圆上点，块上面，角度二倍跟着转。"利用图解法，从应力圆可以直接看出，对于二向应力状态有

$$\sigma_{\max} = \sigma_1, \quad \sigma_{\min} = \sigma_2, \quad \tau_{\max} = \frac{\sigma_1-\sigma_2}{2}$$

值得注意的是，这里指的是垂直于 Oxy 平面的那些斜截面上应力的极大值、极小值，而不是指过该点所有平面上应力的最大值、最小值。

1. 应力圆方程的一般表达式

根据前面讨论将公式

$$\begin{cases} \sigma_\alpha = \dfrac{\sigma_x+\sigma_y}{2} + \dfrac{\sigma_x-\sigma_y}{2}\cos2\alpha - \tau_{xy}\sin2\alpha \\[2mm] \tau_\alpha = \dfrac{\sigma_x-\sigma_y}{2}\sin2\alpha + \tau_{xy}\cos2\alpha \end{cases}$$

上式中的 α 约去解得

$$\left(\sigma_\alpha - \frac{\sigma_x+\sigma_y}{2}\right)^2 + \tau_\alpha^2 = \left(\frac{\sigma_x-\sigma_y}{2}\right)^2 + \tau_{xy}^2$$

由上式确定的以 σ_α 和 τ_α 为变量的圆，称作应力圆。圆心的横坐标为 $\dfrac{1}{2}(\sigma_x+\sigma_y)$，纵坐标为零，圆的半径为 $\sqrt{\left(\dfrac{\sigma_x-\sigma_y}{2}\right)^2 + \tau_{xy}^2}$。

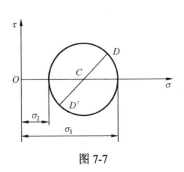

图 7-7

2. 应力圆的画法

建立 $\sigma\text{-}\tau$ 应力坐标系(注意选好比例尺)，在坐标系内画出点 $D(\sigma_x,\tau_{xy})$ 和 $D'(\sigma_y,-\tau_{xy})$，DD' 与 σ 轴的交点 C 便是圆心。以 C 为圆心，以 CD 为半径画圆——应力圆(图 7-7)。

由此单元体与应力圆的对应关系可以总结为以下三点。

(1) 圆上一点坐标等于微体一个截面上的应力值。

(2) 圆上两点所夹圆心角等于两截面法线夹角的两倍。

(3) 对应夹角转向相同。

并可以得到在应力圆上标出极值应力

$$\begin{cases} \sigma_{\max} \\ \sigma_{\min} \end{cases} = \frac{\sigma_x + \sigma_y}{2} \pm \sqrt{\left(\frac{\sigma_x - \sigma_y}{2}\right)^2 + \tau_{xy}^2}$$

$$\begin{cases} \tau_{\max} \\ \tau_{\min} \end{cases} = \pm \sqrt{\left(\frac{\sigma_x - \sigma_y}{2}\right)^2 + \tau_{xy}^2}$$

7.4　三向应力圆

三向应力状态如图 7-8 所示。在已知主应力 σ_1、σ_2、σ_3 的条件下，讨论单元体的最大正应力和最大切应力。

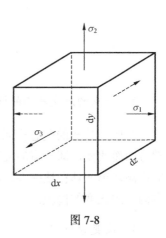

图 7-8

如图 7-9(a)①所示。设斜截面与 σ_1 平行，考虑截出三棱柱体的平衡，显然，沿 σ_1 方向自然满足平衡条件，故平行于 σ_1 诸斜截面上的应力不受 σ_1 的影响，只与 σ_2、σ_3 有关。由 σ_2、σ_3 确定的应力圆周上的任意一点的横纵坐标表示平行于 σ_1 的某个斜截面上的正应力和切应力。同理，由 σ_1、σ_3 确定的应力圆表示平行于 σ_2 诸斜截面上的应力情况。由 σ_1、σ_2 确定的应力圆表示平行于 σ_3 诸斜截面上的应力情况。这样做出的 3 个应力圆(图 7-9(b))称作三向应力圆。

可以证明，三向应力状态任意斜截面上的正应力和切应力，必然对应着图 7-9(b)所示三向应力圆之间的阴影线部分。某一点 D 的横纵坐标即为该斜截面上的正应力和切应力的大小。

从图 7-9(b)看出，画阴影线的部分内，横坐标的极大值为 A_1 点，而极小值为 B_1 点，因此，单元体正应力的极值为

$$\sigma_{\min} = \sigma_3$$

图 7-9(b)中画阴影线的部分内，G_1 点为纵坐标的极值，所以最大切应力为由 σ_1、σ_3 所确定的应力圆半径，即

$$\tau_{\max} = \frac{\sigma_1 - \sigma_3}{2} \tag{7-5}$$

由于 G_1 点在由 σ_1 和 σ_3 所确定的圆周上，此圆周上各点的纵横坐标就是与 σ_2 轴平行的一组斜截面上的应力，所以单元体的最大切应力所在的平面与 σ_2 轴平行，且外法线与 σ_1 轴及 σ_3 轴的夹角为 45°。

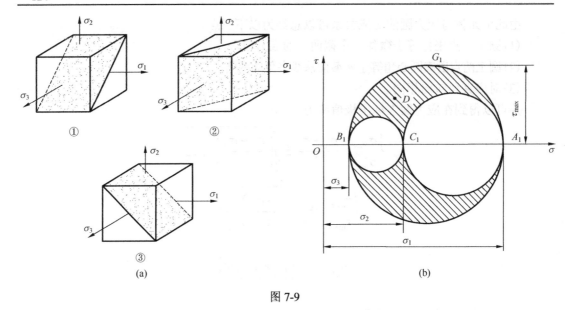

图 7-9

7.5　平面应变状态分析

1.　一点的应变状态的概念

与应力状态的概念相似，在受力构件内，应变不但随点的位置而变化，而且在同一点随方向而改变，即一点的应变与点的位置和方向都有关系。同一点不同方向的应变分量之间应满足单元体在线弹性、小变形条件下的几何关系。一点的应变状态即指通过一点不同方向上的应变的情况。

2.　应变分析

平面应力状态下，已知一点的应变分量 ε_x、ε_y、γ_{xy}，欲求与水平方向成逆时针 α 角方向上的线应变和切应变，可根据线弹性、小变形的几何条件，分别找出单元体(长方形)由已知应变分量 ε_x、ε_y、γ_{xy} 在此方向上引起的线应变 ε_α 及切应变 γ_α (图 7-10)，再利用叠加原理，即可得到

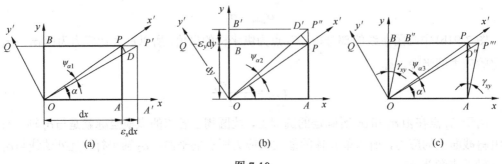

图 7-10

$$\varepsilon_\alpha = \frac{1}{2}(\varepsilon_x + \varepsilon_y) + \frac{1}{2}(\varepsilon_x - \varepsilon_y)\cos 2\alpha - \frac{1}{2}\gamma_{xy}\sin 2\alpha \qquad (7\text{-}6)$$

$$\gamma_\alpha = (\varepsilon_x - \varepsilon_y)\sin 2\alpha + \gamma_{xy}\cos 2\alpha \qquad (7\text{-}7)$$

3. 确定主应变

平面应变公式（7-6）、式（7-7）分别与平面应力公式（7-3）、式（7-4）具有相同数学形式。从式（7-6）、式（7-7）中消去参数 2α，得

$$\left(\varepsilon_\alpha - \frac{\varepsilon_x + \varepsilon_y}{2}\right)^2 + \left(\frac{\gamma_{xy}}{2} - 0\right)^2 = \left(\frac{\varepsilon_x - \varepsilon_y}{2}\right)^2 + \left(\frac{\gamma_{xy}}{2}\right)^2$$

由此可见，这是圆的曲线方程，该圆称为应变圆，如图 7-11，圆心坐标为 $\left(\dfrac{\varepsilon_x + \varepsilon_y}{2}, 0\right)$，横坐标为 ε，纵坐标为 $\dfrac{\gamma}{2}$，半径为 $R_\varepsilon = \sqrt{\left(\dfrac{\varepsilon_x - \varepsilon_y}{2}\right)^2 + \left(\dfrac{\gamma_{xy}}{2}\right)^2}$。

如图 7-11 所示，从应变圆上可以看到，在最大和最小正应变的方位上相应切应力为零，切应变为零所在方位的正应变成为主应变，即主应变为正应变的极值。可得到平面内的主应变为

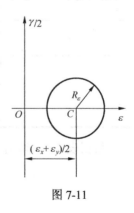

图 7-11

$$\varepsilon_1 = \frac{1}{2}\left[(\varepsilon_x + \varepsilon_y) + \sqrt{(\varepsilon_x - \varepsilon_y)^2 + \gamma_{xy}^2}\right]$$

$$\varepsilon_2 = \frac{1}{2}\left[(\varepsilon_x + \varepsilon_y) - \sqrt{(\varepsilon_x - \varepsilon_y)^2 + \gamma_{xy}^2}\right]$$

若主应变 ε_1 的方向与 x 轴的夹角为 α_0，则有

$$\tan 2\alpha_0 = -\frac{\gamma_{xy}}{\varepsilon_x - \varepsilon_y} \qquad (7\text{-}8)$$

7.6　广义胡克定律

在讨论轴向拉伸或压缩时，根据试验结果，曾得到当 $\sigma \leqslant \sigma_p$ 时，应力与应变呈正比关系，即 $\sigma = \varepsilon E$ 或 $\varepsilon = \dfrac{\sigma}{E}$。

此即单向应力状态的胡克定律。此外，由于轴向变形还将引起横向变形，根据试验结果，横向应变 ε' 可表示为

$$\varepsilon' = -\mu\varepsilon = -\mu\frac{\sigma}{E}$$

在纯剪切时，根据试验结果，当 $\tau \leqslant \tau_p$ 时，切应力与切应变成正比，即

$$\tau = G\gamma \quad 或 \quad \gamma = \frac{\tau}{G}$$

此即剪切胡克定律。

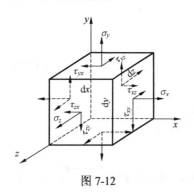

图 7-12

一般情况下，描述一点处的应力状态需要 9 个应力分量(图 7-12)。根据切应力互等定理，τ_{xy} 和 τ_{yx}、τ_{yz} 和 τ_{zy}、τ_{zx} 和 τ_{xz} 分别在数值上相等。所以 9 个应力分量中，只有 6 个是独立的。这样的一般情况可以看作三组单向应力状态和三组纯剪切应力状态的组合。可以证明，对于各向同性材料，在小变形及线弹性范围内，线应变只与正应力有关，而与切应力无关；切应变只与切应力有关，而与正应力无关，满足应用叠加原理的条件。所以，利用单向应力状态和纯剪切应力状态的胡克定律，分别求出各应力分量相对应的应变，然后再进行叠加。正应力分量分别在 x、y 和 z 方向对应的应变见表 7-1。

表 7-1　正应力分量在不同方向对应的应变

	σ_x	σ_y	σ_z
ε_x	$\dfrac{\sigma_x}{E}$	$-\mu\dfrac{\sigma_y}{E}$	$-\mu\dfrac{\sigma_z}{E}$
ε_y	$-\mu\dfrac{\sigma_x}{E}$	$\dfrac{\sigma_y}{E}$	$-\mu\dfrac{\sigma_z}{E}$
ε_z	$-\mu\dfrac{\sigma_x}{E}$	$-\mu\dfrac{\sigma_y}{E}$	$\dfrac{\sigma_z}{E}$

根据表 7-1，得出 x、y 和 z 方向的线应变表达式为

$$\begin{cases} \varepsilon_x = \dfrac{1}{E}[\sigma_x - \mu(\sigma_y + \sigma_z)] \\[2mm] \varepsilon_y = \dfrac{1}{E}[\sigma_y - \mu(\sigma_z + \sigma_x)] \\[2mm] \varepsilon_z = \dfrac{1}{E}[\sigma_z - \mu(\sigma_x + \sigma_y)] \end{cases} \tag{7-9}$$

式(7-9)称作广义胡克定律。

当单元体为主单元体时，且使 x、y 和 z 方向分别与 σ_1、σ_2 和 σ_3 的方向一致，这时代入式(7-9)，广义胡克定律化为

$$\begin{cases} \varepsilon_1 = \dfrac{1}{E}[\sigma_1 - \mu(\sigma_2 + \sigma_3)] \\[2mm] \varepsilon_2 = \dfrac{1}{E}[\sigma_2 - \mu(\sigma_3 + \sigma_1)] \\[2mm] \varepsilon_3 = \dfrac{1}{E}[\sigma_3 - \mu(\sigma_1 + \sigma_2)] \end{cases} \tag{7-10}$$

式(7-10)表明，在 3 个坐标平面内的切应变皆等于零。根据主应变的定义，ε_1、ε_2 和

ε_3 就是主应变，即主应力的方向与主应变的方向重合。因为广义胡克定律建立在材料为各向同性、小变形且在线弹性范围内的基础上，所以，以上关于主应力的方向与主应变的方向重合这一结论，同样也建立在此基础上。

7.7　强　度　理　论

7.7.1　强度理论概述

不同类型的材料由强度不足引起的失效现象不尽相同。根据 2.5 节的讨论，塑性材料，如低碳钢，以发生屈服现象、出现塑性变形为失效标志。脆性材料，如铸铁，以突然断裂为失效标志。在单向受力情况下，出现塑性变形时的屈服极限 σ_s 和发生断裂时的强度极限 σ_b 可由试验来测定，可把 σ_s 和 σ_b 统称为失效应力。以安全因数除失效应力便得许用应力 $[\sigma]$，从而可建立强度条件：

$$\sigma \leqslant [\sigma]$$

可见，在单向应力状态下，失效状态和强度条件都是以试验为基础的。

在工程实际中，大多数构件的危险点都处于复杂应力状态，进行复杂应力状态下的试验，要比单向拉伸或压缩困难得多。况且，复杂应力状态下单元体应力组合的方式和比值有各种可能，由于技术上的困难和工作的繁重，要对这些组合一一试验，确定失效应力，建立强度条件是不现实的。因此，解决此类问题的方法通常是依据部分试验结果，经过判断、推理，提出一些假说，推测材料破坏的原因，从而建立强度条件。

大量的关于材料失效的试验结果以及工程构件强度失效的实例表明，尽管材料失效的现象比较复杂，但是经过归纳总结可知由强度不足引起的失效现象主要是屈服和断裂两种类型。人们经过长期的生产实践和科学研究，针对这两类失效现象，提出了不少关于材料破坏的假说。一些假说认为材料之所以破坏，是由某一特定因素(应力、应变或应变能)引起的。按照这类假说，对同一种材料，无论处于简单还是复杂应力状态，材料破坏的原因是相同的，即造成材料失效的原因与应力状态无关，于是便可利用单向应力状态下的试验结果去建立复杂应力状态下的强度条件，关于材料破坏或失效规律这类假说称为强度理论。至于这些假说是否正确及适用情况如何，则必须由生产实践来检验。

下面只介绍 4 种常用的强度理论，这些都是常温、静载下的强度理论，适用于均匀、连续、各向同性材料。当然强度理论远不止这几种，而且现有的强度理论还不能说已经圆满地解决了各种强度问题，仍有待发展。

7.7.2　4 种常用的强度理论

前面讲到，材料存在脆性断裂和塑性屈服两种破坏形式。相应地，强度理论也分为两类：一类是解释材料脆性断裂的强度理论，包括最大拉应力理论和最大拉应变理论；另一类是解释材料塑性屈服的强度理论，包括最大切应力理论和畸变能密度理论。

1. 最大拉应力理论(第一强度理论)

这一理论认为最大拉应力是引起材料断裂的最主要因素。即认为无论材料处于何种应力状态，只要材料发生脆性断裂，其共同原因都是材料的最大拉应力达到了与材料性能有关的某一极限值。

因为最大拉应力的极限值与材料应力状态无关，所以这一极限值便可用单向应力状态下的试验来确定。脆性材料(如铸铁)单向拉伸试验表明，当横截面上的正应力 $\sigma = \sigma_b$ 时发生脆性断裂。对于单向拉伸，横截面上的正应力就是材料的最大拉应力，即

$$\sigma_{\max} = \sigma_b$$

于是，根据这一理论，无论材料处于什么应力状态，只要最大拉应力达到 σ_b，材料就将发生脆性断裂。由此可得脆性断裂准则：

$$\sigma_1 \leqslant \sigma_b$$

将极限应力 σ_b 除以安全系数，得许用应力 $[\sigma]$。所以按第一强度理论建立的强度条件是

$$\sigma_1 \leqslant [\sigma] \tag{7-11}$$

试验表明，这一理论与均质的脆性材料(如玻璃、石膏以及某些陶瓷等)的试验结果吻合较好。但是这一理论没有考虑其他两个主应力对断裂破坏的影响，而且当材料处于压应力状态下时也无法应用。

2. 最大拉应变理论(第二强度理论)

这一理论认为最大拉应变是引起材料断裂的最主要因素。即认为无论材料处于何种应力状态，只要材料发生脆性断裂，其共同原因都是材料的最大拉应变达到了与材料性能有关的某一极限值。

因为最大拉应变的极限值与材料应力状态无关，所以这一极限值可用单向拉伸断裂时的最大拉应变来确定。同时，假定脆性材料从受力到断裂仍然服从胡克定律。由前述可知，单向拉伸时材料的最大拉应力 $\sigma_{\max} \leqslant \sigma_b$，因此材料单向拉伸断裂时的最大拉应变的极限值 $\varepsilon^0 = \sigma_b/E$，于是，根据这一理论，无论材料处于什么应力状态，只要最大拉应变达到 ε^0，材料就将发生断裂。由此可得脆性断裂准则：

$$\varepsilon_1 = \varepsilon^0 = \sigma_b/E$$

将广义胡克定律式(7-10)的第一式代入上式，可得

$$\sigma_1 - \mu(\sigma_2 + \sigma_3) = \sigma_b$$

将极限应力 σ_b 除以安全系数，得许用应力 $[\sigma]$。所以按第二强度理论建立的强度条件是

$$\sigma_1 - \mu(\sigma_2 + \sigma_3) \leqslant [\sigma] \tag{7-12}$$

试验表明，这一理论能较好解释石料、混凝土等脆性材料在压缩时沿纵向开裂的破坏现象。一般来说，最大拉应力理论适用于脆性材料以拉应力为主的情况，而最大拉应变理论适用于脆性材料以压应力为主的情况。

3. 最大切应力理论(第三强度理论)

这一理论认为最大切应力是引起材料屈服的最主要因素。即认为无论材料处于何种应力状态，只要材料发生塑性屈服，其共同原因都是材料的最大切应力达到了与材料性能有关的某一极限值。

因为最大切应力的极限值与材料应力状态无关，所以这一极限值可用单向应力状态下的试验来确定。由单向拉伸试验可知，材料发生塑性屈服时，横截面上的正应力为 σ_s，同时与轴线成 45° 的斜截面上的最大切应力为 $\tau_s = \sigma_s/2$。可见，$\sigma_s/2$ 就是导致材料屈服的最大切应力的极限值。

根据这一理论，无论材料处于什么应力状态，只要 $\tau_{max} = \sigma_s/2$，材料即发生屈服。由此可得材料的塑性屈服条件为

$$\tau_{max} = \sigma_s / 2$$

由式(7-5)及 $\tau_{max} = \sigma_s/2$，得材料塑性屈服条件为

$$\sigma_1 - \sigma_3 = \sigma_s$$

将极限应力 σ_s 除以安全系数，得许用应力 $[\sigma]$。所以按第三强度理论建立的强度条件是

$$\sigma_1 - \sigma_3 \leq [\sigma] \tag{7-13}$$

试验表明，最大切应力理论比较圆满地解决了塑性屈服现象。例如，低碳钢拉伸时沿与轴线成 45° 的滑移线是材料内部沿这一方向相对滑移的痕迹，而沿这一方向的斜截面上的切应力也恰好为最大值。这一理论的缺陷是忽略了主应力 σ_2 的影响。这一理论适用于塑性材料的一般情况，其形式简单，概念明确，理论结果较实际偏安全。

4. 畸变能密度理论(第四强度理论)

这一理论认为畸变能密度是引起材料屈服的最主要因素。即认为无论材料处于何种应力状态，只要材料发生塑性屈服，其共同原因都是材料畸变能密度达到了与材料性能有关的某一极限值。

因为畸变能密度的极限值与材料应力状态无关，所以这一极限值可用单向应力状态下的试验来确定。由单向拉伸试验可知，材料发生塑性屈服时，$\sigma_1 = \sigma_s$，$\sigma_2 = \sigma_3 = 0$，这时的畸变能密度就是材料发生塑性屈服时的极限值 v_d^0：

$$v_d^0 = \frac{1+\mu}{6E}[(\sigma_1 - \sigma_2)^2 + (\sigma_2 - \sigma_3)^2 + (\sigma_3 - \sigma_1)^2] = \frac{1+\mu}{6E}(2\sigma_s^2)$$

按照这一理论，材料发生塑性屈服的条件为

$$v_d = v_d^0$$

化简得材料塑性屈服条件：

$$\sqrt{\frac{1}{2}[(\sigma_1 - \sigma_2)^2 + (\sigma_2 - \sigma_3)^2 + (\sigma_3 - \sigma_1)^2]} = \sigma_s$$

将极限应力除以安全系数，得许用应力 $[\sigma]$。所以按第四强度理论建立的强度条件是

$$\sqrt{\frac{1}{2}[(\sigma_1-\sigma_2)^2+(\sigma_2-\sigma_3)^2+(\sigma_3-\sigma_1)^2]}\leqslant[\sigma] \tag{7-14}$$

在平面应力状态下，该理论较第三强度理论更符合试验结果。试验表明，这一强度理论与碳素钢和合金钢等塑性材料的塑性屈服试验结果吻合得相当好。大量试验还表明，这一强度理论能够很好地描述铜、镍、铝等大量工程塑性材料的屈服状态。

由于机械、动力行业的载荷往往较不稳定，因而较多地采用偏于安全的第三强度理论；土建行业的载荷往往较为稳定，因而较多地采用第四强度理论。

在工程实际中，如何选用强度理论是个复杂的问题。一般来说，铸铁、石料、混凝土、玻璃等脆性材料通常以断裂的方式失效，宜采用第一和第二强度理论。碳钢、铝、铜等塑性材料通常以屈服的方式失效，宜采用第三和第四强度理论。

从式(7-11)~式(7-14)的形式来看，可以把这 4 个强度理论所建立的强度条件写成统一形式：

$$\sigma_{ri}\leqslant[\sigma]\quad(i=1,2,3,4) \tag{7-15}$$

式中，σ_{ri} 是构件危险点处 3 个主应力按一定形式的组合。从式(7-15)的形式上来看，这种主应力的组合 σ_{ri} 和单向拉伸时的拉应力在安全程度上是相当的。因此，通常称 σ_{ri} 为相当应力。按照式(7-11)~式(7-14)的顺序，相当应力分别为

$$\sigma_{r1}=\sigma_1,\quad \sigma_{r2}=\sigma_1-\mu(\sigma_2+\sigma_3),\quad \sigma_{r3}=\sigma_1-\sigma_3$$

$$\sigma_{r4}=\sqrt{\frac{1}{2}[(\sigma_1-\sigma_2)^2+(\sigma_2-\sigma_3)^2+(\sigma_3-\sigma_1)^2]}$$

专题 9　复杂应力状态下的应变能密度

1. 三向应力状态的应变能和应变能密度

本节将讨论在复杂应力状态下已知主应力 σ_1、σ_2 和 σ_3 时的应变能及应变能密度。在此情况下，弹性体储存的应变能在数值仍与外力所做的功相等。但在计算应变能时，需要注意以下两点。

(1)应变能的大小只取决于外力和变形的最终数值，而与加力次序无关。这是因为若应变能与加力次序有关，那么，按一个储存能量较多的次序加力，而按另一个储存能量较小的次序卸载，完成一个循环后，弹性体内将增加能量，显然，这与能量守恒原理相矛盾。

(2)应变能的计算不能采用叠加原理。这是因为应变能与载荷不是线性关系，而是载荷的二次函数，从而不满足叠加原理的应用条件。

鉴于以上两点，对于复杂应力状态下的应变能密度计算，选择一个便于计算应变能密度的加力次序。为此，假定应力按 σ_1、σ_2 和 σ_3 的比例同时从零增加到最终值，在线弹性情况下，每一主应力与相应的主应变之间仍保持线性关系。

σ_1 方向的力：$\sigma_1 dydz$　　　　　伸长：$\varepsilon_1 dx$　　　　　做功：$\dfrac{1}{2}\sigma_1\varepsilon_1 dxdydz$

σ_2 方向的力：$\sigma_2 dxdz$　　　　　伸长：$\varepsilon_2 dy$　　　　　做功：$\dfrac{1}{2}\sigma_2\varepsilon_2 dxdydz$

σ_3 方向的力：$\sigma_3 dxdy$　　　　　伸长：$\varepsilon_3 dz$　　　　　做功：$\dfrac{1}{2}\sigma_3\varepsilon_3 dxdydz$

所以，应变能为

$$U = \left(\frac{1}{2}\sigma_1\varepsilon_1 + \frac{1}{2}\sigma_2\varepsilon_2 + \frac{1}{2}\sigma_3\varepsilon_3\right)dxdydz$$

应变能密度为

$$u = \frac{U}{V} = \frac{1}{2}\sigma_1\varepsilon_1 + \frac{1}{2}\sigma_2\varepsilon_2 + \frac{1}{2}\sigma_3\varepsilon_3$$

$$= \frac{1}{2E}[\sigma_1^2 + \sigma_2^2 + \sigma_3^2 - 2\mu(\sigma_1\sigma_2 + \sigma_2\sigma_3 + \sigma_3\sigma_1)]$$

2．体积改变能密度及形状改变能密度

单元体的变形一方面表现为体积的改变，另一方面表现为形状的改变。单元体的应变能密度也可以认为是由以下两部分组成的：①因体积改变而储存的应变能密度 u_V，u_V 称作体积改变能密度；②体积不变，只因形状改变而储存的应变能密度 u_d，u_d 称作形状改变能密度。

$$u_V = \frac{1}{2}\sigma_m\varepsilon_m \times 3 = \frac{3}{2}\frac{1-2\mu}{E}\sigma_m^2 = \frac{1-2\mu}{6E}(\sigma_1+\sigma_2+\sigma_3)^2$$

$$u_d = \frac{1+\mu}{6E}[(\sigma_1-\sigma_2)^2 + (\sigma_2-\sigma_3)^2 + (\sigma_3-\sigma_1)^2]$$

习　　题

7-1　已知材料的弹性常数 E、μ，若测得构件上某点在平面应力状态下的主应变 ε_1 和 ε_2，则另一个主应变 ε_3 是多少？

7-2　如图所示的 No.36a 工字钢简支梁，$P = 140\text{kN}$，$l = 4\text{m}$。m 点所指截面在集中力 P 的左侧，且无限接近力 P 的作用线。试求过 m 点指定截面上的应力。

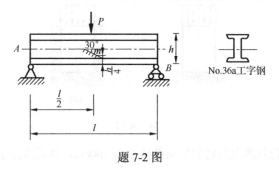

题 7-2 图

7-3　用应变仪测得空心圆轴表面上一点沿母线 45° 方向的应变 $\varepsilon_{45°} = 200\mu\varepsilon$，轴的外径 $D = 120\text{mm}$，内径 $d = 80\text{mm}$，轴的弹性模量 $E = 200\text{GPa}$，泊松比 $\mu = 0.30$。轴的转速 $n = 120\text{r/min}$，试计算此轴的功率。

7-4　等截面圆杆受力如图所示，$M_e = \dfrac{F_P d}{10}$。今测得圆杆表面 a 点沿图示方向的线应变 $\varepsilon_{30°} = 14.33 \times 10^{-5}$。材料的弹性模量 $E = 200\text{GPa}$，泊松比 $\mu = 0.30$，杆直径 $d = 10\text{mm}$。试求载荷 F_P 和 M_e。

7-5　从钢构件内某一点周围取一单元体，如图所示。已知 $\sigma = 30\text{MPa}$，$\tau = 15\text{MPa}$。材料的弹性常数 $E = 200\text{GPa}$，$\mu = 0.30$。试求对角线 AC 的长度改变量 Δl。

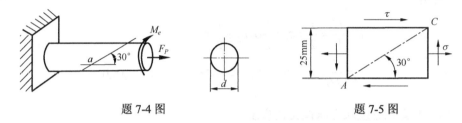

题 7-4 图　　　　　　　　　　　　　题 7-5 图

7-6　如图所示，在集中力偶 M 作用下的矩形截面梁中，测得中性层上点沿 45° 方向的线应变为 $\varepsilon_{45°}$，已知该梁的弹性常数 E、μ 和梁的几何尺寸 b、h、a、d、l，试求 M 的大小。

7-7　在一个体积较大的钢块上开一个贯穿槽，其宽度和深度都是 10mm。在槽内紧密地嵌入一 10mm×10mm×10mm 的铝质立方块，如图所示。当铝块受到压力 $F_P = 6\text{kN}$ 作用时，假设钢槽不变形。铝的弹性常数 $E = 70\text{GPa}$，$\mu = 0.33$。试求铝块的主应力和相应的变形。

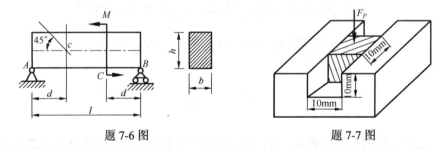

题 7-6 图　　　　　　　　　　　　　题 7-7 图

7-8　如图所示，试比较正方体棱柱在下列情况下的相当应力 σ_{r3}。设弹性常数 E、μ 均已知。(1) 棱柱体轴向受压(图(a))。(2) 棱柱体在刚性方模中轴向受压(图(b))。

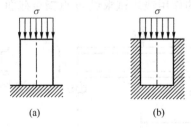

题 7-8 图

7-9　如图所示，已知薄壁容器的平均直径 $D_0 = 100\text{cm}$。容器内压 $p = 3.6\text{MPa}$，扭转力矩

$M_T = 314\text{kN}\cdot\text{m}$，材料许用应力$[\sigma] = 160\text{MPa}$。试按第三和第四强度理论设计此容器的壁厚。

7-10　一直径$d = 40\text{mm}$的铝圆柱被安装在一厚度为$t = 2\text{mm}$的钢筒内，钢筒直径$d' = 40.044\text{mm}$，如图所示。已知$E_{铝} = 70\text{GPa}$，$\mu_{铝} = 0.35$，$E_{钢} = 210\text{GPa}$，$\mu_{钢} = 0.28$。当铝圆柱受到压力$P = 40\text{kN}$时，试求钢筒的周向应力。

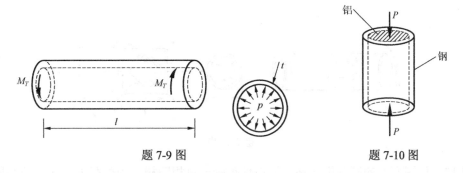

题 7-9 图　　　　　　　　　　　　　　　题 7-10 图

7-11　冬天自来水管因其中的水结冰而胀裂，但冰为什么不会因受水管的反作用压力而被压碎呢？

7-12　何谓单向应力状态和二向应力状态?圆轴扭转时，轴表面各点处于何种应力状态? 梁受横力弯曲时，梁顶、梁底以及其他各点处于何种应力状态？

7-13　有材料及尺寸均相同的三个立方块，竖向压应力为σ_0，如图所示。已知材料的弹性常数分别为$E = 200\text{GPa}$，$\mu = 0.3$。若三个立方块都在弹性范围内，试问哪一个立方块的体积应变最大？

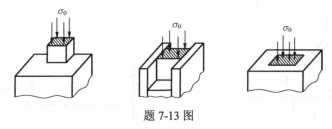

题 7-13 图

7-14　从构件中取出的微体受力如图所示，其中 AC 为自由表面(无外力作用)，试求σ_x和τ_x。

7-15　图示为双向拉伸应力状态，应力$\sigma_x = \sigma_y = \sigma$。试证明任意斜截面上的正应力均等于$\sigma$，而切应力则为零。

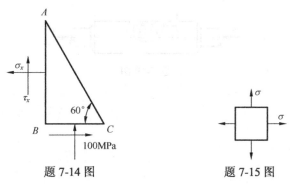

题 7-14 图　　　　　　　　　　　　　题 7-15 图

7-16　　如图所示两端封闭的薄壁筒同时承受内压 p 和扭矩 M 的作用。在圆筒表面 a 点用应变仪测出与 x 轴分别成正、负 45° 方向两个微小线段 ab 和 ac 的应变 $\varepsilon_{45°} = 629.4 \times 10^{-6}$，$\varepsilon_{-45°} = -66.9 \times 10^{-6}$，试求压强 p 和扭矩 M。已知平均直径 $d = 200\text{mm}$，厚度 $t = 10\text{mm}$，$E = 200\text{GPa}$，$\mu = 0.25$。

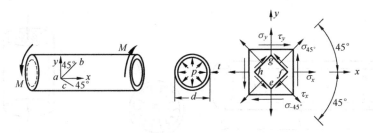

题 7-16 图

7-17　　如图所示的圆截面圆环，缺口处承受一对相距极近的载荷 F 作用。已知圆环轴线的半径为 R，截面的直径为 d，材料的许用应力为 $[\sigma]$，试根据第三强度理论确定 F 的许用值。

7-18　　如图所示的圆截面杆，直径为 d，承受轴向力 F 与扭矩 M 作用，杆用塑性材料制成，许用应力为 $[\sigma]$。试画出危险点处微体的应力状态图，并根据第四强度理论建立杆的强度条件。

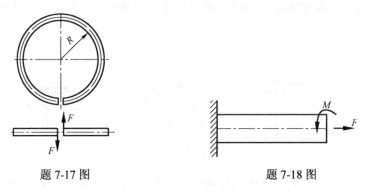

题 7-17 图　　　　　　　　　　　　题 7-18 图

7-19　　铸铁薄管如图所示。管的外径为 200mm，壁厚 $t = 15\text{mm}$，内压 $p = 4\text{MPa}$，$P = 200\text{kN}$。铸铁的抗拉及抗压许用应力分别为 $[\sigma_t] = 30\text{MPa}$，$[\sigma_c] = 120\text{MPa}$，$\mu = 0.25$。试用第二强度理论校核薄管的强度。

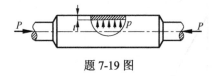

题 7-19 图

第8章 组合变形的强度计算

工程上大多数杆件在外力作用下产生的变形较为复杂，但经分析可知，这些变形均可看成若干种基本变形的组合，故称这些变形为组合变形。

在研究组合变形时，可将作用于杆件上的外力向杆件轴线简化后分组，使每一组载荷只发生一种基本变形，然后讨论它们的叠加方法并选择适当的强度理论进行强度计算。

8.1 弯扭组合与弯拉(压)组合

8.1.1 弯扭组合

机械中的传动轴通常发生扭转与弯曲的组合变形。由于传动轴大都是圆形截面，因此以圆截面杆为例，讨论圆轴发生弯曲与扭转组合变形时的强度计算。

1. 弯曲与扭转组合变形的内力和应力

如图 8-1 所示，一直径为 d 的等直圆杆 AB，B 端具有与 AB 成直角的刚臂，并承受铅垂力 F 作用。将力 F 向 AB 杆右端截面的形心 B 简化，简化后得一作用于 B 端的横向力 F 和一作用于杆端截面内的力偶 $M_e = Fa$ (图 8-1(b))。横向力 F 使 AB 杆产生平面弯曲，力偶 M_e 使 AB 杆产生扭转变形，对应的内力图如图 8-1(c)、(d) 所示。由于固定端截面的弯矩 M 和扭矩 T 都最大，因此 AB 杆的危险截面为固定端截面，其内力分别为

$$M = Fl, \quad T = Fa$$

现分析危险截面上应力的分布情况。与弯矩 M 对应的正应力分布见图 8-1(e)，在危险截面铅垂直径的上下两端 C_1 和 C_2 处分别有最大的拉应力 σ_{max} 和最大的压应力 σ_{max}。与扭矩 T 对应的切应力分布见图 8-1(f)，在危险截面的周边各点处有最大的切应力 τ_{max}。因此，C_1 和 C_2 就是危险截面上的危险点(对于许用拉、压应力相同的塑性材料制成的杆，这两点的危险程度是相同的)。分析 C_1 点的应力状态，如图 8-1(g) 所示，可知 C_1 点处于平面应力状态。

2. 弯曲与扭转组合变形的强度条件

由于危险点是平面应力状态，故应当按强度理论的概念建立强度条件。对于用塑性材料制成的杆件，选用第三或第四强度理论：

$$\sigma_{r3} = \sqrt{\sigma_{max}^2 + 4\tau_{max}^2}$$

$$\sigma_{r4} = \sqrt{\sigma_{max}^2 + 3\tau_{max}^2}$$

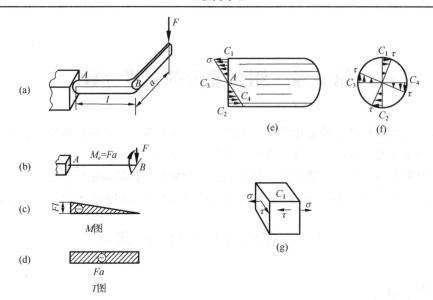

图 8-1

将 $\sigma_{\max} = \dfrac{M}{W_z}$、$\tau_{\max} = \dfrac{T}{W_t}$ 代入上式，并注意到圆截面杆 $W_t = 2W_z$，相应的相当应力表达式改为

$$\sigma_{r3} = \frac{1}{W_z}\sqrt{M^2 + T^2}$$

$$\sigma_{r4} = \frac{1}{W_z}\sqrt{M^2 + 0.75T^2}$$

求得相当应力后，就可根据材料的许用应力 $[\sigma]$ 来建立强度条件，并进行强度计算。

例 8-1　图 8-2 所示的钢制圆截面折杆 ABC，其直径 $d = 100\text{mm}$，AB 杆长 2m，材料的许用应力 $[\sigma] = 135\text{MPa}$。不计杆横截面上的剪力影响，试按第三强度理论校核 AB 杆的强度。

解：将力 F 向 B 点平移后可知，AB 杆 B 端的等效载荷有两个：竖向力 F 和外力偶 $F \cdot \overline{BC}$。因此 AB 杆产生弯扭组合变形。对 AB 杆进行内力分析可知，最大弯矩发生在距 B 截面 2m 处，其大小为

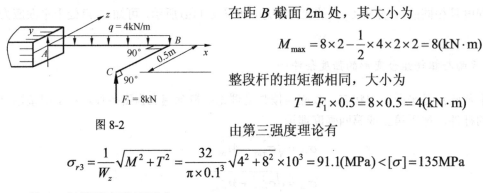

图 8-2

$$M_{\max} = 8 \times 2 - \frac{1}{2} \times 4 \times 2 \times 2 = 8(\text{kN} \cdot \text{m})$$

整段杆的扭矩都相同，大小为

$$T = F_1 \times 0.5 = 8 \times 0.5 = 4(\text{kN} \cdot \text{m})$$

由第三强度理论有

$$\sigma_{r3} = \frac{1}{W_z}\sqrt{M^2 + T^2} = \frac{32}{\pi \times 0.1^3}\sqrt{4^2 + 8^2} \times 10^3 = 91.1(\text{MPa}) < [\sigma] = 135\text{MPa}$$

故 AB 杆的强度满足要求。

8.1.2 弯拉(压)组合

1. 轴向力与横向力共同作用的情况

图 8-3 所示三角架中的 AB 杆在支座反力 F_{Ay}、F_{Cy} 和杆端载荷 F 三个横向力的作用下产生平面弯曲,其中 AC 段在轴向力 F_{Ax}、F_{Cx} 的作用下还将产生轴向拉伸,故 AC 段为弯曲与拉伸的组合变形。对于细长的实心截面杆件,剪力引起的切应力比较小,一般不予考虑,只考虑轴力和弯矩。由图 8-3(c)、(d)所示的内力图可知,在此杆段内,轴力为常数,弯矩最大的 C 的左邻截面为危险截面。轴力 F_N 在危险截面上引起均匀分布的拉应力 $\sigma' = \dfrac{F_N}{A}$,如图 8-3(e)所示;弯矩 M 在危险截面的上边缘引起最大的拉应力 $\sigma'' = \dfrac{M_{max}}{W_z}$,如图 8-3(f)所示。由叠加原理可知,$C$ 的左邻截面上的边缘各点为危险点,最大拉应力发生在 a 点,即 a 点为危险点,如图 8-3(g)所示。危险点处的应力为

$$\sigma_{t\,max} = \frac{F_N}{A} + \frac{M}{W_z}$$

$$\sigma_{c\,max} = \frac{F_N}{A} - \frac{M}{W_z}$$

根据上述分析可知,弯曲与拉伸(压缩)组合变形时,杆的正应力危险点处的切应力也为零,即危险点为单向应力状态,故其强度条件为

$$\sigma_{max} \leqslant [\sigma]$$

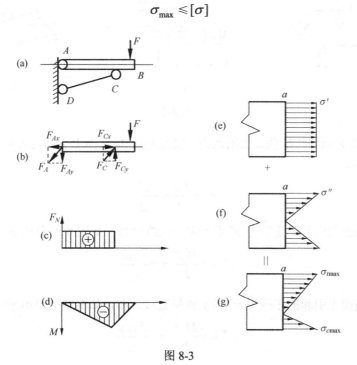

图 8-3

2．偏心力引起的弯曲与拉伸(压缩)的组合

作用线平行于杆轴线但不相重合的纵向力称为偏心力。图 8-4(a)中偏心纵向力 F 作用在杆横截面上任一点处，该点距横截面两条对称轴的距离分别为 y_F、z_F。为了将偏心力分解为基本受力形式，可将力 F 向横截面形心简化。简化后得到 3 个载荷：轴向压力 F、作用于 oxz 平面内的力偶 M_y 和作用于 oxy 平面内的力偶 M_z，如图 8-4(b)所示。在这些载荷的共同作用下杆件的变形是轴向压缩与斜弯曲的组合。横截面上的内力有轴力 F_N、弯矩 M_y 和弯矩 M_z。由于在杆的所有横截面上，轴力和弯矩都保持不变，因此任一横截面都可视为危险截面，内力图也可不画。

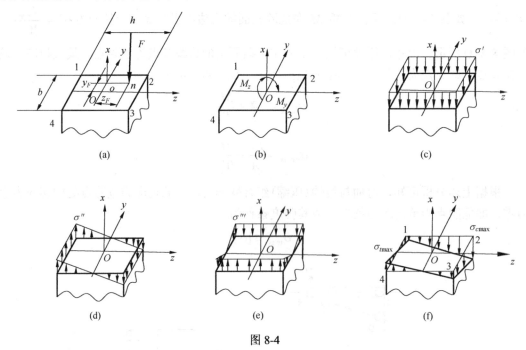

图 8-4

下面进一步分析杆件横截面上的应力。轴力 F_N 在横截面上引起均匀分布的正应力 σ'，如图 8-4(c)所示。

$$\sigma' = \frac{F_N}{A} = -\frac{F}{A}$$

弯矩 M_y 在横截面上引起的正应力 σ'' 沿 z 轴呈直线分布，如图 8-4(d)所示。

$$\sigma'' = \pm\frac{M_y z}{I_y} = \pm\frac{F z_F z}{I_y}$$

弯矩 M_z 在横截面上引起的正应力 σ''' 沿 y 轴呈直线分布，如图 8-4(e)所示。

$$\sigma''' = \pm\frac{M_z y}{I_z} = \pm\frac{F y_F y}{I_z}$$

按叠加原理，横截面上某一点处的正应力为

$$\sigma = \sigma' + \sigma'' + \sigma''' = -\frac{F_N}{A} \pm \frac{M_y z}{I_y} \pm \frac{M_z y}{I_z} = -\frac{F}{A} \pm \frac{F z_F z}{I_y} \pm \frac{F y_F y}{I_z}$$

由于偏心力作用下各杆横截面上的内力、应力均相同，故任一横截面上的最大正应力点即是杆的危险点。而确定危险点的位置首先要确定中性轴的位置。对于具有两个对称轴且有凸角的横截面，如矩形截面，其最大正应力发生在横截面的凸角点处，如图 8-4(f) 所示。最大拉应力发生在点 4 处，最大压应力发生在点 2 处，对应的计算式为

$$\begin{cases} \sigma_{t\max} = -\frac{F_N}{A} + \frac{M_y}{W_y} + \frac{M_z}{W_z} \\ \sigma_{c\max} = -\frac{F_N}{A} - \frac{M_y}{W_y} - \frac{M_z}{W_z} \end{cases} \tag{8-1}$$

对于横截面具有两条对称轴的其他等直杆，由中性轴的定义可知中性轴上各点的正应力等于零，即

$$\sigma = -\left(\frac{F}{A} + \frac{F z_F z}{I_y} + \frac{F y_F y}{I_z} \right) = 0$$

将 $I_y = A i_y^2$、$I_z = A i_z^2$ 代入上式并两边同除以 F/A，得

$$1 + \frac{z_F z}{i_y^2} + \frac{y_F y}{i_z^2} = 0$$

可见中性轴是一条不通过截面形心的直线。将 $z = 0$ 和 $y = 0$ 分别代入上式，可得中性轴在 y、z 轴上的截距 a_y、a_z 分别为

$$a_y = -\frac{i_z^2}{y_F}, \quad a_z = -\frac{i_y^2}{z_F}$$

上式表明，a_y 与 y_F 符号相反，a_z 与 z_F 符号相反。因此，中性轴与外力作用点分别处于截面形心的两侧。中性轴确定以后，作两条与中性轴平行的直线，使它们与横截面周边相切，则切点就是危险点。将危险点的坐标分别代入式 (8-1)，即可求得最大拉应力和最大压应力的值。由以上分析可知，危险点处只有正应力，是单向应力状态。因此偏心力作用下杆件的强度条件为

$$\begin{cases} \sigma_{t\max} \leqslant [\sigma_t] \\ \sigma_{c\max} \leqslant [\sigma_c] \end{cases}$$

8.2 薄壁圆筒的强度计算

压力容器一般采用塑性材料，为了保证圆筒受压后不破裂，圆筒受压产生的三向应力分别为

$$\sigma_1 = \sigma_t = \frac{PD}{2\delta}, \quad \sigma_2 = \sigma_x = \frac{PD}{4\delta}, \quad \sigma_3 = \sigma_r = 0$$

其中，σ_t 为周向或环向正应力；σ_x 为轴向或圆筒横截面上正应力；σ_r 为径向压应力，其最大值为 P，这个值对于薄壁圆筒是一个很小的量，因此径向应力 σ_r 通常忽略不计。由此，根据第三强度理论，有

$$\sigma_1 - \sigma_3 = \frac{P \cdot D}{2\delta} \leqslant [\sigma]^t$$

其中，$[\sigma]^t$ 是材料在设计温度下的许用应力；P 为设计压力；D 为平均直径。

此外还应考虑到，筒体在焊接的过程中对焊接金属组织的影响，以及焊接缺陷（夹渣、气孔、未焊接）会影响焊缝的强度（使整体强度降低），所以将钢板的许用应力乘以一个小于 1 的焊接接头系数 φ，以弥补焊接可能出现的强度削弱，故

$$\frac{P \cdot D}{2\delta} \leqslant [\sigma]^t \cdot \varphi$$

这样可以得到筒体厚度 δ。

工艺计算时通常以圆筒内径 D_i 作为基本尺寸，故将 $D = D_i + \delta$ 带入上式，则

$$\frac{P(D_i + \delta)}{2\delta} \leqslant [\sigma]^t \cdot \varphi$$

同时根据 GB 150—2011 的规定，确定厚度时的压力用计算压力 P_c 代替，即可得到圆筒计算厚度公式：

$$\delta = \frac{P_c D_i}{2[\sigma]^t \varphi - P_c}$$

考虑到介质对筒壁的腐蚀，确定圆筒厚度时要再加上腐蚀裕量

$$\delta_d = \delta + C_2$$

式中，δ_d 为圆筒的设计厚度，$\delta_d = \dfrac{P_c D_i}{2[\sigma]^t \varphi - P_c} + C_2$。

将设计厚度加上厚度负偏差，再向上调整到钢板的标准厚度，得到名义厚度

$$\delta_n = \delta + C_2 + C_1$$

在设计温度下，对已有设备进行强度校核和确定最大允许工作压力的计算公式：

$$\sigma' = \frac{P_c(D_i + \delta_e)}{2\delta_e} \leqslant [\sigma]^t \varphi$$

$$P_W \leqslant \frac{2\delta_e [\sigma]^t \varphi}{D_i + \delta_e}$$

式中，$\delta_e = \delta_n - (C_1 + C_2)$，是容器的有效厚度，即名义厚度与厚度附加量之差。

上述得到的是薄壁圆筒的壁厚及工作压力计算公式，关于薄壁球体的计算公式这里就不作推导了，下面直接给出薄壁球体的计算公式。

设球壳的平均直径为 D，壁厚 δ，在承受均匀内压 P 作用时，产生的应力为

$$\sigma_\theta = \sigma_\varphi = \frac{PD}{4\delta}$$

式中，σ_θ 为环向应力；σ_φ 为径向应力。

$$\sigma_1 = \sigma_2 = \frac{PD}{4\delta}, \quad \sigma_3 = 0$$

按照第一强度理论：

$$\sigma_1 = \frac{PD}{4\delta} \leqslant [\sigma]^t$$

得到球壳壁厚计算公式：

$$\delta = \frac{P_c D_i}{4[\sigma]^t \varphi - P_c}$$

应力校核公式：$\sigma' = \dfrac{P_c(D_i + \delta_e)}{4\delta_e} \leqslant [\sigma]^t \varphi$

由上式可知，当压力、直径相同时，球壳的壁厚仅为圆筒的一半，所以用球壳作容器节省材料、占地面积小。但球壳是非可展曲面，拼接工作量大，所以制造工艺比圆筒复杂得多，对焊接要求也高，通常大型带压的液化气或氧气等储罐常用球罐形式。

例 8-2　一容皿 $D_i = 1000\text{mm}$，$P = 0.1\text{MPa}$，温度为 150℃，材料为 235-A。在该温度下，查 GB50316—2000，该材料 $[\sigma]^t = 113\text{MPa}$，焊接接头系数 φ 为 0.85，腐蚀裕量 $C_2 = 1\text{mm}$，计算其壁厚。

解：
$$\delta = \frac{P_c D_i}{2[\sigma]^t \varphi - P_c}$$

根据已知条件，可得 $\delta = 0.5\text{mm}$。

对于这类低压容器，由强度公式求得的壁厚往往很薄，刚度不足，冷制造、运输、安装带来板材易变形的问题，因此最小厚度 $\delta\min$ 规定如下。

碳钢和低合金钢制容皿

当内直径 $D_i \leqslant 3800\text{mm}$ 时，其最小壁厚 $\delta_{\min} \geqslant \dfrac{2D_i}{1000}$，且不小于 3mm，腐蚀裕量另加。

当内直径 $D_i > 3800\text{mm jf}$，其最小壁厚 $\delta_{\min}$ 按运输与现场制造条件确定。

对不锈钢容器制容皿，取 $\delta_{\min}$ 不小于 2mm。

专题 10　组合变形的计算和失效分析

1. 生活中的实例

在工程实际中，杆件受力变形的种类很多，有不少构件同时发生两种或两种以上的基本变形，如生活中常见的机械设备的传动轴：传动轴既有扭转变形又有弯曲变形。又如常见的钻杆：钻杆受扭矩的作用，同时钻杆的自重沿钻杆的轴向作用，所以钻杆的变形既有轴向的拉伸变形又有扭转变形。这样的例子在生活中还有很多。

2. 组合变形的计算

在线弹性、小变形的条件下，构件的内力、应力和变形均与外力呈线性关系。可以认为载荷的作用是独立的，每一个载荷所引起的内力、应力、变形都不受其他载荷的影响。几个载荷同时作用在杆件上所产生的内力、应力、变形等于各个载荷单独作用时产生的内力、应力、变形之和，此即为叠加原理。当杆件在复杂载荷作用下同时发生几种基本变形的时候，根据静力等效原则，先将外力进行分解、简化、分组，使简化后的每一组载荷只对应一种基本变形，再分别计算每一种基本变形下产生的内力、应力和变形，然后将所得的结果相加，便可得到组合变形的内力、应力和变形，其结果与各力的加载次序无关。当构件的危险点处于单向应力状态的时候，可以将应力代数相加；如果构件的危险点处于复杂应力状态下，则需要按照强度静力等效原则理论进行计算。

3. 组合变形的失效形式

常见的失效形式有变形失效、断裂失效、表面损伤失效及材料老化失效等。弹性变形失效：一些细长的轴、杆件或薄壁筒零部件在外力作用下将发生弹性变形，如果弹性变形过量，会使零部件失去有效工作能力。如镗床的镗杆，如果其在工作中产生过量弹性变形，不仅会使镗床产生振动，造成零部件的加工精度下降，还会使轴与轴承的配合不良，甚至会引起弯曲塑性变形或断裂。引起弹性变形失效的原因主要是零部件的刚度不足。因此，要预防弹性变形失效，应选用弹性模量大的材料。塑性变形失效：零部件承受的静载荷超过材料的屈服强度时，将产生塑性变形。塑性变形会造成零部件间相对位置的变化，致使整个机械运转不良而失效。例如，压力容器上的紧固螺栓如果拧得过紧，或因过载引起螺栓塑性伸长，便会降低预紧力，致使配合面松动，导致螺栓失效。

断裂失效是零部件失效的主要形式，按断裂原因可分为以下几种。①韧性断裂失效：材料在断裂之前所发生的宏观塑性变形或所吸收的能量较大的断裂称为韧性断裂。工程上使用的金属材料的韧性断口多呈韧窝状。②脆性断裂失效：材料在断裂之前没有塑性变形或塑性变形很小的断裂称为脆性断裂。疲劳断裂、应力腐蚀断裂、腐蚀疲劳断裂和蠕变断裂等均属于脆性断裂。③疲劳断裂失效：零部件在交变应力作用下，在比屈服应力低很多的应力下发生的突然脆断称为疲劳断裂。由于疲劳断裂是在低应力、无先兆情况下发生的，因而具有很大的危险性和破坏性。据统计，80%以上的断裂失效属于疲劳断裂。疲劳断裂最明显的特征是断口上的疲劳裂纹扩展区比较平滑，并通常存在疲劳休止线或疲劳纹，疲劳断裂的断裂源多发生在零部件表面的缺陷或应力集中部位。提高零部件表面加工质量，减少应力集中，对材料表面进行表面强化处理，都可以有效地提高疲劳断裂抗力。

专题 11　莫尔强度理论

莫尔强度理论并不是简单地假设材料的破坏是由某一个因素(如应力、应变或比能)达到了其极限值而引起的，它是以各种应力状态下材料的破坏试验结果为依据，考虑了材料拉、压强度的不同，承认最大切应力是引起屈服剪断的主要原因并考虑了剪切面上正应力的影响而建立起来的强度理论。

莫尔强度理论考虑了材料抗拉和抗压能力不同的情况，这符合脆性材料(如岩石、混凝土等)的破坏特点，但未考虑中间主应力 σ_2 的影响是其不足之处。莫尔强度理论认为，材料是否失效取决于三向应力圆中的最大应力圆，即假设中间主应力 σ_2 不影响材料的强度。莫尔强度理论失效准则的建立以试验为基础。对于某一种材料的单元体，作用有不同比值的主应力 σ_1、σ_2 和 σ_3。先指定三个主应力的某一种比值，然后按这种比值使主应力增长，直到材料强度失效，以失效时的主应力
σ_1 和 σ_3 作应力圆 1，如图 8-5 所示。这种失效时的应力圆称作极限应力圆。然后给定 3 个主应力的另一种比值，并维持这种比值给单元体加载，直至材料强度失效，这样又得到极限应力圆 2。因此，不断改变主应力的比值，得到这种材料一系列的极限应力圆 1,2,3,…。然后画出这些极限应力圆的包络线 MLG。莫尔强度理论认为，不同的材料，包络线是不同的。但对同一种材料而言，包络线是唯一的。

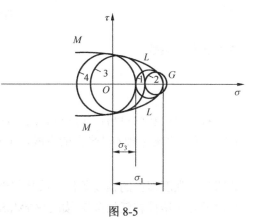

图 8-5

对于一个已知的应力状态,若由 σ_1 和 σ_3 确定的应力圆在上述包络线之内，则这一应力状态不会失效。若恰与包络线相切，就表明这一应力状态已达到失效状态，且该切点对应的单元体的面即为失效面。

在莫尔强度理论的实际应用中，为了简化起见，只画出单向拉伸和压缩的极限应力圆，并以此两圆的公切线来代替包络线。同时，考虑到强度计算，还应当引入适当的安全系数 n，这就相当于将单向拉、压的极限应力圆缩小 n 倍。根据缩小后的应力圆的公切线即可建立莫尔强度理论的强度条件。

设某种材料的许用拉应力和许用压应力分别为 $[\sigma_t]$ 和 $[\sigma_c]$，作两应力圆及两圆的公切线，如图 8-6 所示。假如某一单元体考虑了安全系数 n 以后的极限应力圆与公切线 ML 相切于 K 点，C 点为该极限应力圆的圆心。这时，O_1L、O_2M 和 CK 均与公切线 ML 垂直，再作 O_1P 垂直于 O_2M。根据 $\triangle O_1NC$ 与 $\triangle O_1PO_2$ 相似，得

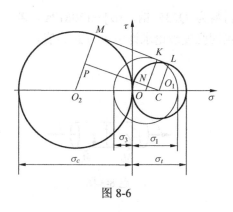

图 8-6

$$\frac{\overline{NC}}{\overline{PO_2}} = \frac{\overline{CO_1}}{\overline{O_1O_2}} = \frac{\overline{OO_1} - \overline{OC}}{\overline{OO_1} + \overline{OO_2}} \tag{a}$$

$$\overline{N_C} = \overline{KC} - \overline{KN} = \frac{\sigma_t - \sigma_3}{2} - \frac{\sigma_t}{2}$$

$$\overline{PO_2} = \frac{\sigma_c}{2} - \frac{\sigma_t}{2}$$

$$\overline{O_1O_2} = \frac{\sigma_t}{2} + \frac{\sigma_c}{2}$$

$$\overline{CO_1} = \overline{OO_1} - \overline{OC} = \frac{\sigma_t}{2} - \left(\frac{\sigma_1 - \sigma_3}{2} + \sigma_3\right) = \frac{\sigma_t}{2} - \frac{\sigma_1 + \sigma_3}{2}$$

将上式带入式（a）得

$$\frac{\dfrac{\sigma_t - \sigma_3}{2} - \dfrac{\sigma_t}{2}}{\dfrac{\sigma_c}{2} - \dfrac{\sigma_t}{2}} = \frac{\dfrac{\sigma_t}{2} - \dfrac{\sigma_1 + \sigma_3}{2}}{\dfrac{\sigma_c}{2} + \dfrac{\sigma_t}{2}}$$

$$\frac{\sigma_1 - \sigma_3 - \sigma_t}{\sigma_c - \sigma_t} = \frac{\sigma_t - (\sigma_1 + \sigma_3)}{\sigma_t + \sigma_c}$$

所以

$$\sigma_1 - \frac{\sigma_t}{\sigma_c}\sigma_3 = \sigma_t$$

考虑到安全系数

$$\sigma_1 - \frac{[\sigma_t]}{[\sigma_c]}\sigma_3 = [\sigma_t]$$

对于一般塑性材料，其抗拉和抗压性能相等（如低碳钢），即 $[\sigma_t] = [\sigma_c]$。这时，包络线 ML 变成与横坐标轴 OC 平行的直线，上式成为

$$\sigma_1 - \sigma_3 \leqslant [\sigma]$$

此即第三强度理论的强度条件。故莫尔理论用于一般塑性材料时与第三强度理论相同。但是对于某些塑性较低的金属（如 30CrMnSi 合金钢），它的拉伸屈服极限和压缩屈服极限不相等，这时，采用莫尔强度条件就比第三强度条件更合理。一般来说，这一理论可用于脆性材料和低塑性材料。

莫尔强度理论很好地解释了三向等值拉伸时（应力圆为点圆）容易破坏（点圆超出图 8-5 所示包络线的顶点 G）而三向等值压缩时不易破坏（点圆在包络线之内）的现象。莫尔强度理论的缺点是它未顾及中间主应力对失效的影响。

习　　题

8-1　某铸铁构件危险点的应力如图所示，若许用拉应力 $[\sigma_t] = 40\text{MPa}$，试校核强度。

8-2　导轨与车轮接触处的应力如图所示，若许用应力 $[\sigma] = 160\text{MPa}$，试按第四强度理论校核强度。

8-3　如图所示，圆截面直杆的直径 $d = 10\text{mm}$，材料为 Q235 钢，$[\sigma] = 170\text{MPa}$，若外扭矩 M_e 与轴向拉力 F 的关系为 $M_e = Fd/8$，试按第四强度理论求许用拉力 F 的值。

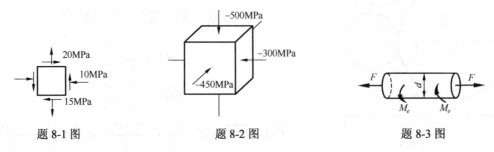

题 8-1 图　　　　　　　　　题 8-2 图　　　　　　　　　题 8-3 图

8-4　焊接工字形梁的尺寸及所受载荷如图所示，材料为 Q235 钢，$[\sigma]=170\text{MPa}$，$[\tau]=100\text{MPa}$。试校核该梁的强度。

8-5　一薄壁圆筒形压力容器如图所示，当承受最大内压力时，在圆筒部分的外表面上一点处测得沿轴线和周线方向的线应变分别为 $\varepsilon_x=1.65\times10^{-4}$、$\varepsilon_y=7.15\times10^{-4}$。容器的材料为 Q235 钢，$E=206\text{GPa}$，$\mu=0.3$，$[\sigma]=170\text{MPa}$。试按第三和第四强度理论对圆筒部分进行强度校核。

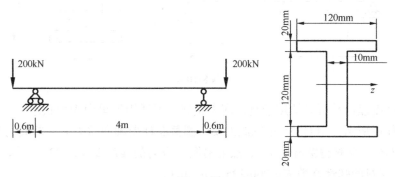

题 8-4 图

8-6　如图所示，矩形截面梁某截面上的弯矩和剪力分别为 $M=10\text{kN}\cdot\text{m}$，$F_S=120\text{kN}$。试绘出截面上 1、2、3、4 各点的应力状态单元体，并求其主应力。

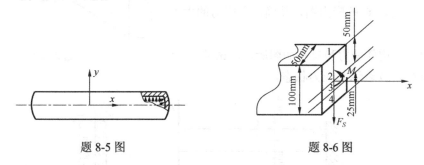

题 8-5 图　　　　　　　　　　　　　题 8-6 图

8-7　已知应力状态如图所示。若 $\mu=0.3$，试分别用 4 种常用强度理论计算其相当应力。

8-8　从某铸铁构件内的危险点处取出的单元体各面上的应力分量如图所示。已知铸铁材料的泊松比 $\mu=0.25$，许用拉应力 $[\sigma_t]=30\text{MPa}$，许用压应力 $[\sigma_c]=90\text{MPa}$，试分别按第一和第一强度理论校核其强度。

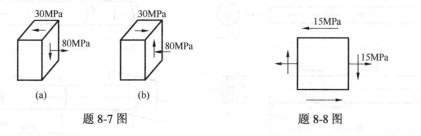

题 8-7 图　　　　　　　　　　　　　题 8-8 图

8-9　第一强度理论和第四强度理论的相当应力分别为 σ_{r3} 及 σ_{r4}，试计算纯剪切应力状态的 σ_{r3}/σ_{r4} 的值。

8-10 由 No.25b 工字钢制成的简支梁的受力情况如图所示,截面尺寸单位为 mm。已查得: $I_z = 5280\text{cm}^4$, $W_z = 422.72\ \text{cm}^3$, $I_z / S_z^° = 21.27\ \text{cm}$ 。且材料的许用正应力 $[\sigma]=160\text{MPa}$,许用切应力 $[\tau]=100\text{MPa}$ 。试对该梁进行全面的强度校核。

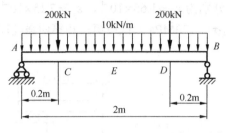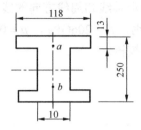

题 8-10 图

8-11 强度理论是否只适用于复杂应力状态,不适用于单向应力状态?

8-12 如图所示,用 Q235 钢制成的实心圆截面杆受轴向拉力 F 及扭转力偶 M_e 作用,且 $M_e = Fd/10$,今测得圆杆表面 k 点处沿图示方向的线应变 $=1.433\times10^{-4}$,已知杆直径 $d = 10\text{mm}$,材料的弹性常数 $E = 200\text{GPa}$ 、 $\mu = 0.3$,试求载荷 F 和 M_e 。若其许用应力 $[\sigma]=160\text{MPa}$,试按第四强度理论校核杆的强度。

8-13 如图所示,悬臂梁承受载荷 $F = 20\text{kN}$,试绘微体 A、B、C 的应力图,并确定主应力的大小及方位。

8-14 各构件受力和尺寸如图所示,试从 A 点取出单元体,并表示其应力状态。

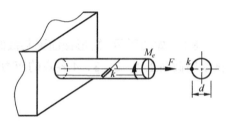

题 8-12 图

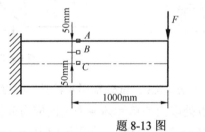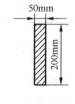

题 8-13 图

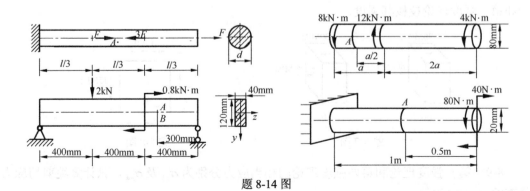

题 8-14 图

8-15 在图示的应力状态中，求出指定斜截面上的应力，并表示在单元体上(应力单位为 MPa)。

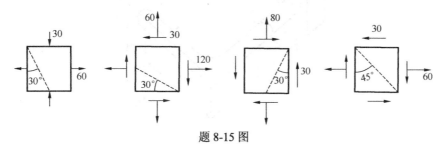

题 8-15 图

8-16 螺旋夹紧器立臂的横截面为 $a \times b$ 的矩形，如图所示。已知该夹紧器工作时承受的夹紧力 $F = 16\text{kN}$，材料许用应力 $[\sigma] = 160\text{MPa}$，立臂厚度 $a = 20\text{mm}$，偏心距 $e = 140\text{mm}$。试求立臂宽度 b。

8-17 矩形截面悬臂梁受力如图所示，其中力 F_P 的作用线通过截面形心。①已知 F_P、b、h、l 和 β，求图中细实线所示截面上点 a 处的正应力；②求使点 a 处正应力为零时的角度 β 值。

8-18 图示的销钉连接，已知 $F_P = 18\text{kN}$，$t_1 = 8\text{mm}$，$t_2 = 5\text{mm}$，销钉和板材料相同，许用切应力 $[\tau] = 600\text{MPa}$，许用挤压应力 $[\sigma_{bs}] = 200\text{MPa}$，试确定销钉直径 d。

8-19 图示的钢制水平直角曲拐 ABC，A 端固定，C 端挂有钢丝绳，绳长 $s = 2.1\text{m}$，截面面积 $A = 0.1\text{cm}^2$，绳下连接吊

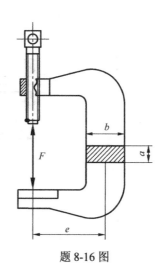

题 8-16 图

盘 D，其上放置重量为 $Q = 100\text{N}$ 的重物。已知 $a = 40\text{cm}$，$l = 100\text{cm}$，$b = 1.5\text{cm}$，$h = 20\text{cm}$，$d = 4\text{cm}$，钢材的弹性模量 $E = 210\text{GPa}$，$G = 80\text{GPa}$，$[\sigma] = 160\text{MPa}$(直角曲拐、吊盘、钢丝绳的自重均不计)。试求：①用第四强度理论校核直角曲拐中 AB 段的强度；②求曲拐 C 端及钢丝绳 D 端竖直方向的位移。

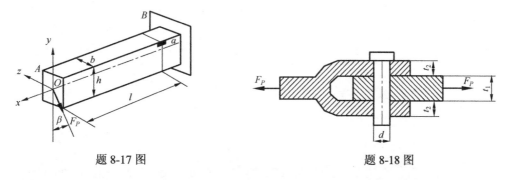

题 8-17 图　　　　　　　　　　　　　　题 8-18 图

8-20 如图所示，传动轴上的两个齿轮分别受到铅垂和水平的切向力 $F_{P1} = 5\text{kN}$、$F_{P2} = 10\text{kN}$ 作用，轴承 A、D 处可视为铰支座，轴的许用应力 $[\sigma] = 100\text{MPa}$，试按第三强度理论设计轴的直径 d。

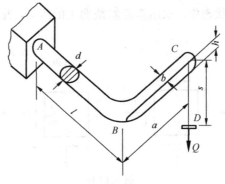

题 8-19 图

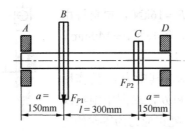 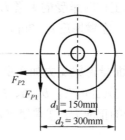

题 8-20 图

第9章 压杆稳定

9.1 压杆稳定的概念

1. 压杆稳定的基本概念

若处于平衡的构件，受到一微小的干扰后，构件偏离原平衡位置，而干扰撤除以后，又能恢复到原平衡状态，这种平衡称为稳定平衡。

受压直杆在受到干扰后，由直线平衡形式转变为弯曲平衡形式，而且干扰撤除后，压杆仍保持为弯曲平衡形式，则称压杆丧失稳定，简称失稳或屈曲。压杆失稳的条件是受的压力 $F \geqslant F_{cr}$，F_{cr} 称为临界力。

2. 各种约束情形下的临界力计算

压杆的临界力 $F_{cr} = \sigma_{cr} A$，临界应力 σ_{cr} 的计算公式与压杆的柔度(或细长比) $\lambda = \dfrac{\mu l}{i}$ 所处的范围有关，λ 为无量纲量。综合反映了压杆长度 l、支撑方式 μ 与截面几何性质对临界应力的影响。以三号钢的压杆为例：

$\lambda \geqslant \lambda_p$，称为大柔度杆，$\sigma_{cr} = \dfrac{\pi^2 E}{\lambda^2}$。其中 λ_p 是材料的常数，仅与材料的弹性模量 E 及比例极限 σ_p 有关。

$\lambda_s \leqslant \lambda < \lambda_p$，称为中柔度杆，$\sigma_{cr} = a - b\lambda$

$\lambda < \lambda_s$，称为小柔度杆，$\sigma_{cr} = \sigma_s$

式中，a、b 为材料常数，单位 MPa，查表得。

3. 压杆的稳定计算方法

1)稳定安全系数法

$n = \dfrac{F_{cr}}{F} \geqslant n_{st}$，$n_{st}$ 为稳定安全系数。

2)折减系数法

$\sigma = \dfrac{F}{A} \leqslant [\sigma]_{st} = \varphi[\sigma]$，$\varphi$ 为折减系数。

4. 利用柔度公式提出提高压杆承载能力的措施

λ 越大，则临界力(或临界应力)越低。根据 $\lambda = \dfrac{\mu l}{i}$，$i = \sqrt{\dfrac{I}{A}}$，提高压杆承载能力的措施如下。

(1)减小杆长。

(2)增强杆端约束。

(3)提高截面形心主轴惯性矩 I，且在各个方向的约束相同时，应使截面的两个形心主轴惯性矩相等。

(4)合理选用材料。

9.2　两端铰支细长压杆的临界力

图 9-1 为一两端铰支的细长压杆，现推导其临界力公式。

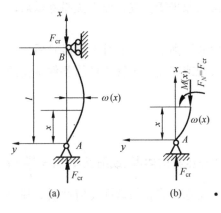

图 9-1

轴向压力到达临界力时，压杆的直线平衡状态将由稳定转变为不稳定。在微小横向干扰力撤除后，它将在微弯状态下保持平衡。因此，可以认为能够保持压杆在微弯状态下平衡的最小轴向压力即为临界力。

选取坐标系如图 9-1(a) 所示，假想沿任意截面将压杆截开，保留部分如图 9-1(b) 所示。由保留部分的平衡得

$$M(x) = -F_{cr}\omega \tag{a}$$

式中，轴向压力 F_{cr} 取绝对值。这样，在图示的坐标系中弯矩 M 与挠度 ω 的符号总相反，故式(a)中加了一个负号。当杆内应力不超过材料的比例极限时，根据挠曲线近似微分方程有

$$\frac{\mathrm{d}^2\omega}{\mathrm{d}x^2} = \frac{M(x)}{EI} = -\frac{F_{cr}\omega}{EI} \tag{b}$$

由于两端是铰支座，它对端截面在任何方向的转角都没有限制。因而，杆件的微小弯曲变形一定发生于抗弯能力最弱的纵向平面内，所以式(b)中的 I 应该是横截面的最小惯性矩。令

$$k^2 = \frac{F_{cr}}{EI} \tag{c}$$

式(b)可改写为

$$\frac{\mathrm{d}^2\omega}{\mathrm{d}x^2} + k^2\omega = 0 \tag{d}$$

此微分方程的通解为

$$v = C_1 \sin kx + C_2 \cos kx \tag{e}$$

式中，C_1、C_2 为积分常数。由压杆两端铰支这一边界条件可知

$$x = 0, \quad \omega = 0 \tag{f}$$

$$x = l, \quad \omega = 0 \tag{g}$$

将式(f)代入式(e)，得 $C_2 = 0$，于是

$$\omega = C_1 \sin kx \tag{h}$$

式(g)代入式(h)，有

$$C_1 \sin kl = 0 \tag{i}$$

式中，积分常数 C_1 不能等于零，否则将使 $\omega \equiv 0$，这意味着压杆处于直线平衡状态，与事先假设压杆处于微弯状态相矛盾，所以只能有

$$\sin kl = 0 \tag{j}$$

由式(j)解得 $kl = n\pi(n = 0,1,2,\cdots)$，则

$$k^2 = \frac{n^2\pi^2}{l^2} = \frac{F_{cr}}{EI} \tag{k}$$

或

$$F_{cr} = \frac{n^2\pi^2 EI}{l^2} \quad (n = 0,1,2,\cdots) \tag{l}$$

因为 n 可取 $0,1,2,\cdots$ 中的任一个整数，所以式(l)表明，使压杆保持曲线形态平衡的压力，在理论上是多值的。而这些压力中，使压杆保持微小弯曲的最小轴向压力，才是临界力。取 $n=0$，没有意义，取 $n=1$，于是得两端铰支细长压杆的临界力公式：

$$F_{cr} = \frac{\pi^2 EI}{l^2} \tag{9-1}$$

式(9-1)又称为欧拉公式。

在此临界力作用下，$k = \dfrac{\pi}{l}$，式(h)可写成

$$\omega = C_1 \sin \frac{\pi x}{l} \tag{m}$$

可见，两端铰支细长压杆在临界力作用下处于微弯状态时的挠曲线是条半波正弦曲线。将 $x = \dfrac{l}{2}$ 代入式(m)，可得压杆跨中的挠度，即压杆的最大挠度：

$$\omega_{\frac{l}{2}} = C_1 \sin \frac{\pi}{l}\frac{l}{2} = C_1 = \omega_{max}$$

式中，C_1 是任意微小位移值。C_1 之所以没有一个确定值，是因为式(b)中采用了挠曲线的近似微分方程式。如果采用挠曲线的精确微分方程式，那么 C_1 值便可以确定。这时可得到最大挠度 ω_{max} 与压力 F 之间的理论关系，如图 9-2 中的 OAB 曲线。此曲线表明，当压力小于临界力 F_{cr} 时，F 与 ω_{max} 之间的关系是直线 OA，说明压杆一直保持直线平衡状态。当压力超过临界力 F_{cr} 时，压杆挠度急剧增加。

在以上讨论中，假设压杆轴线是理想直线，压力 F 是轴向压力，压杆材料均匀、连续。这是一种理想情况，称为理想压杆。但工程实际中的压杆并非如此。压杆的轴线难以避免有一些初弯曲，压力也无法保证没有偏心，材料也经常有不均匀或存在缺陷

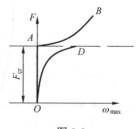

图 9-2

的情况。实际压杆的这些与理想压杆不符的因素，就相当于作用在杆件上的压力有一个微小的偏心距 e。试验结果表明，实际压杆的 F 与 ω_{max} 的关系如图 9-2 中的曲线 OD 表示，偏心距越小，曲线 OD 越靠近曲线 OAB。

9.3　其他支座条件下细长压杆的临界力

欧拉公式的普遍形式为

$$F_{cr} = \frac{\pi^2 EI}{(\mu l)^2}$$

式中，μ 称为长度系数，它表示杆端约束对临界力的影响，随杆端约束而异；μl 表示把压杆折算成相当于两端铰支压杆时的长度，称为相当长度。

两端铰支，$\mu = 1$；一端固定，另一端自由，$\mu = 2$；两端固定，$\mu = 1/2$；一端固定，另一端铰支，$\mu = 0.7$。

由此可知，杆端的约束越强，则 μ 值越小，压杆的临界力越高；杆端的约束越弱，则 μ 值越大，压杆的临界力越低。

事实上，压杆的临界力与其挠曲线形状是有联系的，对于后三种约束情况的压杆，如果将它们的挠曲线形状与两端铰支压杆的挠曲线形状加以比较，就可以用几何类比的方法，求出它们的临界力。从表 9-1 可以看出：长为 $0.5l$ 的一端固定、另一端自由的压杆，与长为 $2l$ 的两端铰支压杆相当；长为 l 的两端固定压杆（其挠曲线上有 A、B 两个拐点，该处弯矩为零），与长为 $0.5l$ 的两端铰支压杆相当；长为 l 的一端固定、另一端铰支的压杆，约与长为 $0.7l$ 的两端铰支压杆相当。

表 9-1　几种常见细长杆的长度因数与临界载荷

支持方式	两端铰支	一端自由另一端固定	两端固定	一端铰支另一端固定
挠度和形状	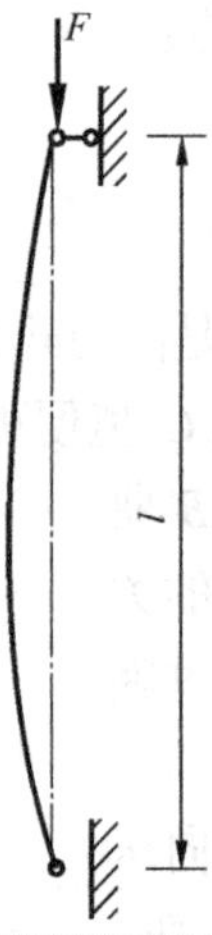	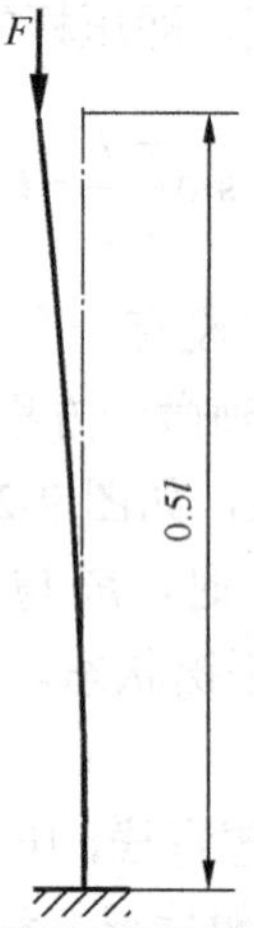	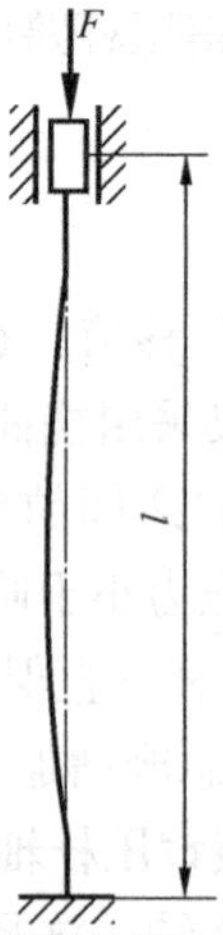	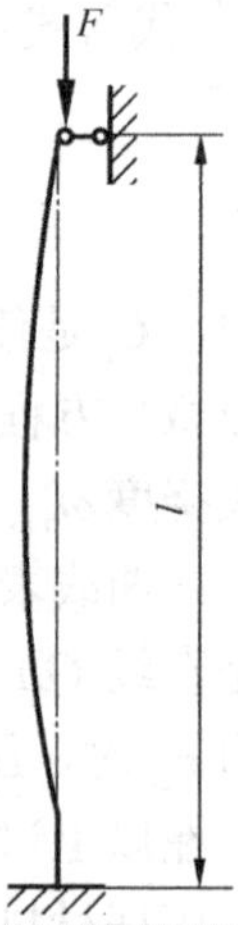
F_{cr}	$\dfrac{\pi^2 EI}{l^2}$	$\dfrac{\pi^2 EI}{l^2}$	$\dfrac{\pi^2 EI}{(0.5l)^2}$	$\dfrac{\pi^2 EI}{(0.7l)^2}$
μ	1.0	1.0	0.5	0.7

　　需要指出的是，欧拉公式的推导中应用了弹性小挠度微分方程，因此公式只适用于弹性稳定问题。另外，上述各种 μ 值都是对理想约束而言的，实际工程中的约束往往是比较复杂的，例如，压杆两端若与其他构件连接在一起，则杆端的约束是弹性的，μ 值一般为 $0.5\sim1$，通常将 μ 值取接近于 1。对于工程中常用的支座情况，长度系数 μ 可从有关设计手册或规范中查到。

　　例 9-1　如图 9-3 所示，试由一端固定、另一端铰支的细长压杆的挠曲线近似微分方程，导出临界力。

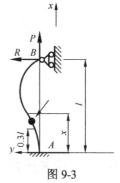

图 9-3

　　解： 由挠曲线微分方程可得

$$\frac{d^2\omega}{dx^2} = \frac{M}{EI} = -\frac{F_{cr}}{EI}\omega + \frac{F_R(l-x)}{EI}$$

设 $k^2 = \dfrac{F_{cr}}{EI}$，则上式可写为

$$\frac{d^2\omega}{dx^2} + k\omega = \frac{F_R(l-x)}{EI}$$

以上微分方程的通解为

$$\omega = C_1\cos kx + C_2\sin kx + \frac{F_R}{EIk^2}(l-x) = C_1\cos kx + C_2\sin kx + \frac{F_R}{F_{cr}}(l-x) \tag{a}$$

$$\frac{d\omega}{dx} = -C_1\sin kx + C_2 k\cos kx - \frac{F_R}{F_{cr}}$$

压杆的边界条件为：

$$x=0,\quad \omega=0,\quad \frac{d\omega}{dx}=0$$

$$x=l,\quad \omega=0$$

将边界条件代入上面各式得

$$C_1 + \frac{F_R}{F_{cr}} = 0,\quad kC_2 - \frac{F_R}{F_{cr}} = 0,\quad C_1\cos kl + C_2\sin kl = 0$$

这是关于 C_1、C_2 和 $\dfrac{F_R}{F_{cr}}$ 的齐次线性方程组，因为 C_1、C_2 和 $\dfrac{F_R}{F_{cr}}$ 都为零，可知其系数行列式的等式为零，即

$$\begin{vmatrix} 1 & 0 & 1 \\ 0 & k & -1 \\ \cos kl & \sin kl & 0 \end{vmatrix} = 0，\text{展开得 } \tan kl = kl \tag{b}$$

　　如图 9-4，作出正切曲线，$y=\tan kl$ 与直线 $y=kl$ 相交于 o、a、b 等点，a 点的横坐标为 $kl=4.493$ 或 $\sqrt{\dfrac{F}{EI}}\,l = 4.493$，实际上，此即方程（b）的最小非零正根。由此得一端铰支、另一端固定细长压杆的临界载荷为 $F_{cr} = \dfrac{4.493^2 EI}{l^2} = \dfrac{\pi^2 EI}{(0.71)^2}$。

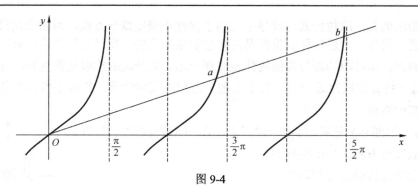

图 9-4

9.4　欧拉公式的适用范围与经验公式

9.4.1　细长压杆临界力的欧拉公式

临界力为

$$F_{cr} = \frac{\pi^2 EI}{(\mu l)^2}$$

因为

$$I = i^2 A$$

式中，i 截面的惯性半径。

所以

$$\sigma_{cr} = \frac{\pi^2 E}{\left(\dfrac{\mu l}{i}\right)^2}$$

引入

$$\lambda = \frac{\mu l}{i}$$

则

$$\sigma_{cr} = \frac{\pi^2 E}{\lambda^2}$$

式中，λ 称为柔度或长细比，是一个无量纲量，集中反映了压杆的长度、约束条件、截面尺寸、形状对临界应力的影响。

9.4.2　以柔度 λ 将压杆分类

注意：欧拉公式仅适用于细长杆临界力和临界应力计算。

1. 细长杆(大柔度杆)

欧拉公式导出利用了弯曲变形的近似微分方程 $\dfrac{d^2\omega}{dx^2} = \dfrac{M}{EI}$，而材料服从胡克定律是微分方程的基础，因此

$$\sigma_{cr} \leqslant \sigma_p$$

即

$$\frac{\pi^2 E}{\lambda^2} \leqslant \sigma_p$$

$$\lambda \geqslant \sqrt{\frac{\pi^2 E}{\sigma_p}}$$

令

$$\lambda_p = \sqrt{\frac{\pi^2 E}{\sigma_p}}$$

则

$$\lambda \geqslant \lambda_p$$

此时压杆称为细长杆或大柔度杆。这就是欧拉公式的适用范围。

注意：λ_p 称为第一界限柔度，由公式可知它与材料性质有关，即不同的材料 λ_p 不同。

2. 中长杆(中柔度杆)

若 $\lambda < \lambda_p$，临界应力 σ_{cr} 会大于材料的比例极限，欧拉公式已不能适用。属于超过比例极限 σ_p 的压杆稳定问题。一般采用经验公式：直线公式。

直线公式：

$$\sigma_{cr} = a - b\lambda$$

式中，a、b 为与材料有关的常数，单位为 MPa。

根据

$$\sigma_{cr} \leqslant \sigma_s \quad 或 \quad \sigma_{cr} \leqslant \sigma_b$$

即

$$a - b\lambda \leqslant \sigma_s \quad 或 \quad a - b\lambda \leqslant \sigma_b$$

故

$$\lambda \geqslant \frac{a - \sigma_s}{b} \quad 或 \quad \lambda \geqslant \frac{a - \sigma_b}{b}$$

令

$$\lambda_s = \frac{a - \sigma_s}{b} \quad 或 \quad \lambda_s = \frac{a - \sigma_b}{b}$$

则

$$\lambda \geqslant \lambda_s$$

$\lambda_s \leqslant \lambda < \lambda_p$ 时称为中柔度杆。

3. 短粗杆(小柔度杆)

$$\lambda < \lambda_s$$

$$\left.\begin{array}{l} \sigma_{cr} = \sigma_s \\ \sigma_{cr} = \sigma_b \end{array}\right\}$$

4. 临界应力总图

综上所述，临界应力 σ_{cr} 随压杆柔度 λ 而不同，即不同的柔度，临界应力 σ_{cr} 应按相应的公式来计算，如表 9-2 所示。

临界应力 σ_{cr} 随柔度 λ 变化的图线称为临界应力总图，如图 9-5 所示。

表 9-2 大、中、小柔度杆的临界力计算公式

杆件性质	适用范围	临界应力计算公式	柔度计算公式
大柔度杆	$\lambda \geqslant \lambda_p$	$\sigma_{cr} = \dfrac{\pi^2 E}{\lambda^2}$	$\lambda = \dfrac{\mu l}{i}$
中柔度杆	$\lambda_s \leqslant \lambda < \lambda_p$	$\sigma_{cr} = a - b\lambda$	$\lambda_p = \sqrt{\dfrac{\pi^2 E}{\sigma_p}}$
小柔度杆	$\lambda < \lambda_s$	$\sigma_{cr} = \sigma_s(\sigma_b)$	$\lambda_s = \dfrac{a - \sigma_s(\sigma_b)}{b}$

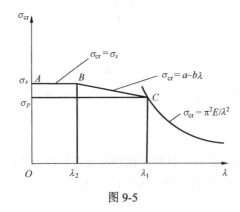

图 9-5

5. 临界力

$$F_{cr} = \sigma_{cr} A$$

9.5 压杆的稳定条件

从 9.4 节可知，对于不同柔度的压杆总可以计算出它的临界应力，将临界应力乘以压杆的横截面面积，就得到临界力。值得注意的是，因为临界力是由压杆整体变形决定的，局部削弱(如开孔、槽等)对杆件整体变形影响很小，所以计算临界应力或临界力时可采用未削弱前的横截面面积 A 和惯性矩 I。

压杆的临界力 F_{cr} 与压杆实际承受的轴向压力 F 之比为压杆的工作安全系数 n，它应该不小于规定的稳定安全系数 n_{st}。因此压杆的稳定条件为

$$n = \frac{F_{cr}}{F} \geqslant n_{st} \tag{9-2}$$

由稳定条件便可对压杆稳定性进行计算，在工程中主要是稳定性校核。通常 n_{st} 规定得比强度安全系数高，原因是一些难以避免的因素(如压杆的初弯曲、材料不均匀、压力偏心以及支座缺陷等)对压杆稳定性的影响远远超过对强度的影响。

式(9-2)是用安全系数形式表示的稳定条件，在工程中还可以用应力形式表示稳定条件：

$$\sigma = \frac{F}{A} \leqslant [\sigma]_{st} \qquad\qquad (a)$$

式中，$[\sigma]_{st}$ 为稳定许用应力。由于临界应力 σ_{cr} 随压杆的柔度而变，而且对不同柔度的压杆又规定不同的稳定安全系数 n_{st}，所以，$[\sigma]_{st}$ 是柔度 λ 的函数。在某些结构设计中，常常把材料的强度许用应力 $[\sigma]$ 乘以一个小于 1 的系数 φ 作为稳定许用应力 $[\sigma]_{st}$，即

$$[\sigma]_{st} = \varphi[\sigma] \qquad\qquad (b)$$

式中，φ 称为折减系数。因为 $[\sigma]_{st}$ 是柔度 λ 的函数，所以 φ 也是 λ 的函数，且总有 $\varphi < 1$。几种常用材料压杆的折减系数列于表 9-3 中，引入折减系数后，式(a)可写为

$$\sigma = \frac{F}{A} \leqslant \varphi[\sigma] \qquad\qquad (9\text{-}3)$$

表 9-3　压杆的折减系数

$\lambda = \dfrac{\mu l}{i}$	φ			
	3 号钢	16Mn 钢	铸铁	木材
0	1.000	1.000	1.00	1.00
10	0.995	0.993	0.97	0.99
20	0.981	0.973	0.91	0.97
30	0.958	0.940	0.81	0.93
40	0.927	0.895	0.69	0.87
50	0.888	0.840	0.57	0.80
60	0.842	0.776	0.44	0.71
70	0.789	0.705	0.34	0.60
80	0.731	0.627	0.26	0.48
90	0.669	0.546	0.20	0.38
100	0.604	0.462	0.16	0.31
110	0.536	0.384		0.26
120	0.466	0.325		0.22
130	0.401	0.279		0.18
140	0.349	0.242		0.16
150	0.306	0.213		0.14
160	0.272	0.188		0.12
170	0.243	0.168		0.11
180	0.218	0.151		0.10
190	0.197	0.136		0.09
200	0.180	0.124		0.08

例 9-2　图 9-6 为用 No.20a 工字钢制成的压杆，材料为 Q235 钢，$E = 200\text{GPa}$，$\sigma_p = 200\text{MPa}$，压杆长度 $l = 5\text{m}$，$F = 200\text{kN}$。若 $n_{st} = 2$，试校核压杆的稳定性。

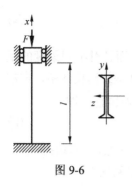

图 9-6

解：(1)计算 λ 。由附录 II 中的表 II.5 查得 $i_y = 2.12\mathrm{cm}$，$i_z = 8.15\mathrm{cm}$，$A = 35.55\mathrm{cm}^2$。压杆在 i 最小的纵向平面内弯曲刚度最小，柔度最大，临界应力将最小。因而压杆失稳一定发生在压杆柔度最大的纵向平面内：

$$\lambda_{\max} = \frac{\mu l}{i_y} = \frac{0.5 \times 5}{2.12 \times 10^{-2}} = 117.9$$

(2)计算临界应力，校核稳定性。

$$\lambda_p = \pi\sqrt{\frac{E}{\sigma_p}} = \pi\sqrt{\frac{200 \times 10^9}{200 \times 10^6}} = 99.3$$

因为 $\lambda_{\max} \geq \lambda_p$，所以此压杆属细长杆，要用欧拉公式来计算临界应力：

$$\sigma_{\mathrm{cr}} = \frac{\pi^2 E}{\lambda_{\max}^2} = \frac{\pi^2 \times 200 \times 10^3}{117.9^2}\mathrm{MPa} = 142\mathrm{MPa}$$

$$F_{\mathrm{cr}} = A\sigma_{\mathrm{cr}} = 35.55 \times 10^{-4} \times 142 \times 10^6 \mathrm{N} = 504.1 \times 10^3 \mathrm{N} = 504.81\mathrm{kN}$$

$$n = \frac{F_{\mathrm{cr}}}{F} = \frac{504.81}{200} = 2.52 > n_{\mathrm{st}}$$

所以此压杆稳定。

9.6 提高压杆稳定性的措施

通过以上讨论可知，影响压杆稳定性的因素有压杆的截面形状、压杆的长度、约束条件和材料的性质等。因而，当讨论如何提高压杆的稳定性时，也应从以下几方面入手。

1. 选择合理的截面形状

从欧拉公式(9-1)可知，截面的惯性矩 I 越大，临界力 F_{cr} 越高。从经验公式可知。柔度 λ 越小，临界应力越高。由于 $\lambda = \dfrac{\mu l}{i}$，所以提高惯性半径 i 的数值就能减小 λ 的数值。可见，在不增加压杆横截面面积的前提下，应尽可能把材料放在离截面形心较远处，以取得较大的 I 和 i，提高临界力，如空心圆环截面要比实心圆截面合理。

如果压杆在过其主轴的两个纵向平面内约束条件相同或相差不大，那么应采用圆形或正多边形截面；若约束不同，应采用对两个形心主轴的惯性半径不相等的截面形状，如矩形截面或工字形截面，以使压杆在两个纵向平面内有相近的柔度值。这样，在两个相互垂直的主惯性纵向平面内会有接近相同的稳定性。

2. 尽量减小压杆长度

由 $\lambda = \dfrac{\mu l}{i}$ 可知，压杆的柔度与压杆的长度成正比。在结构允许的情况下，应尽可能减小压杆的长度；甚至可改变结构布局，将压杆改为拉杆(如将图 9-7(a)所示的托架改成图 9-7(b)所示的形式)；等等。

3. 改善约束条件

从 9.3 节的讨论看出，改变压杆的支座条件直接影响临界力的大小。如长为 l 两端铰支的压杆，其 $\mu=1$，$F_{cr}=\dfrac{\pi^2 EI}{l^2}$。若在这一压杆的中点增加一个中间支座或者把两端改为固定端(图 9-8)，则相当长度变为 $\mu l=\dfrac{l}{2}$，临界力变为

$$F_{cr}=\frac{\pi^2 EI}{\left(\dfrac{l}{2}\right)^2}=\frac{4\pi^2 EI}{l^2}$$

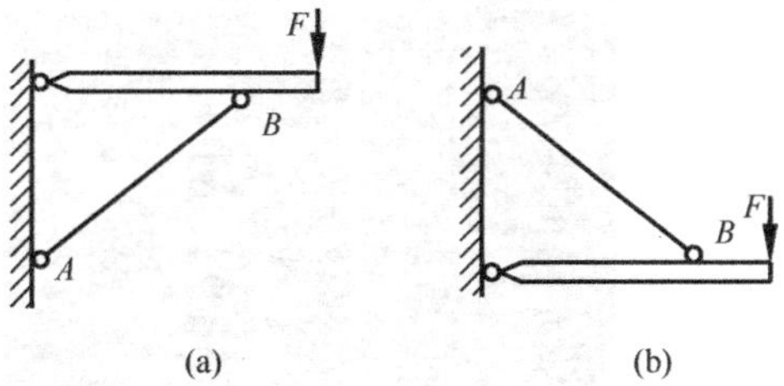

图 9-7 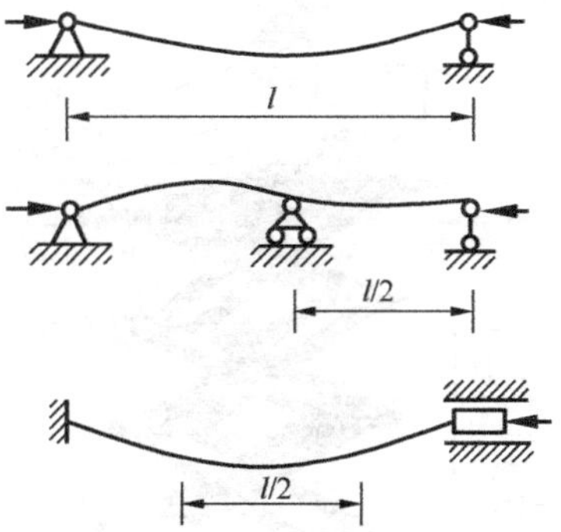　　　　　　　　　　　　　　图 9-8

可见临界力变为原来的 4 倍。一般来说，增加压杆的约束，可以使其更不容易发生弯曲变形，以提高压杆的稳定性。

4. 合理选择材料

由欧拉公式(9-1)可知，临界应力与材料的弹性模量 E 有关。然而，由于各种钢材的弹性模量 E 大致相等，所以对于细长杆，选用优质钢材或低碳钢并无很大差别。对于中长杆，无论是根据经验公式还是理论分析，都说明临界应力与材料的强度有关，优质钢材在一定程度上可以提高临界应力的数值。至于短粗杆，本来就是强度问题，选择优质钢材自然可以提高其强度。

专题 12　工程中压杆稳定问题实例

工程中存在着很多受压杆件(图 9-9～图 9-12)。对于受轴向压缩的直杆，其破坏有两种形式。

(1)短粗的直杆，其破坏是由于横截面上的正应力达到材料的极限应力，为强度破坏。

(2)细长的直杆，其破坏是由于杆不能保持原有的直线平衡形式，为失稳破坏。

失稳破坏案例如下。

图 9-9

图 9-10

图 9-11

图 9-12

案例 1

1907 年，魁北克铁路桥梁公司请了当时最有名的桥梁建筑师——美国的特奥多罗·库帕来设计建造魁北克大桥。该桥采用了比较新颖的悬臂构造，这样的结构非常流行。由于结构存在设计问题，在接近完工时，有个叫迈克的工程师发现了这个问题，并一再提醒在纽约的库帕，库帕最后认识到了事情的严重性，约迈克于同年 8 月 29 日到纽约面谈，同时给魁北克建筑工地发了封电报，禁止往桥上增加任何负荷，等他们谈完后再复工。但是，工地上还没有收到电报，正当投资修建这座大桥的人士开始考虑如何为大桥剪彩时，人们忽然听到一阵震耳欲聋的巨响——大桥的整个金属结构发生稳定性破坏：19000t 钢材和 86 名建桥工人落入水中，只有 11 人生还。由于库帕的过分自信而忽略了对桥梁的精确计算，导致了一场悲剧。

案例 2

1995 年 6 月 29 日下午，由于盲目扩建、加层，韩国汉城三丰百货大楼四、五层立柱因不堪重负而产生失稳破坏，使大楼倒塌，死亡 502 人，伤 930 人，失踪 113 人。

案例 3

1983 年 10 月 4 日，地处北京的某科研楼建筑工地的钢管脚手架在距地面 5～6m 处突然外弓。刹那间,这座高达 54.2m,长 17.25m,总重 565.4kN 的大型脚手架轰然坍塌,5 人死亡,7 人受伤,脚手架所用建筑材料大部分报废,直接经济损失达 4.6 万元,工期推迟一个月。

现场事故调查结果表明,脚手架结构本身存在缺陷,例如,脚手架支承在未经清理和夯实的地面上,致使某些竖杆受到较大的轴向压力;竖杆之间的横杆距离太远,而两横杆之间的长度相当于压杆长度;横杆与竖杆的连接也不坚固等。这些因素都大大降低了脚手架中压杆的临界载荷,从而导致部分杆丧失稳定而使结构坍塌。

案例 4

2010 年 1 月 3 日,云南建工集团市政公司承建昆明新机场配套引桥工程,浇筑混凝土过程中突然发生支架垮塌事故,垮塌长度约为 38.5m,宽度为 13.2m,支承高度约为 8m,事发时,作业面下有 40 多人。支架垮塌事故共造成 7 人死亡,26 人轻伤,8 人重伤。事故原因为浇灌混凝土过程中支架中的支承体系失稳。

习　题

9-1　如图所示,边长为 $a = 2\sqrt{3} \times 100\text{mm}$ 的正方形截面大柔度杆承受轴向压力 $F = 4\pi^2\text{kN}$ 作用,弹性模量 $E = 100\text{GPa}$,则该杆的工作安全系数为(　　)。

A. $n = 4$　　　　B. $n = 3$

C. $n = 2$　　　　D. $n = 1$

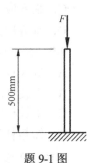

题 9-1 图

9-2　两端铰支的圆截面细长压杆在某一截面上开有一小孔。关于这一小孔对杆承载能力的影响,以下论述中正确的是(　　)。

A. 对强度和稳定承载能力都有较大削弱

B. 对强度和稳定承载能力都不会削弱

C. 对强度无削弱,对稳定承载能力有较大削弱

D. 对强度有较大削弱,对稳定承载能力削弱极微

9-3　理想均匀直杆承受轴向压力 $P = P_{cr}$ 时处于直线平衡状态。当其受到一微小横向干扰力后发生微小弯曲变形,若此时撤除干扰力,则压杆(　　)。

A. 弯曲变形消失,恢复直线形状

B. 弯曲变形减小,不能恢复直线形状

C. 微弯变形状态不变

D. 弯曲变形继续增大

9-4　两根细长压杆的长度、横截面面积、约束状态及材料均相同,若 a、b 杆的横截面形状分别为正方形和圆形,则两压杆的临界力 P_a 和 P_b 的关系为(　　)。

A. $P_a < P_b$　　　B. $P_a > P_b$　　　C. $P_a = P_b$　　　D. 不可确定

9-5　细长杆承受轴向压力 P 的作用,其临界力与(　　)无关。

A. 杆的材质

B. 杆的长度

C. 杆承受压力的大小

D. 杆的横截面形状和尺寸

9-6　压杆的柔度集中地反映了压杆的（　　）对临界应力的影响。

A. 长度、约束条件、截面形状和尺寸

B. 材料、长度和约束条件

C. 材料、约束条件、截面形状和尺寸

D. 材料、长度、截面形状和尺寸

9-7　在材料相同的条件下，随着柔度的增大，（　　）。

A. 细长杆的临界应力是减小的，中长杆不变

B. 中长杆的临界应力是减小的，细长杆不变

C. 细长杆和中长杆的临界应力均是减小的

D. 细长杆和中长杆的临界应力均不是减小的

9-8　两根材料和柔度都相同的压杆，（　　）。

A. 临界应力一定相等，临界力不一定相等

B. 临界应力不一定相等，临界力一定相等

C. 临界应力和临界力一定相等

D. 临界应力和临界力不一定相等

9-9　在下列有关压杆临界应力 σ_{cr} 的结论中，（　　）是正确的。

A. 细长杆的 σ_{cr} 值与杆的材料无关

B. 中长杆的 σ_{cr} 值与杆的柔度无关

C. 中长杆的 σ_{cr} 值与杆的材料无关

D. 短粗杆的 σ_{cr} 值与杆的柔度无关

9-10　在横截面面积等其他条件均相同的条件下，压杆采用图（　　）所示的截面形状时，其稳定性最好。

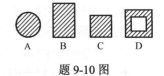

题 9-10 图

9-11　如图所示，铰接结构 ABC 由截面和材料相同的细长杆组成，若由于杆件在 ABC 平面内失稳而引起破坏，试确定载荷 F 为最大时（两个杆同时失稳时）的 $\theta(0 < \theta < \pi/2)$ 角。

9-12　图示的压杆，材料型号为 No.20a 工字钢，在 xOz 平面内为两端固定，在 xOy 平面内为一端固定、另一端自由，材料的弹性模量 $E = 200\text{GPa}$，比例极限 $\sigma_p = 200\text{MPa}$，试求此压杆的临界力。

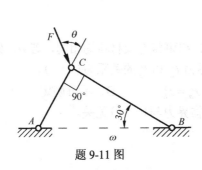

题 9-11 图

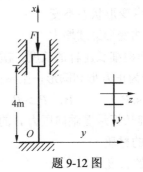

题 9-12 图

9-13　结构如图所示，两杆的直径均为 $d = 20$mm，材料相同，材料的弹性模量 $E = 210$GPa，比例极限 $\sigma_p = 200$MPa，屈服极限 $\sigma_s = 240$MPa，强度安全系数 $n = 2$，规定的稳定安全系数 $n_{st} = 2.5$，试校核结构是否安全。

9-14　图示两圆截面压杆的长度、直径和材料均相同，已知 $l = 1$m，$d = 40$mm，材料的弹性模量 $E = 200$GPa，比例极限 $\sigma_p = 200$MPa，屈服极限 $\sigma_s = 240$MPa，直线经验公式为 $\sigma_{cr} = 304 - 1.12\lambda$(MPa)，试求两压杆的临界力。

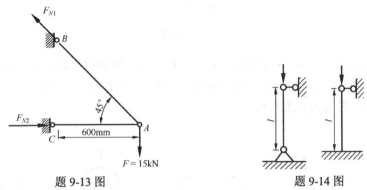

题 9-13 图　　　　　　　　　　　　　　　题 9-14 图

9-15　材料相同的两个细长压杆皆为一端固定、另一端自由，每个杆各轴向平面的约束相同，两杆的横截面如图所示，矩形截面杆长为 l，圆形截面杆长为 $0.8l$，试确定哪个杆的临界应力小，哪个杆的临界力小。

9-16　图中有两压杆，一杆为正方形截面，另一杆为圆形截面，$a = 3$cm，$d = 4$cm。两压杆的材料相同，材料的弹性模量 $E = 200$GPa，比例极限 $\sigma_p = 200$MPa，屈服极限 $\sigma_s = 240$MPa，直线经验公式为 $\sigma_{cr} = 304 - 1.12\lambda$(MPa)，试求结构失稳时的竖直外力 F。

9-17　钢制圆轴如图所示，按第三强度理论校核圆轴的强度。已知直径 $d = 100$mm，$F = 4.2$kN，$M_e = 1.5$kN·m，$[\sigma] = 80$MPa。

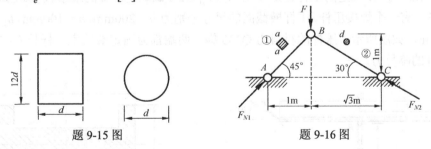

题 9-15 图　　　　　　　　　　　　　　　题 9-16 图

9-18　矩形截面杆受力如图所示，求固定端截面上 A、B、C、D 各点的正应力。

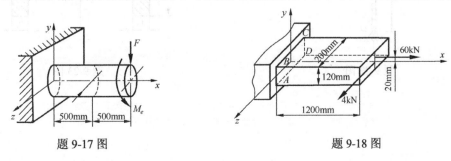

题 9-17 图　　　　　　　　　　　　　　　题 9-18 图

9-19 直径 $d=30$mm 的圆杆如图所示，$[\sigma]=170$MPa，试求 F 的许可值。

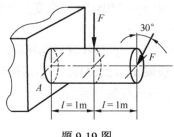

题 9-19 图

9-20 图示为长度、两端的约束形式、材料相同，但截面形状不同的压杆。各杆横截面面积都相同，且面积为 $A=3.14\times10^3$mm^2，压杆的弹性模量 $E=206$GPa，试确定各杆的临界力。（假设各杆均为大柔度杆。）

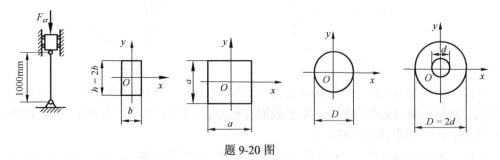

题 9-20 图

9-21 一压杆的两端均为固定端约束，杆长 $l=2$m，压杆为 5 号等边角钢，边厚 $d=5$mm，材料为 Q235 钢，试确定压杆的临界力。

9-22 在图示的结构中，梁 2 有足够的强度，实心圆截面压杆 1 的材料为 Q235 钢，载荷 $F=1.5\times10^5$N，规定的压杆稳定安全系数 $n_{st}=2$。试确定压杆的最小直径。已知 $l=2$m。

9-23 有一个焊接压杆，压杆横截面的尺寸分别为 $h=200$mm，$b=100$mm，$h_1=20$mm，$b_1=40$mm，如图所示，压杆的材料为 Q235 钢，两端都为固定端约束，杆长 $l=3$m，试确定该压杆的临界力。

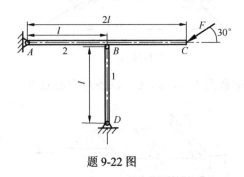

题 9-22 图

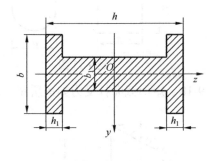

题 9-23 图

第 10 章 电测法简介

10.1 电测法的基本原理

电测应力、应变试验方法(简称电测法)不仅用于验证材料力学的理论、测定材料的力学性能，而且作为一种重要的试验手段为解决工程问题及从事研究工作提供了良好的试验基础。电测法就是将物理量、力学量、机械量等非电量，通过敏感元件感受下来并转换成电量，然后通过专门的应变测量设备(如应变仪)进行测量的一种试验方法。

10.1.1 敏感元件

敏感元件的种类很多，其中以电阻应变片(简称电阻片或应变片)最简单、应用最广泛。

电阻片分丝式和箔式两大类。丝式电阻片是用直径为 $0.003\sim0.01mm$ 的合金丝绕成栅状制成的(图 10-1)；箔式应变片则是用 $0.003\sim0.01mm$ 厚的箔材经化学腐蚀制成栅状的(图10-2)，其主体敏感栅实际上是一个电阻。金属丝的电阻随机械变形而发生变化的现象称为应变-电性能。电阻片在感受构件的应变时，其电阻同时发生变化。试验表明，构件被测量部位的应变 $\Delta l / l$ 与电阻变化率 $\Delta R / R$ 呈正比关系，即

$$\frac{\Delta R}{R} = K_s \frac{\Delta l}{l}$$

式中，比例系数 K_s 称为电阻片的灵敏系数。

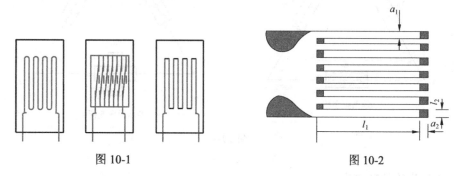

图 10-1   图 10-2

由于电阻片的敏感栅不是一根直丝，所以 K_s 不能直接计算，需要在标准应变梁上通过抽样标定来确定。K_s 的数值一般在 2.0 左右。

1. 温度补偿片

温度改变时，金属丝的长度也会发生变化，从而引起电阻的变化。因此在温度变化环境下进行测量时，应变片的电阻变化由两部分组成：

$$\Delta R = \Delta R_\varepsilon + \Delta R_T$$

式中，ΔR_ε 为由构件机械变形引起的电阻变化；ΔR_T 为由温度变化引起的电阻变化。

要准确地测量构件因机械变形引起的应变，就要排除温度对电阻变化的影响。方法之一是，采用温度能够自己补偿的专用电阻片；方法之二是，把普通应变片贴在材质与构件相同、但不参与机械变形的一材料上，然后和工作片在同一温度条件下组桥。电阻变化只与温度有关的电阻片称为温度补偿片。利用电桥原理，让温度补偿片和工作片一起合理组桥，就可以消除温度给应力测量带来的影响。

2. 应变花

为同时测定一点几个方向的应变，常把几个不同方向的敏感栅固定在同一个基底上，这种应变片称为应变花(图 10-3)。应变花的各敏感栅之间有不同的角度 α。它适用于平面应力状态下的应变测量。应变花的角度 α 可根据需要进行选择。

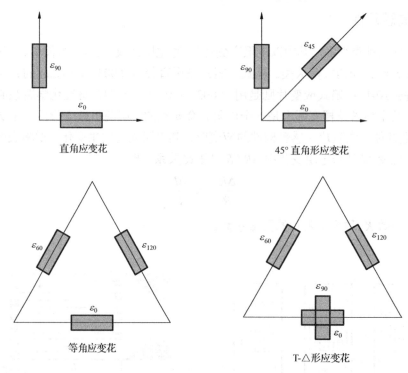

图 10-3

3. 电阻片的粘贴方法

粘贴电阻片是电测法的一个重要环节，它直接影响测量精度。粘贴时，一是必须保证测量表面清洁、平整、光滑、无油污、无锈迹。二是要保证粘贴位置的准确，并选用专用的黏结剂。三是应变片引线的焊接和导线的固定要牢靠，以保证测量时导线不会扯坏应变片。为满足上述要求，粘贴的大致过程如下：打磨测量表面→在测量位置准确画线→清洗测量表面→在画线位置上准确地粘贴应变片→焊接导线并牢靠固定。

10.1.2　电桥工作原理

应变仪测量电路的作用就是把电阻片的电阻变化率 $\Delta R / R$ 转换成电压输出，然后提供给放大电路放大后进行测量。

1. 电桥原理

测量电路有多种，最常用的是桥式测量电路(图10-4)。R_1、R_2、R_3、R_4 四个电阻依次接在 A、B、C、D(或 1、2、3、4)之间，构成电桥的 4 个桥臂。电桥的对角 AC 接电源，电源电压为 E；对角 BD 为电桥的输出端，其输出电压用 U_{DB} 表示。可以证明 U_{DB} 与桥臂电阻有如下关系：

$$U_{DB} = E\left(\frac{R_1}{R_1 + R_2} - \frac{R_4}{R_3 + R_4} \right)$$

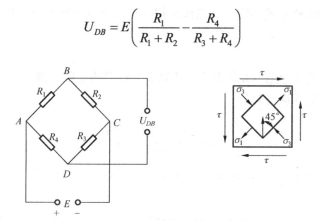

图 10-4

若 4 个桥臂电阻由贴在构件上的 4 枚电阻片组成，而且初始电阻 $R_1 = R_2 = R_3 = R_4$，当输出电压 $U_{DB} = 0$ 时，电桥处于平衡状态。构件变形时，各电阻的变化量分别为 ΔR_1、ΔR_2、ΔR_3、ΔR_4。输出电压为

$$U_{DB} + \Delta U_{DB} = E\left(\frac{R_1 + \Delta R_1}{R_1 + R_2 + \Delta R_1 + \Delta R_2} - \frac{R_4 + \Delta R_4}{R_3 + R_4 + \Delta R_3 + \Delta R_4} \right)$$

在小应变的条件 $\left(\dfrac{\Delta R}{R} \ll 1 \right)$ 下，可以证明输出电压的相应变化为

$$\Delta U_{DB} = \frac{E}{4}\left(\frac{\Delta R_1}{R_1} - \frac{\Delta R_2}{R_2} + \frac{\Delta R_3}{R_3} - \frac{\Delta R_4}{R_4} \right)$$

当 ΔR 仅由机械变形引起，与温度影响无关，而且 4 枚电阻片的灵敏系数 K_s 相等时，根据 $\dfrac{\Delta R_i}{R} = K_s \varepsilon_i$ 可知

$$\Delta U_{DB} = \frac{EK_s}{4}(\varepsilon_1 - \varepsilon_2 + \varepsilon_3 - \varepsilon_4)$$

如果供桥电压 E 不变，那么构件变形引起的电压输出变化 ΔU_{DB} 与 4 个桥臂的应变值 ε_1、ε_2、ε_3、ε_4 呈线性关系。上式中，各 ε 是代数值，其符号由变形方向决定。一般拉应变

为正、压应变为负。根据这一特性：相邻两桥臂的 $\varepsilon(\varepsilon_1$、$\varepsilon_2$或$\varepsilon_3$、$\varepsilon_4)$ 符号一致时，两应变相抵消；若符号相反，则两应变的绝对值相加。相对两桥臂的 $\varepsilon(\varepsilon_1$、$\varepsilon_3$或$\varepsilon_2$、$\varepsilon_4)$ 符号一致时，两应变的绝对值相加；若符号相反，则两应变相抵消。

试验如果能很好地利用电桥的这一特性，合理布片、灵活组桥，将直接影响电桥输出电压的大小，从而有效地提高测量灵敏度、减少测量误差。这种作用称为桥路的加减特性。应变仪是测量应变的专用仪器，电桥输出电压变化 ΔU_{DB} 的大小是按应变直接标定来显示的。因此与 ΔU_{DB} 对应的应变值 ε 可由应变仪直接读出来。

2. 组桥方式

一般贴在构件上参与机械变形的电阻片称为工作片，在不考虑温度影响的前提下，应变片接入各桥臂的组桥方式不同，与工作片相应的输出电压也不同。几种典型的组桥方式如下。

1) 单臂测量

只有一枚工作片 R_1 接在 AB 桥臂上，其他 3 个桥臂的电阻片都不参与变形，应变为零。这时电桥输出电压的相应变化为

$$\Delta U_{DB} = \frac{E}{4}\left(\frac{\Delta R_1}{R_1}\right) = \frac{E}{4}K_s\varepsilon_1$$

单臂测量的结果 ΔU_{DB} 反映被测点的真实工作应变。

2) 半桥测量

两枚工作片 R_1、R_2 分别接在相邻的两个桥臂 AB、BC 上，其他两个桥臂接应变仪的内接电阻，这时电桥输出电压的相应变化为

$$\Delta U_{DB} = \frac{E}{4}\left(\frac{\Delta R_1}{R_1} - \frac{\Delta R_2}{R_2}\right) = \frac{E}{4}K_s(\varepsilon_1 - \varepsilon_2)$$

3) 对臂测量

两枚工作片 R_1、R_3 分别接在对臂 AB、CD 上，温度补偿片 R_2、R_4 分别接在其他两对臂 BC、AD 上，这时：

$$\Delta U_{DB} = \frac{E}{4}\left(\frac{\Delta R_1}{R_1} + \frac{\Delta R_3}{R_3}\right) = \frac{E}{4}K_s(\varepsilon_1 + \varepsilon_3)$$

4) 单臂串联测量

两枚串联的工作片 $2R$ 接 AB 桥臂，而两枚串联的温度补偿片 $2R$ 接 BC 桥臂，其他两个桥臂接应变仪的内接电阻，这时：

$$\Delta U_{DB} = \frac{E}{4}\left(\frac{\Delta R_1}{R_1}\right)$$

工作片串联后 $R_1 = 2R$，同样 $\Delta R_1 = 2\Delta R$，因此 ΔU_{DB} 的测量结果不变，与两枚电阻片的电阻变化率的平均值成正比。

3. 温度补偿

温度补偿是运用桥路的加减特性，合理布片，有效利用温度补偿片正确组桥，以消除温度给应变测量带来的影响。下面讨论桥路原理在温度补偿中的几种典型应用。

1) 单臂测量

工作片 R_1 接 AB 桥臂，温度补偿片 R_2 接 BC 桥臂，剩下的两个桥臂是不参与变形的内接电阻。由于温度的影响，这时电桥输出电压的相应变化为

$$\Delta U_{DB} = \frac{E}{4}\left[\frac{\Delta R_1}{R_1} + (\Delta R_1 / R_1)T - (\Delta R_2 / R_2)T\right]$$

相邻两桥臂的电阻片由温度变化引起的电阻变化率 $(\Delta R_1 / R_1)T = (\Delta R_2 / R_2)T$。根据桥路加减特性，二者在桥路中相互抵消，从而使 ΔU_{DB} 消除了温度的影响，即 $\Delta U_{DB} = \frac{E}{4}\left(\frac{\Delta R_1}{R_1}\right)$，因此单臂测量的结果只反映被测点的工作应变。

2) 半桥测量

两枚工作片 R_1、R_2 分别接在相邻的两个桥臂 AB、BC 上，其他两个桥臂是应变仪的内接电阻，这时电桥输出电压的相应变化为

$$\Delta U_{DB} = \frac{E}{4}\left[\frac{\Delta R_1}{R_1} + (\Delta R_1 / R_1)T - \frac{\Delta R_2}{R_2} - (\Delta R_2 / R_2)T\right]$$

R_1、R_2 因温度变化引起的电阻变化率相等，即 $(\Delta R_1 / R_1)T = (\Delta R_2 / R_2)T$。根据桥路加减特性，二者在桥路中相互抵消，从而不必接温度补偿片就消除了温度的影响，这时桥路输出电压的相应变化为

$$\Delta U_{DB} = \frac{E}{4}\left(\frac{\Delta R_1}{R_1} - \frac{\Delta R_2}{R_2}\right)$$

3) 对臂测量

两枚工作片 R_1、R_3 分别接在对臂 AB、CD 上；两个温度补偿片 R_2、R_4 分别接在其他两对臂 BC、AD 上，由于 4 枚电阻片都处于同一温度条件下，而且各电阻片由温度变化引起的电阻变化率相等，温度影响即在桥路中相互抵消，这时电桥输出电压的相应变化仍为

$$\Delta U_{DB} = \frac{E}{4}\left(\frac{\Delta R_1}{R_1} + \frac{\Delta R_3}{R_3}\right)$$

4) 全桥测量

4 枚工作片 R_1、R_2、R_3、R_4 依次接在电桥的 4 个桥臂上。由于各工作片由温度变化引起的电阻变化率相等，温度影响在桥路中相互抵消，这时电桥输出电压的相应变化仍为

$$\Delta U_{DB} = \frac{E}{4}\left(\frac{\Delta R_1}{R_1} - \frac{\Delta R_2}{R_2} + \frac{\Delta R_3}{R_3} - \frac{\Delta R_4}{R_4}\right)$$

4. 读数修正

应变仪是应变测量的专用仪器。应变仪测量电路的输出电压变化 ΔU_{DB} 是被标定成应

变值($\varepsilon_{仪}$)直接显示的。与电阻片的灵敏系数 K_s 相对应,应变仪也有一个灵敏系数 $K_{仪}$,多数仪器的 $K_{仪}$ 是可调的,测量时一般经过调节令 $K_{仪} = K_s$,这样应变仪的读数值 $\varepsilon_{仪}$ 与桥路输出的应变值 $\varepsilon_{测}$ 相等,即 $\varepsilon_{仪} = \varepsilon_{测}$,不必修正。某些应变仪的 $K_{仪}$ 是固定不变的、不能调节,当 $K_{仪} \neq K_s$ 时,读数值 $\varepsilon_{仪}$ 会存在一系统误差,必须按下式进行修正,即 $K_{仪}\varepsilon_{仪} = K_s\varepsilon_{测}$,此时桥路输出的实际应变值应为

$$\varepsilon_{测} = \frac{K_{仪}}{K_s}\varepsilon_{仪}$$

5. 桥臂系数

在用电测法进行实际测量时,由于布片和组桥方式不同,电桥的输出电压变化 ΔU_{DB} 会有很大的不同,与单臂测量相比,$\varepsilon_{仪}$ 将不同程度地被放大,即测量灵敏度有不同程度的提高。为说明这种变化,测量灵敏度的大小一般用桥臂系数 B 来表示,定义如下:

$$B = \frac{\varepsilon_{仪}}{\varepsilon_{单}}$$

式中,$\varepsilon_{仪}$ 为应变仪指示的应变值($K_{仪} = K_s$ 时);$\varepsilon_{单}$ 为被测点的真实应变值,一般由单臂测量测定。

10.2　电测法的简单应用

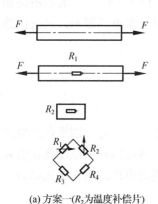

(a) 方案一(R_2 为温度补偿片)

例 10-1　用电测法测定图 10-5 所示轴向拉杆横截面上的正应力 σ。试确定测试方案,并给出应力 σ 与应变仪读数值 ε_R 之间的关系。已知材料的弹性模量为 E、泊松比为 μ。

解: 方案一:

$$\varepsilon_1 = \varepsilon_F + \varepsilon_T$$
$$\varepsilon_2 = \varepsilon_T$$
$$\varepsilon_3 = \varepsilon_4 = 0$$
$$\varepsilon_R = \varepsilon_1 - \varepsilon_2 - \varepsilon_3 + \varepsilon_4 = \varepsilon_F$$
$$\sigma = E\varepsilon_R$$

方案二:

$$\varepsilon_1 = \varepsilon_F + \varepsilon_T$$
$$\varepsilon_2 = -\mu\varepsilon_F + \varepsilon_T$$
$$\varepsilon_3 = \varepsilon_4 = 0$$
$$\varepsilon_R = \varepsilon_1 - \varepsilon_2 - \varepsilon_3 + \varepsilon_4 = (1+\mu)\varepsilon_F$$
$$\sigma = \frac{E}{1+\mu}\varepsilon_R$$

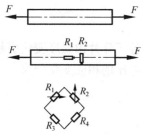

(b) 方案二

图 10-5

例 10-2　用电测法测定图 10-6 所示纯弯曲梁所受弯矩

M。试确定测试方案，并给出弯矩 M 与应变仪读数值 ε_R 之间的关系。已知材料的弹性模量为 E，梁的抗弯截面系数为 W_z。

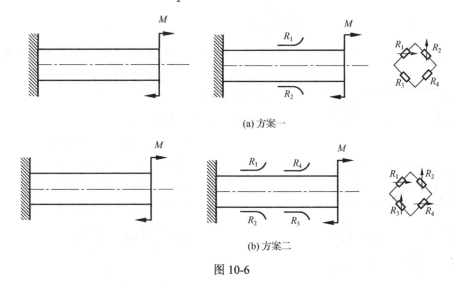

(a) 方案一

(b) 方案二

图 10-6

解：方案一：

$$\varepsilon_1 = \varepsilon_M + \varepsilon_T, \quad \varepsilon_2 = -\varepsilon_M + \varepsilon_T, \quad \varepsilon_3 = \varepsilon_4 = 0$$

$$\varepsilon_R = \varepsilon_1 - \varepsilon_2 - \varepsilon_3 + \varepsilon_4 = 2\varepsilon_M, \quad M = \frac{EW_z}{2}\varepsilon_R$$

方案二：

$$\varepsilon_1 = \varepsilon_4 = \varepsilon_M + \varepsilon_T, \quad \varepsilon_2 = \varepsilon_3 = -\varepsilon_M + \varepsilon_T,$$

$$\varepsilon_R = \varepsilon_1 - \varepsilon_2 - \varepsilon_3 + \varepsilon_4 = 4\varepsilon_M, \quad M = \frac{EW_z}{4}\varepsilon_R$$

例 10-3　图 10-7 所示立柱承受偏心拉伸，试用电测法测定载荷 F 和偏心距 e。试确定测试方案，并给出载荷 F、偏心距 e 与应变仪读数值 ε_R 之间的关系。已知材料的弹性模量为 E，立柱的横截面面积为 A、抗弯截面系数为 W_z。

解：测定载荷 F：

$$\varepsilon_1 = \varepsilon_F + \varepsilon_M + \varepsilon_T$$

$$\varepsilon_2 = \varepsilon_3 = \varepsilon_T$$

$$\varepsilon_4 = \varepsilon_F - \varepsilon_M + \varepsilon_T$$

$$\varepsilon_R = \varepsilon_1 - \varepsilon_2 - \varepsilon_3 + \varepsilon_4 = 2\varepsilon_F$$

$$F = \frac{EA}{2}\varepsilon_R$$

测定偏心距 e：

$$\varepsilon_1 = \varepsilon_F + \varepsilon_M + \varepsilon_T$$

$$\varepsilon_2 = \varepsilon_F - \varepsilon_M + \varepsilon_T$$

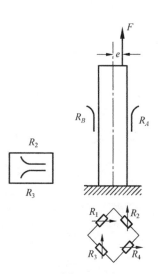

图 10-7

$$\varepsilon_3 = \varepsilon_4 = 0$$

$$\varepsilon_R = \varepsilon_1 - \varepsilon_2 - \varepsilon_3 + \varepsilon_4 = 2\varepsilon_M$$

$$e = \frac{EW_z}{2F}\varepsilon_R$$

例 10-4　用电测法测定图 10-8 所示扭转圆轴的最大切应力 τ_{max}。试确定测试方案，并给出最大切应力 τ_{max} 与应变仪读数值 ε_R 之间的关系。已知材料的弹性模量为 E、泊松比为 μ。

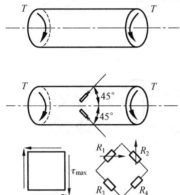

图 10-8

解：主方向为 $\pm45°$：

$$\sigma_1 = -\sigma_3 = \tau_{max}, \quad \varepsilon_1 = -\varepsilon_3$$

$$\varepsilon_1^* = \varepsilon_1 + \varepsilon_T, \quad \varepsilon_3^* = \varepsilon_4^* = 0$$

$$\varepsilon_2^* = \varepsilon_3 + \varepsilon_T = -\varepsilon_1 + \varepsilon_T$$

$$\varepsilon_R = \varepsilon_1^* - \varepsilon_2^* - \varepsilon_3^* + \varepsilon_4^* = 2\varepsilon_1$$

$$\varepsilon_1 = \frac{1+\mu}{E}\sigma_1 = \frac{1+\mu}{E}\tau_{max}$$

$$\tau_{max} = \frac{E}{2(1+\mu)}\varepsilon_R$$

参 考 文 献

戴宏亮, 2014. 材料力学[M]. 长沙: 湖南大学出版社.

范钦珊, 殷雅俊, 唐靖林, 2014. 材料力学[M]. 3 版. 北京: 清华大学出版社.

冯晓九, 2017. 材料力学[M]. 北京: 北京理工大学出版社.

古滨, 2016. 材料力学 [M]. 2 版. 北京: 北京理工大学出版社.

刘鸿文, 2016. 材料力学Ⅰ[M]. 6 版. 北京: 高等教育出版社.

单祖辉, 2016. 材料力学Ⅰ[M]. 4 版. 北京: 高等教育出版社.

孙训方, 方孝淑, 关来泰, 2019. 材料力学(Ⅰ)[M]. 6 版. 北京: 高等教育出版社.

王国超, 2014. 材料力学[M]. 重庆: 重庆大学出版社.

王吉民, 2010. 材料力学[M]. 北京: 中国电力大学出版社.

附录 I 平面图形的几何性质

I.1 静矩和形心

设任意截面如图 I-1 所示，面积为 A，y 轴和 z 轴是截面平面内的任意一对直角坐标轴。从截面内任取微面积 dA，其坐标分别为 y 和 z，则称 ydA 和 zdA 分别为微面积 dA 对 z 轴和 y 轴的静矩或一次矩；而遍及整个截面面积 A 的积分

$$S_z = \int_A ydA, \quad S_y = \int_A zdA \tag{I-1}$$

分别定义为该截面对 z 轴和 y 轴的静矩。

截面的静矩不仅与截面的形状和尺寸有关，而且与所选坐标轴的位置有关，同一截面对于不同坐标轴的静矩是不相同的。静矩的数值可正、可负，也可等于零，其常用单位为 m^3 或 mm^3。

在 Oyz 坐标系中有均质等厚薄板，其厚度为 δ，薄板的面积为 A，单位体积的重量为 γ。为方便设计，设其为水平放置，重心设为 C 点，它的坐标为 y_c、z_c。利用合力矩定理可求得重心的坐标公式为

$$y_c = \frac{\sum W_i y_i}{W}, \quad z_c = \frac{\sum W_i z_i}{W} \tag{a}$$

式中，W 为薄板的总重量。将 $W = A\delta\gamma$ 代入式(a)，得

$$y_c = \frac{\sum A_i y_i}{A}, \quad z_c = \frac{\sum A_i z_i}{A} \tag{b}$$

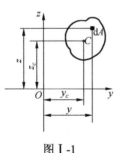

图 I-1

可见均质等厚薄板的重心与该薄板的平面图形的形心是重合的，故可用式(a)来计算平面图形(图 I-1)的形心坐标，由于式(I-1)中的 $\int_A ydA$ 和 $\int_A zdA$ 就是截面的静矩，于是将式(I-1)代入式(b)可得

$$y_c = \frac{S_z}{A}, \quad z_c = \frac{S_y}{A} \tag{I-2a}$$

或改写为

$$S_z = y_c A, \quad S_y = z_c A \tag{I-2b}$$

因此，若已知截面的面积 A 及其对坐标轴 y、z 的静矩，则可用式(I-2a)来确定截面的形心坐标；在已知截面的面积 A 及其形心坐标 y_c、z_c 时，即可按式(I-2b)来计算此截面对坐标轴 y、z 的静矩。

由式(I-2a)和式(I-2b)可见，若截面对于某一轴的静矩等于零，则该轴必通过截面

的形心；反之，截面对通过其形心的坐标轴的静矩恒等于零。对于具有对称轴的截面，则该截面对于其对称轴的静矩为零，这是因为对称轴总是通过形心的。可以推论：对于任意形状截面，用平行于形心轴 z 的横行线将截面分为上、下两部分，则上、下两部分面积对形心轴 z 的静矩的绝对值一定相等。

工程中有些构件的截面形状是由若干个简单图形组合而成的，常称为组合截面。例如，工字形、T 形等截面形状是由几个矩形组合而成的；又如，带键槽的圆轴截面是由矩形和圆形组合而成的。由于简单图形的面积及形心位置均为已知，且由静矩的定义可知，整个截面对于某一轴的静矩就等于该截面的各组成 (A_i) 部分对于同一轴的静矩的代数和。写成通式，则为

$$S_z = \sum_{i=1}^{n} A_i y_{ci}, \quad S_y = \sum_{i=1}^{n} A_i z_{ci} \qquad (\text{I-3})$$

式中，y_{ci}、z_{ci} 代表任一简单图形的形心在 y、z 坐标系中的坐标值。

将式 (I-3) 代入式 (I-2a)，就得到组合截面形心的坐标公式：

$$y_c = \frac{\sum_{i=1}^{n} A_i y_{ci}}{\sum_{i=1}^{n} A_i}, \quad z_c = \frac{\sum_{i=1}^{n} A_i z_{ci}}{\sum_{i=1}^{n} A_i} \qquad (\text{I-4})$$

例 I-1 试计算如图 I-2 所示的三角形截面对于与其底边重合的 y 轴的静矩。

解： 取平行于 y 轴的狭长条作为面积元素，即 $dA = b(z)dz$。由相似三角形关系可知 $b(z) = \dfrac{b}{h}(h-z)$，因此有 $dA = \dfrac{b}{h}(h-z)dz$，将其代入式 (I-1)，即得

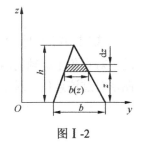

图 I-2

$$S_y = \int_A z\,dA = \int_0^h z\frac{b}{h}(h-z)dz = b\int_0^h z\,dz - \frac{b}{h}\int_0^h z^2\,dz = \frac{bh^2}{6} \quad (\text{I-5})$$

I.2 惯性矩和极惯性矩

I.2.1 惯性矩

任意平面图形如图 I-3 所示，其面积为 A，在坐标为 (y, z) 的任一点处，取微面积 dA，则下述面积分

$$I_z = \int_A y^2\,dA, \quad I_y = \int_A z^2\,dA \qquad (\text{I-6})$$

分别称为截面对轴 z 与轴 y 的惯性矩或截面二次轴矩。由上述定义可以看出，惯性矩 I_z 与 I_y 恒为正，其量纲则为长度的四次方，常用单位为 mm^4 或 m^4。

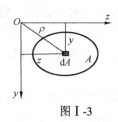

图 Ⅰ-3

在工程计算中，有时把惯性矩写成如下形式，即

$$I_z = A \cdot i_z^2, \quad I_y = A \cdot i_y^2 \tag{Ⅰ-7}$$

或表示为

$$i_z = \sqrt{\frac{I_z}{A}}, \quad i_y = \sqrt{\frac{I_y}{A}} \tag{Ⅰ-8}$$

式中，i_z 和 i_y 分别称为平面图形对轴 z 和轴 y 的惯性半径，其量纲为长度的一次方，常用单位为 mm。

Ⅰ.2.2　极惯性矩

在任意平面图形内（图 Ⅰ-3），在矢径为 ρ 的任一点处取微面积 dA，则面积分

$$I_P = \int_A \rho^2 dA \tag{Ⅰ-9}$$

称为截面对原点 O 的极惯性矩或截面二次极矩。由上述定义可以看出，截面的极惯性矩恒为正，其量纲则为长度的四次方，常用单位为 mm^4 或 m^4。由图 Ⅰ-3 可知，$\rho^2 = y^2 + z^2$。

将上式代入式（Ⅰ-9），得

$$I_P = \int_A \rho^2 dA = \int_A (y^2 + z^2) dA = \int_A y^2 dA + \int_A z^2 dA$$

即

$$I_P = I_z + I_y \tag{Ⅰ-10}$$

式（Ⅰ-10）表明，平面图形对其所在平面内任一点的极惯性矩，恒等于此图形对过该点的一对直角坐标轴的两个惯性矩之和。因此，尽管过任一点可以做出无限多对正交轴，但图形对过该点任一对正交轴的惯性矩之和始终不变，其值都等于图形对该点的极惯性矩。

Ⅰ.3　惯 性 积

在任意平面图形内（图 Ⅰ-3），在坐标为 (y, z) 的任一点处取微面积 dA，则下述面积分

$$I_{yz} = \int_A yz \, dA \tag{Ⅰ-11}$$

称为截面对轴 y 与轴 z 的惯性积。由以上定义可以看出，由于乘积 yz 可能为正，也可能为负，所以惯性积 I_{yz} 可能为正，可能为负，也可能为零。惯性积的量纲为长度的四次方，常用单位为 mm^4 或 m^4。

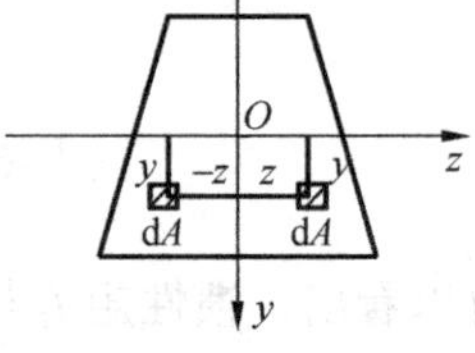

如果平面图形有一个对称轴，且坐标轴之一与对称轴重合，则图形对这对正交坐标轴的惯性积必为零。如图 Ⅰ-4 所示的图形，轴 y 为对称轴，在轴 y 左右两侧，总可以找到位置对称的两个微面积 dA，其乘积 $yz dA$ 在数值上相等，但正负号相反，在积分求和时就会相互抵消，所以

图 Ⅰ-4

$$I_{yz} = \int_A yz\,\mathrm{d}A = 0$$

由此可得结论：若平面图形具有一个对称轴，则该图形对于包括此对称轴在内的一对正交坐标轴的惯性积等于零。

I.4 平行移轴公式

由惯性矩和惯性积的定义可知，同一平面图形对于不同坐标轴的惯性矩和惯性积一般不相同。本节研究图形对任一轴以及与其平行的形心轴的两个惯性矩之间的关系，以及图形对任意一对正交轴及与其平行的一对形心轴的两个惯性积之间的关系，即建立平行移轴公式。

设有互相平行的两对正交坐标轴，其中一对为过形心 C 的坐标轴，以 y_c 和 z_c 表示，另一对则为与轴 y_c 和 z_c 平行的正交坐标轴，以 y、z 表示；且设图形形心相对于 y、z 坐标轴的坐标为 (a, b)，如图 I-5 所示。若图形对轴 y_c、z_c 的惯性矩和惯性积分别记为

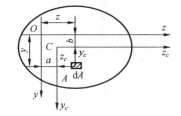

图 I-5

$$I_{y_c} = \int_A z_c^2\,\mathrm{d}A, \quad I_{z_c} = \int_A y_c^2\,\mathrm{d}A, \quad I_{y_c z_c} = \int_A y_c z_c\,\mathrm{d}A \tag{a}$$

图形对轴 y、z 的惯性矩和惯性积分别记为

$$I_y = \int_A z^2\,\mathrm{d}A, \quad I_z = \int_A y^2\,\mathrm{d}A, \quad I_{yz} = \int_A yz\,\mathrm{d}A \tag{b}$$

由图 I-5 可见，有

$$y = y_c + b, \quad z = z_c + a \tag{c}$$

将式(c)代入式(b)的第一式，得

$$I_y = \int_A z^2\,\mathrm{d}A = \int_A (z_c + a)^2\,\mathrm{d}A = \int_A z_c^2\,\mathrm{d}A + 2a\int_A z_c\,\mathrm{d}A + a^2\int_A \mathrm{d}A$$

式中，右端第一项代表图形对形心轴 y_c 的惯性矩 I_{y_c}；第二项积分即 $\int_A z_c\,\mathrm{d}A$ 为图形对形心轴 y_c 的静矩，其值为零；第三项积分中 $\int_A \mathrm{d}A = A$。然后，应用式(a)，则得 I_y、I_{y_c} 之间的关系为

$$I_y = I_{y_c} + a^2 A \tag{I-12}$$

同理，将式(c)代入式(b)中的第二式和第三式，得

$$I_z = I_{z_c} + b^2 A \tag{I-13}$$

$$I_{yz} = I_{y_c z_c} + abA \tag{I-14}$$

式(I-12)~式(I-14)称为惯性矩和惯性积的平行移轴公式，由它们可以得到如下的一些结论。

（1）平面图形对任一轴的惯性矩，等于图形对与该轴平行的形心轴的惯性矩，再加上图形面积与二轴间距离平方的乘积。因为面积恒为正，而 a^2 和 b^2 也为正，所以，在所有相互平行的轴中，平面图形对形心轴的惯性矩最小。

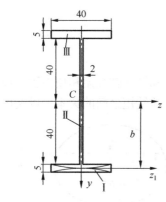

图 Ⅰ-6（单位：mm）

（2）平面图形对任一对正交坐标轴的惯性积，等于图形对平行于该两坐标轴的一对形心坐标轴的惯性积，再加上图形面积与图形形心相对于该两坐标轴的坐标的乘积。显然后一附加项可为正，也可为负。如果通过平面图形形心的轴有一条（或两条）是平面图形的对称轴，则惯性积 $I_{y_c z_c} = 0$，在这种情况下，平行移轴公式就变为 $I_{yz} = abA$。

例Ⅰ-2　图Ⅰ-6 所示的工字形图形由上、下翼缘与腹板组成，试计算图形对水平形心轴 z 的惯性矩 I_z。

解：将图形分解为矩形Ⅰ、矩形Ⅱ和矩形Ⅲ。设矩形Ⅰ的水平形心轴为 z_1，则由式（Ⅰ-13）可知，矩形Ⅰ对轴 z 的惯性矩为

$$I_z^{\mathrm{I}} = I_{z_c}^{\mathrm{I}} + A_1 b^2$$

$$= \frac{(0.04\mathrm{m}) \times (0.005\mathrm{m})^3}{12} + (0.04\mathrm{m}) \times (0.005\mathrm{m}) \left(0.04\mathrm{m} + \frac{0.005\mathrm{m}}{2} \right)^2$$

$$= 3.62 \times 10^{-7}\, \mathrm{m}^4$$

矩形Ⅱ的形心与整个图形的形心 C 重合，故该矩形对轴 z 的惯性矩为

$$I_z^{\mathrm{II}} = \frac{(0.002\mathrm{m}) \times (0.08\mathrm{m})^3}{12} = 8.53 \times 10^{-8}\, \mathrm{m}^4$$

于是，整个图形对轴 z 的惯性矩为

$$I_z = 2I_z^{\mathrm{I}} + I_z^{\mathrm{II}} = 2 \times (3.62 \times 10^{-7}\, \mathrm{m}^4) + 8.53 \times 10^{-8}\, \mathrm{m}^4 = 8.09 \times 10^{-7}\, \mathrm{m}^4$$

Ⅰ.5　转轴公式与主惯性轴

当坐标轴绕其原点转动时，截面对转动前后的两对不同坐标轴的惯性矩及惯性积之间也存在一定的关系，本节对其进行介绍并利用它来确定截面的主惯性轴，计算截面的主惯性矩。

Ⅰ.5.1　惯性矩和惯性积的转轴公式

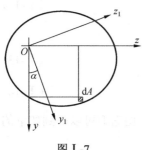

图Ⅰ-7

设一面积为 A 的任意形状截面如图Ⅰ-7 所示。截面对通过其上任一点 O 的两坐标轴 y、z 轴的惯性矩和惯性积为 I_y、I_z 和 I_{yz}。若 y、z 轴绕 O 点旋转 α 角（规定 α 角以逆时针转时为正）至 y_1、z_1，截面对 y_1、z_1 轴的惯性矩和惯性积设为 I_{y1}、I_{z1} 和 I_{y1z1}。由图中可见，截面上任一面积元素 $\mathrm{d}A$ 在这两对坐标系中的坐标之间的关系为

$$\left.\begin{array}{l} y_1 = y\cos\alpha + z\sin\alpha \\ z_1 = z\cos\alpha - y\sin\alpha \end{array}\right\} \tag{a}$$

将 y_1 代入式（ I -6）的第二式，经过展开并逐项积分后，即得截面对 y_1 轴的惯性矩为

$$
\begin{aligned}
I_{y1} &= \int_A z_1^2 \mathrm{d}A \\
&= \int_A (z\cos\alpha - y\sin\alpha)^2 \mathrm{d}A \\
&= \cos^2\alpha \int_A z^2 \mathrm{d}A + \sin^2\alpha \int_A y^2 \mathrm{d}A - 2\sin\alpha\cos\alpha \int_A yz\mathrm{d}A \\
&= I_y \cos^2\alpha + I_z \sin^2\alpha - I_{yz}\sin 2\alpha
\end{aligned}
$$

以 $\cos^2\alpha = \dfrac{1}{2}(1+\cos 2\alpha)$，$\sin^2\alpha = \dfrac{1}{2}(1-\cos 2\alpha)$ 代入上式，可得

$$I_{y1} = \frac{I_y + I_z}{2} + \frac{I_y - I_z}{2}\cos 2\alpha - I_{yz}\sin 2\alpha \tag{ I -15a}$$

同理，可求得

$$I_{z1} = \frac{I_y + I_z}{2} - \frac{I_y - I_z}{2}\cos 2\alpha + I_{yz}\sin 2\alpha \tag{ I -15b}$$

$$I_{y1z1} = \frac{I_y - I_z}{2}\sin 2\alpha + I_{yz}\cos 2\alpha \tag{ I -15c}$$

式（ I -15a）～式（ I -15c）即为惯性矩和惯性积的转轴公式。可见 I_{y1}、I_{z1} 和 I_{y1z1} 均随 α 的改变而变化，即都是 α 的函数。

将式（ I -15a）和式（ I -15b）相加，可得

$$I_{y1} + I_{z1} = I_y + I_z \tag{b}$$

这表明截面对于通过同一点的任意一对正交坐标轴的两惯性矩之和为一常数，并等于截面对该坐标原点的极惯性矩，见式（ I -10）。

I .5.2 截面的主惯性轴和主惯性矩

由式（ I -15c）可知，当坐标轴旋转时，惯性积 I_{y1z1} 将随 α 角做周期性变化，且有正有负。即将 $\alpha = \alpha k$ 及 $\alpha = \alpha k + 90°$ 分别代入式（ I -15c），则惯性积的正负号相反，这说明至少存在某一个特殊的角度 α_0，使截面对相应的 y_0、z_0 轴的惯性积 $I_{y0z0} = 0$，截面对其惯性积等于零的这一对坐标轴就称为主惯性轴，简称主轴。截面对主轴的惯性矩称为主惯性矩。当一对主惯性轴的交点与截面的形心重合时，就称为形心主惯性轴。截面对于形心主惯性轴的惯性矩称为形心主惯性矩。

首先来确定主轴的位置。设 α_0 角为主轴与原坐标轴之间的夹角，将其代入式（ I -15c），并令其等于零，得

$$\frac{I_y - I_z}{2}\sin 2\alpha_0 + I_{yz}\cos 2\alpha_0 = 0$$

由上式可求得

$$\tan 2\alpha_0 = \frac{-2I_{yz}}{I_y - I_z} \tag{ I -16}$$

将求出的 α_0 值代入式（I-15a）和式（I-15b），就可得截面的主惯性矩。为了计算方便，现导出直接由 I_y、I_z 和 I_{yz} 来计算主惯性矩的算式。由式（I-16）可以求得

$$\cos 2\alpha_0 = \frac{1}{\sqrt{1+\tan^2 2\alpha_0}} = \frac{I_y - I_z}{\sqrt{(I_y - I_z)^2 + 4I_{yz}^2}} \tag{c}$$

$$\sin 2\alpha_0 = \frac{\tan 2\alpha_0}{\sqrt{1+\tan^2 2\alpha_0}} = \frac{-2I_{yz}}{\sqrt{(I_y - I_z)^2 + 4I_{yz}^2}} \tag{d}$$

将其代入式（I-15a）和式（I-15b），经过简化就得到主惯性矩的计算公式：

$$I_{y0} = \frac{I_y + I_z}{2} + \frac{1}{2}\sqrt{(I_y - I_z)^2 + 4I_{yz}^2} \tag{I-17a}$$

$$I_{z0} = \frac{I_y + I_z}{2} - \frac{1}{2}\sqrt{(I_y - I_z)^2 + 4I_{yz}^2} \tag{I-17b}$$

由式（I-15a）和式（I-15b）可见，惯性矩 I_{y1}、I_{z1} 都是 α 角的正弦和余弦函数。而 α 角可在 $0°\sim 360°$ 变化，因此 I_{y1} 和 I_{z1} 必然有极值。由于对于通过同一点的任意一对坐标轴的两惯性矩之和为一常数，因此其中的一个为极大值，另一个为极小值。由 $\dfrac{dI_{y1}}{d\alpha}=0$ 和 $\dfrac{dI_{z1}}{d\alpha}=0$ 解得使惯性矩取得极值的坐标轴位置的表达式与式（I-17）一致。从而可知截面对于通过任一点的主轴的主惯性矩之值就是通过该点所有惯性矩中的极大值 I_{max} 和极小值 I_{min}，从式（I-17a）和式（I-17b）可见 $I_{y0}=I_{max}$，而 $I_{z0}=I_{min}$。一般可根据截面积离形心主轴的远近，直观判断对哪一个轴的惯性矩为极大值，对哪一个轴的惯性矩是极小值。在弯曲问题计算中，都需要确定形心主轴的位置，并算出形心主惯性矩之值。

当截面只有一个对称轴时，由于截面对于对称轴的惯性积等于零，截面的形心必在对称轴上，所以该对称轴及过形心并与对称轴相垂直的轴即为截面的形心主轴；当截面有两个对称轴时，这两个对称轴就是截面的形心主轴。此时，只需利用平行移轴公式（I-12）和式（I-13），即可得截面的形心主惯性矩。

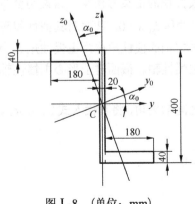

图 I-8 （单位：mm）

若截面没有对称轴，首先应确定其形心位置，然后通过形心选择一对便于计算惯性矩和惯性积的坐标轴，求出截面对于这一对坐标轴的惯性矩和惯性积，将上述结果代入式（I-16）和式（I-17），即可确定表示形心主惯性轴位置的角度 α_0 和形心主惯性矩的数值。

例 I-3 试确定图 I-8 所示 Z 形截面的形心主轴的位置，并计算形心主惯性矩。

解： 先确定截面形心的位置，由于图形截面有一对称中心 C，故 C 点即为该截面的形心。过形心 C 作水平轴 y 和竖直轴 z。并将截面划分为图示的三个矩形，现以虚线为界，分别计算。

$$I_z = \frac{1}{12} \times 400 \times 20^3 + 2 \times \left(\frac{1}{12} \times 40 \times 180^3 + 100^2 \times 180 \times 40 \right) = 18315 \times 10^4 (\text{mm})^4$$

$$I_{yz} = -2 \times (100 \times 180 \times 180 \times 40) = -25920 \times 10^4 (\text{mm})^4$$

$$\tan 2\alpha_0 = \frac{-2I_{yz}}{I_y - I_z} = \frac{-2 \times (-25920 \times 10^4)}{57515 \times 10^4 - 18315 \times 10^4} = 1.3224$$

$$2\alpha_0 = 52.90°, \quad \alpha_0 = 26.45°, \quad \alpha_0 + 90° = 116.45°$$

$$\genfrac{}{}{0pt}{}{I_{y0}}{I_{z0}} = \frac{I_y + I_z}{2} \pm \sqrt{\left(\frac{I_y - I_z}{2} \right)^2 + I_{yz}^2}$$

$$= \frac{57515 \times 10^4 + 18315 \times 10^4}{2} \pm \sqrt{\left(\frac{57515 \times 10^4 - 18315 \times 10^4}{2} \right)^2 + \left(-25920 \times 10^4 \right)^2}$$

$$= \genfrac{}{}{0pt}{}{70411 \times 10^4}{5419 \times 10^4} (\text{mm})^4$$

可以看出 $I_{y0} = I_{max} = 70411 \times 10^4 \, \text{mm}^4$，而 $I_{z0} = I_{min} = 5419 \times 10^4 \, \text{mm}^4$。

习　　题

I-1　试确定图中平面图形的形心位置。

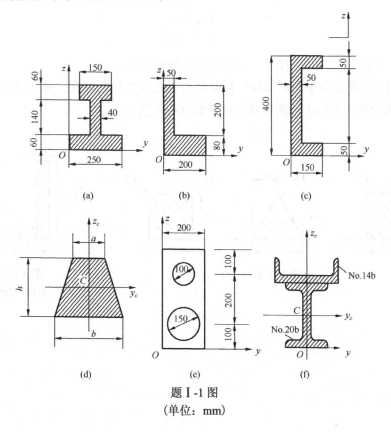

题 I-1 图
（单位：mm）

Ⅰ-2　试计算图中图形对水平形心轴 z 的惯性矩。

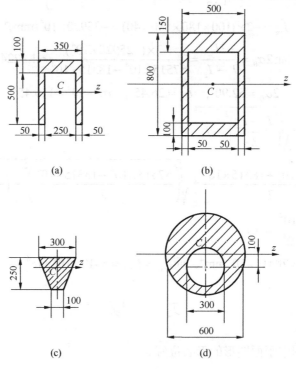

题Ⅰ-2 图
（单位：mm）

Ⅰ-3　试计算图中图形对轴 y、z 的惯性矩和惯性积。

Ⅰ-4　(1)试确定图中图形通过坐标原点 O 的主惯性轴的位置，并计算主惯性矩。

(2)试确定图中形心主轴的位置，并计算形心主惯性矩。

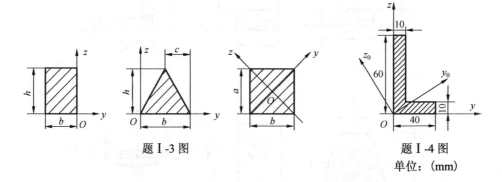

题Ⅰ-3 图　　　　　　　　　题Ⅰ-4 图
　　　　　　　　　　　　　　单位：（mm）

附录Ⅱ 型 钢 表

表Ⅱ.1 工字钢和槽钢尺寸、外形及允许偏差 （单位：mm）

项目		允许偏差	图示
高度 （h）	h<100	±1.5	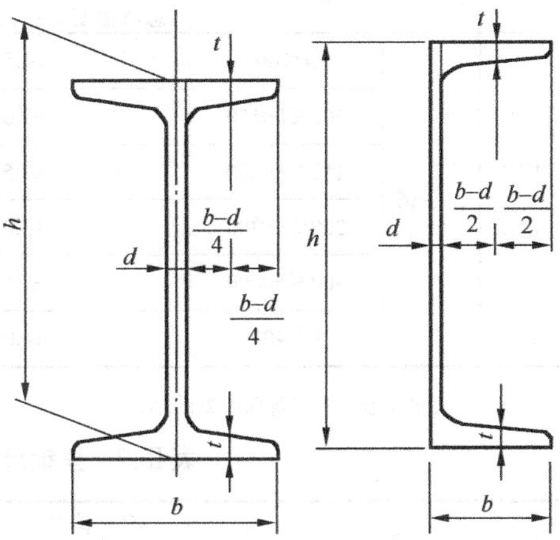
	100≤h<200	±2.0	
	200≤h<400	±3.0	
	h≥400	±4.0	
腿宽度 （b）	h<100	±1.5	
	100≤h<150	±2.0	
	150≤h<200	±2.5	
	200≤h<300	±3.0	
	300≤h<400	±3.5	
	h≥400	±4.0	
腰厚度 （d）	h<100	±0.4	
	100≤h<200	±0.5	
	200≤h<300	±0.7	
	300≤h<400	±0.8	
	h≥400	±0.9	
外缘斜度 （T_1、T_2）		T_1、T_2≤1.5%b T_1+T_2≤2.5%b	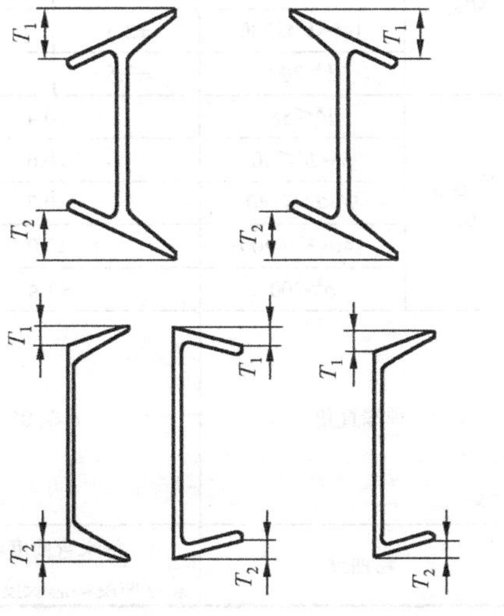

续表

项目	允许偏差	图示
弯腰挠度（W）	$W \leqslant 0.15d$	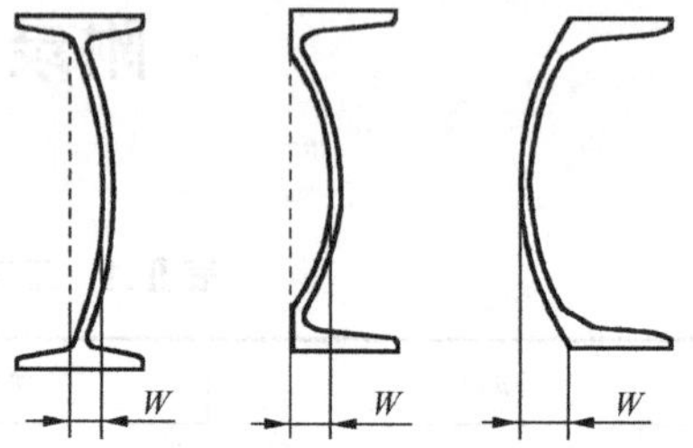

弯曲度	工字钢	每米弯曲度≤2 总弯曲度≤总长度的 0.20%	适用于上下、左右大弯曲
	槽钢	每米弯曲度≤3 总弯曲度≤总长度的 0.30%	

中心偏差（S）	工字钢	$h<100$	±1.5	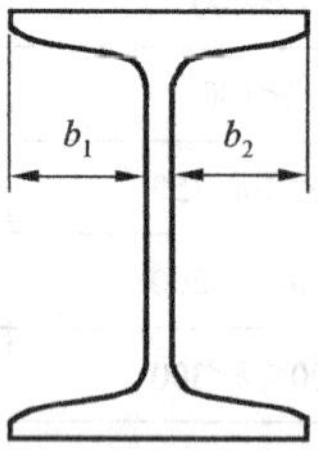
		$100 \leqslant h<150$	±2.0	
		$150 \leqslant h<200$	±2.5	
		$200 \leqslant h<300$	±3.0	
		$300 \leqslant h<400$	±3.5	
		$h \geqslant 400$	±4.0	$S=(b_1-b_2)/2$

注：尺寸和形状的测量部位见图示。

表Ⅱ.2　角钢尺寸、外形及允许偏差　　　　　　（单位：mm）

项目		允许偏差		图示
		等边角钢	不等边角钢	
边宽度（B,b）	$b^a \leqslant 56$	±0.8	±0.8	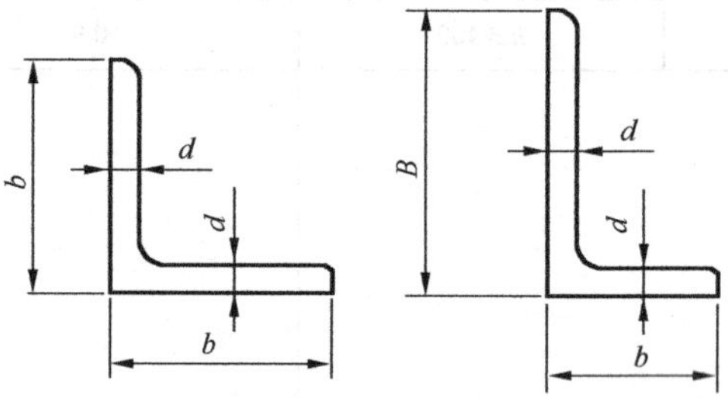
	$56<b^a \leqslant 90$	±1.2	±1.5	
	$90<b^a \leqslant 140$	±1.8	±2.0	
	$140<b^a \leqslant 200$	±2.5	±2.5	
	$b^a>200$	±3.5	±3.5	
边厚度（d）	$b^a \leqslant 56$	±0.4		
	$56<b^a \leqslant 90$	±0.6		
	$90<b^a \leqslant 140$	±0.7		
	$140<b^a \leqslant 200$	±1.0		
	$b^a>200$	±1.4		
顶端直角		$\alpha \leqslant 50'$		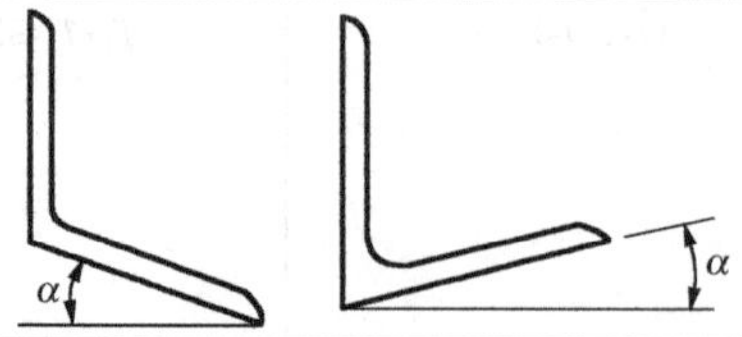
弯曲度		每米弯曲度≤3 总弯曲度≤总长度的 0.30%		适用于上下、左右大弯曲

注：尺寸和形状的测量部位见图示。

a 不等边角钢按长边宽度 B。

表Ⅱ.3　型钢的长度允许偏差　　　　　　　　　　　（单位：mm）

长度	允许偏差
≤8000	+50 0
>8000	+80 0

表Ⅱ.4　检验项目、取样数量、取样方法和试验方法

序号	检验项目	取样数量	取样方法	试验方法
1	化学成分(熔炼分析)	按相应牌号标准的规定		
2	拉伸试验	1 个/批	GB/T 2975*	GB/T 228.1
3	弯曲试验	1 个/批		GB/T 232
4	冲击试验	3 个/批		GB/T 229
5	表面质量	逐根	—	目视、量具
6	尺寸、外形	逐根	—	量具
7	重量偏差	根据 GB/T 706—2016 4.4.2 提供的方法确定		称重

注：* 工字钢、槽钢在腰部取样。

表Ⅱ.5　工字钢截面尺寸、截面面积、理论重量及截面特性(GB/T 706—2016)

型号	截面尺寸/mm						截面面积/cm²	理论重量/(kg/m)	外表面积/(m²/m)	惯性矩/cm⁴		惯性半径/cm		截面模数/cm³	
	h	b	d	t	r	r_1				I_x	I_y	i_x	i_y	W_x	W_y
10	100	68	4.5	7.6	6.5	3.3	14.33	11.3	0.432	245	33.0	4.14	1.52	49.0	9.72
12	120	74	5.0	8.4	7.0	3.5	17.80	14.0	0.493	436	46.9	4.95	1.62	72.7	12.7
12.6	126	74	5.0	8.4	7.0	3.5	18.10	14.2	0.505	488	46.9	5.20	1.61	77.5	12.7
14	140	80	5.5	9.1	7.5	3.8	21.50	16.9	0.553	712	64.4	5.76	1.73	102	16.1
16	160	88	6.0	9.9	8.0	4.0	26.11	20.5	0.621	1130	93.1	6.58	1.89	141	21.2
18	180	94	6.5	10.7	8.5	4.3	30.74	24.1	0.681	1660	122	7.36	2.00	185	26.0
20a	200	100	7.0	11.4	9.0	4.5	35.55	27.9	0.742	2370	158	8.15	2.12	237	31.5
20b		102	9.0				39.55	31.1	0.746	2500	169	7.96	2.06	250	33.1
22a	220	110	7.5	12.3	9.5	4.8	42.10	33.1	0.817	3400	225	8.99	2.31	309	40.9
22b		112	9.5				46.50	36.5	0.821	3570	239	8.78	2.27	325	42.7
24a	240	116	8.0	13.0	10.0	5.0	47.71	37.5	0.878	4570	280	9.77	2.42	381	48.4
24b		118	10.0				52.51	41.2	0.882	4800	297	9.57	2.38	400	50.4
25a	250	116	8.0				48.51	38.1	0.898	5020	280	10.2	2.40	402	48.3
25b		118	10.0				53.51	42.0	0.902	5280	309	9.94	2.40	423	52.4

型号	截面尺寸/mm						截面面积/cm²	理论重量/(kg/m)	外表面积/(m²/m)	惯性矩/cm⁴		惯性半径/cm		截面模数/cm³	
	h	b	d	t	r	r_1				I_x	I_y	i_x	i_y	W_x	W_y
27a	270	122	8.5	13.7	10.5	5.3	54.52	42.8	0.958	6550	345	10.9	2.51	485	56.6
27b		124	10.5				59.92	47.0	0.962	6870	366	10.7	2.47	509	58.9
28a	280	122	8.5				55.37	43.5	0.978	7110	345	11.3	2.50	508	56.6
28b		124	10.5				60.97	47.9	0.982	7480	379	11.1	2.49	534	61.2
30a	300	126	9.0	14.4	11.0	5.5	61.22	48.1	1.031	8950	400	12.1	2.55	596	63.5
30b		128	11.0				67.22	52.8	1.035	9400	422	11.8	2.50	627	65.9
30c		130	13.0				73.22	57.5	1.039	9850	445	11.6	2.46	657	68.5
32a	320	130	9.5	15.0	11.5	5.8	67.12	52.7	1.084	11100	460	12.8	2.62	692	70.8
32b		132	11.5				73.52	57.7	1.088	11600	502	12.6	2.61	726	76.0
32c		134	13.5				79.92	62.7	1.092	12200	544	12.3	2.61	760	81.2
36a	360	136	10.0	15.8	12.0	6.0	76.44	60.0	1.185	15800	552	14.4	2.69	875	81.2
36b		138	12.0				83.64	65.7	1.189	16500	582	14.1	2.64	919	84.3
36c		140	14.0				90.84	71.3	1.193	17300	612	13.8	2.60	962	87.4
40a	400	142	10.5	16.5	12.5	6.3	86.07	67.6	1.285	21700	660	15.9	2.77	1090	93.2
40b		144	12.5				94.07	73.8	1.289	22800	692	15.6	2.71	1140	96.2
40c		146	14.5				102.1	80.1	1.293	23900	727	15.2	2.65	1190	99.6
45a	450	150	11.5	18.0	13.5	6.8	102.4	80.4	1.411	32200	855	17.7	2.89	1430	114
45b		152	13.5				111.4	87.4	1.415	33800	894	17.4	2.84	1500	118
45c		154	15.5				120.4	94.5	1.419	35300	938	17.1	2.79	1570	122
50a	500	158	12.0	20.0	14.0	7.0	119.2	93.6	1.539	46500	1120	19.7	3.07	1860	142
50b		160	14.0				129.2	101	1.543	48600	1170	19.4	3.01	1940	146
50c		162	16.0				139.2	109	1.547	50600	1220	19.0	2.96	2080	151
55a	550	166	12.5	21.0	14.5	7.3	134.1	105	1.667	62900	1370	21.6	3.19	2290	164
55b		168	14.5				145.1	114	1.671	65600	1420	21.2	3.14	2390	170
55c		170	16.5				156.1	123	1.675	68400	1480	20.9	3.08	2490	175
56a	560	166	12.5				135.4	106	1.687	65600	1370	22.0	3.18	2340	165
56b		168	14.5				146.6	115	1.691	68500	1490	21.6	3.16	2450	174
56c		170	16.5				157.8	124	1.695	71400	1560	21.3	3.16	2550	183
63a	630	176	13.0	22.0	15.0	7.5	154.6	121	1.862	93900	1700	24.5	3.31	2980	193
63b		178	15.0				167.2	131	1.866	98100	1810	24.2	3.29	3160	204
63c		180	17.0				179.8	141	1.870	102000	1920	23.8	3.27	3300	214

注：表中 r、r_1 的数据用于孔型设计，不作为交货条件。

表Ⅱ.6 槽钢截面尺寸、截面面积、理论重量及截面特性(GB/T 706—2016)

型号	截面尺寸/mm						截面面积/cm²	理论重量/(kg/m)	外表面积/(m²/m)	惯性矩/cm⁴			惯性半径/cm		截面模数/cm³		重心距离/cm
	h	b	d	t	r	r_1				I_x	I_y	I_{y1}	i_x	i_y	W_x	W_y	Z_0
5	50	37	4.5	7.0	7.0	3.5	6.925	5.44	0.226	26.0	8.3	20.9	1.94	1.10	10.4	3.55	1.35
6.3	63	40	4.8	7.5	7.5	3.8	8.446	6.63	0.262	50.8	11.9	28.4	2.45	1.19	16.1	4.50	1.36
6.5	65	40	4.3	7.5	7.5	3.8	8.292	6.51	0.267	55.2	12.0	28.3	2.54	1.19	17.0	4.59	1.38
8	80	43	5.0	8.0	8.0	4.0	10.24	8.04	0.307	101	16.6	37.4	3.15	1.27	25.3	5.79	1.43
10	100	48	5.3	8.5	8.5	4.2	12.74	10.0	0.365	198	25.6	54.9	3.95	1.41	39.7	7.80	1.52
12	120	53	5.5	9.0	9.0	4.5	15.36	12.1	0.423	346	37.4	77.7	4.75	1.56	57.7	10.2	1.62
12.6	126	53	5.5	9.0	9.0	4.5	15.69	12.3	0.435	391	38.0	77.1	4.95	1.57	62.1	10.2	1.59
14a	140	58	6.0	9.5	9.5	4.8	18.51	14.5	0.480	564	53.2	107	5.52	1.70	80.5	13.0	1.71
14b	140	60	8.0	9.5	9.5	4.8	21.31	16.7	0.484	609	61.1	121	5.35	1.69	87.1	14.1	1.67
16a	160	63	6.5	10.0	10.0	5.0	21.95	17.2	0.538	866	73.3	144	6.28	1.83	108	16.3	1.80
16b	160	65	8.5	10.0	10.0	5.0	25.15	19.8	0.542	935	83.4	161	6.10	1.82	117	17.6	1.75
18a	180	68	7.0	10.5	10.5	5.2	25.69	20.2	0.596	1270	98.6	190	7.04	1.96	141	20.0	1.88
18b	180	70	9.0	10.5	10.5	5.2	29.29	23.0	0.600	1370	111	210	6.84	1.95	152	21.5	1.84
20a	200	73	7.0	11.0	11.0	5.5	28.83	22.6	0.654	1780	128	244	7.86	2.11	178	24.2	2.01
20b	200	75	9.0	11.0	11.0	5.5	32.83	25.8	0.658	1910	144	268	7.64	2.09	191	25.9	1.95
22a	220	77	7.0	11.5	11.5	5.8	31.83	25.0	0.709	2390	158	298	8.67	2.23	218	28.2	2.10
22b	220	79	9.0	11.5	11.5	5.8	36.23	28.5	0.713	2570	176	326	8.42	2.21	234	30.1	2.03
24a	240	78	7.0	12.0	12.0	6.0	34.21	26.9	0.752	3050	174	325	9.45	2.25	254	30.5	2.10
24b	240	80	9.0	12.0	12.0	6.0	39.01	30.6	0.756	3280	194	355	9.17	2.23	274	32.5	2.03
24c	240	82	11.0	12.0	12.0	6.0	43.81	34.4	0.760	3510	213	388	8.96	2.21	293	34.4	2.00
25a	250	78	7.0	12.0	12.0	6.0	34.91	27.4	0.722	3370	176	322	9.82	2.24	270	30.6	2.07
25b	250	80	9.0	12.0	12.0	6.0	39.91	31.3	0.776	3530	196	353	9.41	2.22	282	32.7	1.98
25c	250	82	11.0	12.0	12.0	6.0	44.91	35.3	0.780	3690	218	384	9.07	2.21	295	35.9	1.92
27a	270	82	7.5	12.5	12.5	6.2	39.27	30.8	0.826	4360	216	393	10.5	2.34	323	35.5	2.13
27b	270	84	9.5	12.5	12.5	6.2	44.67	35.1	0.830	4690	239	428	10.3	2.31	347	37.7	2.06
27c	270	86	11.5	12.5	12.5	6.2	50.07	39.3	0.834	5020	261	467	10.1	2.28	372	39.8	2.03
28a	280	82	7.5	12.5	12.5	6.2	40.02	31.4	0.846	4760	218	388	10.9	2.33	340	35.7	2.10
28b	280	84	9.5	12.5	12.5	6.2	45.62	35.8	0.850	5130	242	428	10.6	2.30	366	37.9	2.02
28c	280	86	11.5	12.5	12.5	6.2	51.22	40.2	0.854	5500	268	463	10.4	2.29	393	40.3	1.95
30a	300	85	7.5	13.5	13.5	6.8	43.89	34.5	0.897	6050	260	467	11.7	2.43	403	41.1	2.17
30b	300	87	9.5	13.5	13.5	6.8	49.89	39.2	0.901	6500	289	515	11.4	2.41	433	44.0	2.13
30c	300	89	11.5	13.5	13.5	6.8	55.89	43.9	0.905	6950	316	560	11.2	2.38	463	46.4	2.09
32a	320	88	8.0	14.0	14.0	7.0	48.50	38.1	0.947	7600	305	552	12.5	2.50	475	46.5	2.24
32b	320	90	10.0	14.0	14.0	7.0	54.90	43.1	0.951	8140	336	593	12.2	2.47	509	49.2	2.16
32c	320	92	12.0	14.0	14.0	7.0	61.30	48.1	0.955	8690	374	643	11.9	2.47	543	52.6	2.09
36a	360	96	9.0	16.0	16.0	8.0	60.89	47.8	1.053	11900	455	818	14.0	2.73	660	63.5	2.44
36b	360	98	11.0	16.0	16.0	8.0	68.09	53.5	1.057	12700	497	880	13.6	2.70	703	66.9	2.37
36c	360	100	13.0	16.0	16.0	8.0	75.29	59.1	1.061	13400	536	948	13.4	2.67	746	70.0	2.34
40a	400	100	10.5	18.0	18.0	9.0	75.04	58.9	1.144	17600	592	1070	15.3	2.81	879	78.8	2.49
40b	400	102	12.5	18.0	18.0	9.0	83.04	65.2	1.148	18600	640	1140	15.0	2.78	932	82.5	2.44
40c	400	104	14.5	18.0	18.0	9.0	91.04	71.5	1.152	19700	688	1220	14.7	2.75	986	86.2	2.42

注：表中 r、r_1 的数据用于孔型设计，不作为交货条件。

表Ⅱ.7　等边角钢截面尺寸、截面面积、理论重量及截面特性(GB/T 706—2016)

型号	截面尺寸/mm			截面面积/cm²	理论重量/(kg/m)	外表面积/(m²/m)	惯性矩/cm⁴				惯性半径/cm			截面模数/cm³			重心距离/cm
	b	d	r				I_x	I_{x1}	I_{x0}	I_{y0}	i_x	i_{x0}	i_{y0}	W_x	W_{x0}	W_{y0}	Z_0
2	20	3	3.5	1.132	0.89	0.078	0.40	0.81	0.63	0.17	0.59	0.75	0.39	0.29	0.45	0.20	0.60
		4		1.459	1.15	0.077	0.50	1.09	0.78	0.22	0.58	0.73	0.38	0.36	0.55	0.24	0.64
2.5	25	3		1.432	1.12	0.098	0.82	1.57	1.29	0.34	0.76	0.95	0.49	0.46	0.73	0.33	0.73
		4		1.859	1.46	0.097	1.03	2.11	1.62	0.43	0.74	0.93	0.48	0.59	0.92	0.40	0.76
3.0	30	3		1.749	1.37	0.117	1.46	2.71	2.31	0.61	0.91	1.15	0.59	0.68	1.09	0.51	0.85
		4		2.276	1.79	0.117	1.84	3.63	2.92	0.77	0.90	1.13	0.58	0.87	1.37	0.62	0.89
3.6	36	3	4.5	2.109	1.66	0.141	2.58	4.68	4.09	1.07	1.11	1.39	0.71	0.99	1.61	0.76	1.00
		4		2.756	2.16	0.141	3.29	6.25	5.22	1.37	1.09	1.38	0.70	1.28	2.05	0.93	1.04
		5		3.382	2.65	0.141	3.95	7.84	6.24	1.65	1.08	1.36	0.70	1.56	2.45	1.00	1.07
4	40	3	5	2.359	1.85	0.157	3.59	6.41	5.69	1.49	1.23	1.55	0.79	1.23	2.01	0.96	1.09
		4		3.086	2.42	0.157	4.60	8.56	7.29	1.91	1.22	1.54	0.79	1.60	2.58	1.19	1.13
		5		3.972	2.98	0.156	5.53	10.7	8.76	2.30	1.21	1.52	0.78	1.96	3.10	1.39	1.17
4.5	45	3	5	2.659	2.09	0.177	5.17	9.12	8.20	2.14	1.40	1.76	0.89	1.58	2.58	1.24	1.22
		4		3.486	2.74	0.177	6.65	12.2	10.6	2.75	1.38	1.74	0.89	2.05	3.32	1.54	1.26
		5		4.292	3.37	0.176	8.04	15.2	12.7	3.33	1.37	1.72	0.88	2.51	4.00	1.81	1.30
		6		5.077	3.99	0.176	9.33	18.4	14.8	3.89	1.36	1.70	0.80	2.95	4.64	2.06	1.33
5	50	3	5.5	2.971	2.33	0.197	7.18	12.5	11.4	2.98	1.55	1.96	1.00	1.96	3.22	1.57	1.34
		4		3.897	3.06	0.197	9.26	16.7	14.7	3.82	1.54	1.94	0.99	2.56	4.16	1.96	1.38
		5		4.803	3.77	0.196	11.2	20.9	17.8	4.64	1.53	1.92	0.98	3.13	5.03	2.31	1.42
		6		5.688	4.46	0.196	13.1	25.1	20.7	5.42	1.52	1.91	0.98	3.68	5.85	2.63	1.46
5.6	56	3	6	3.343	2.62	0.221	10.2	17.6	16.1	4.24	1.75	2.20	1.13	2.48	4.08	2.02	1.48
		4		4.39	3.45	0.220	13.2	23.4	20.9	5.46	1.73	2.18	1.11	3.24	5.28	2.52	1.53
		5		5.415	4.25	0.220	16.0	29.3	25.4	6.61	1.72	2.17	1.10	3.97	6.42	2.98	1.57
		6		6.42	5.04	0.220	18.7	35.3	29.7	7.73	1.71	2.15	1.10	4.68	7.49	3.40	1.61
		7		7.404	5.81	0.219	21.2	41.2	33.6	8.82	1.69	2.13	1.09	5.36	8.49	3.80	1.64
		8		8.367	6.57	0.219	23.6	47.2	37.4	9.89	1.68	2.11	1.09	6.03	9.44	4.16	1.68
6	60	5	6.5	5.829	4.58	0.236	19.9	36.1	31.6	8.21	1.85	2.33	1.19	4.59	7.44	3.48	1.67
		6		6.914	5.43	0.235	23.4	43.3	36.9	9.60	1.83	2.31	1.18	5.41	8.70	3.98	1.70
		7		7.977	6.26	0.235	26.4	50.7	41.9	11.0	1.82	2.29	1.17	6.21	9.88	4.45	1.74
		8		9.02	7.08	0.235	29.5	58.0	46.7	12.3	1.81	2.27	1.17	6.98	11.0	4.88	1.78
6.3	63	4	7	4.978	3.91	0.248	19.0	33.4	30.2	7.89	1.96	2.46	1.26	4.13	6.78	3.29	1.70
		5		6.143	4.82	0.248	23.2	41.7	36.8	9.57	1.94	2.45	1.25	5.08	8.25	3.90	1.74
		6		7.288	5.72	0.247	27.1	50.1	43.0	11.2	1.93	2.43	1.24	6.00	9.66	4.46	1.78
		7		8.412	6.60	0.247	30.9	58.6	49.0	12.8	1.92	2.41	1.23	6.88	11.0	4.98	1.82
		8		9.515	7.47	0.247	34.5	67.1	54.6	14.3	1.90	2.40	1.23	7.75	12.3	5.47	1.85
		10		11.66	9.15	0.246	41.1	84.3	64.9	17.3	1.88	2.36	1.22	9.39	14.6	6.36	1.93
7	70	4	8	5.570	4.37	0.275	26.4	45.7	41.8	11.0	2.18	2.74	1.40	5.14	8.44	4.17	1.86
		5		6.876	5.40	0.275	32.2	57.2	51.1	13.3	2.16	2.73	1.39	6.32	10.3	4.95	1.91
		6		8.160	6.41	0.275	37.8	68.7	59.9	15.6	2.15	2.71	1.38	7.48	12.1	5.67	1.95
		7		9.424	7.40	0.275	43.1	80.3	68.4	17.8	2.14	2.69	1.38	8.59	13.8	6.34	1.99
		8		10.67	8.37	0.274	48.2	91.9	76.4	20.0	2.12	2.68	1.37	9.68	15.4	6.98	2.03

续表

型号	截面尺寸/mm			截面面积/cm²	理论重量/(kg/m)	外表面积/(m²/m)	惯性矩/cm⁴				惯性半径/cm			截面模数/cm³			重心距离/cm
	b	d	r				I_x	I_{x1}	I_{x0}	I_{y0}	i_x	i_{x0}	i_{y0}	W_x	W_{x0}	W_{y0}	Z_0
7.5	75	5	9	7.412	5.82	0.295	40.0	70.6	63.3	16.6	2.33	2.92	1.50	7.32	11.9	5.77	2.04
		6		8.797	6.91	0.294	47.0	84.6	74.4	19.5	2.31	2.90	1.49	8.64	14.0	6.67	2.07
		7		10.16	7.98	0.294	53.6	98.7	85.0	22.2	2.30	2.89	1.48	9.93	16.0	7.44	2.11
		8		11.50	9.03	0.294	60.0	113	95.1	24.9	2.28	2.88	1.47	11.2	17.9	8.19	2.15
		9		12.83	10.1	0.294	66.1	127	105	27.5	2.27	2.86	1.46	12.4	19.8	8.89	2.18
		10		14.13	11.1	0.293	72.0	142	114	30.1	2.26	2.84	1.46	13.6	21.5	9.56	2.22
8	80	5	9	7.912	6.21	0.315	48.8	85.4	77.3	20.3	2.48	3.13	1.60	8.34	13.7	6.66	2.15
		6		9.397	7.38	0.314	57.4	103	91.0	23.7	2.47	3.11	1.59	9.87	16.1	7.65	2.19
		7		10.86	8.53	0.314	65.6	120	104	27.1	2.46	3.10	1.58	11.4	18.4	8.58	2.23
		8		12.30	9.66	0.314	73.5	137	117	30.4	2.44	3.08	1.57	12.8	20.6	9.46	2.27
		9		13.73	10.8	0.314	81.1	154	129	33.6	2.43	3.06	1.56	14.3	22.7	10.3	2.31
		10		15.13	11.9	0.313	88.4	172	140	36.8	2.42	3.04	1.56	15.6	24.8	11.1	2.35
9	90	6	10	10.64	8.35	0.354	82.8	146	131	34.3	2.79	3.51	1.80	12.6	20.6	9.95	2.44
		7		12.30	9.66	0.354	94.8	170	150	39.2	2.78	3.50	1.78	14.5	23.6	11.2	2.48
		8		13.94	10.9	0.353	106	195	169	44.0	2.76	3.48	1.78	16.4	26.6	12.4	2.52
		9		15.57	12.2	0.353	118	219	187	48.7	2.75	3.46	1.77	18.3	29.4	13.5	2.56
		10		17.17	13.5	0.353	129	244	204	53.3	2.74	3.45	1.76	20.1	32.0	14.5	2.59
		12		20.31	15.9	0.352	149	294	236	62.2	2.71	3.41	1.75	23.6	37.1	16.5	2.67
10	100	6	12	11.93	9.37	0.393	115	200	182	47.9	3.10	3.90	2.00	15.7	25.7	12.7	2.67
		7		13.80	10.8	0.393	132	234	209	54.7	3.09	3.89	1.99	18.1	29.6	14.3	2.71
		8		15.64	12.3	0.393	148	267	235	61.4	3.08	3.88	1.98	20.5	33.2	15.8	2.76
		9		17.46	13.7	0.392	164	300	260	68.0	3.07	3.86	1.97	22.8	36.8	17.2	2.80
		10		19.26	15.1	0.392	180	334	285	74.4	3.05	3.84	1.96	25.1	40.3	18.5	2.84
		12		22.80	17.9	0.391	209	402	331	86.8	3.03	3.81	1.95	29.5	46.8	21.1	2.91
		14		26.26	20.6	0.391	237	471	374	99.0	3.00	3.77	1.94	33.7	52.9	23.4	2.99
		16		29.63	23.3	0.390	263	540	414	111	2.98	3.74	1.94	37.8	58.6	25.6	3.06
11	110	7	12	15.20	11.9	0.433	177	311	281	73.4	3.41	4.30	2.20	22.1	36.1	17.5	2.96
		8		17.24	13.5	0.433	199	355	316	82.4	3.40	4.28	2.19	25.0	40.7	19.4	3.01
		10		21.26	16.7	0.432	242	445	384	100	3.38	4.25	2.17	30.6	49.4	22.9	3.09
		12		25.20	19.8	0.431	283	535	448	117	3.35	4.22	2.15	36.1	57.6	26.2	3.16
		14		29.06	22.8	0.431	321	625	508	133	3.32	4.18	2.14	41.3	65.3	29.1	3.24
12.5	125	8	14	19.75	15.5	0.492	297	521	471	123	3.88	4.88	2.50	32.5	53.3	25.9	3.37
		10		24.37	19.1	0.491	362	652	574	149	3.85	4.85	2.48	40.0	64.9	30.6	3.45
		12		28.91	22.7	0.491	423	783	671	175	3.83	4.82	2.46	41.2	76.0	35.0	3.53
		14		33.37	26.2	0.490	482	916	764	200	3.80	4.78	2.45	54.2	86.4	39.1	3.61
		16		37.74	29.6	0.489	537	1050	851	224	3.77	4.75	2.43	60.9	96.3	43.0	3.68

型号	截面尺寸/mm			截面面积/cm²	理论重量/(kg/m)	外表面积/(m²/m)	惯性矩/cm⁴				惯性半径/cm			截面模数/cm³			重心距离/cm
	b	d	r				I_x	I_{x1}	I_{x0}	I_{y0}	i_x	i_{x0}	i_{y0}	W_x	W_{x0}	W_{y0}	Z_0
14	140	10		27.37	21.5	0.551	515	915	817	212	4.34	5.46	2.78	50.6	82.6	39.2	3.82
		12		32.51	25.5	0.551	604	1100	959	249	4.31	5.43	2.76	59.8	96.9	45.0	3.90
		14		37.57	29.5	0.550	689	1280	1090	284	4.28	5.40	2.75	68.8	110	50.5	3.98
		16		42.54	33.4	0.549	770	1470	1220	319	4.26	5.36	2.74	77.5	123	55.6	4.06
15	150	8	14	23.75	18.6	0.592	521	900	827	215	4.69	5.90	3.01	47.4	78.0	38.1	3.99
		10		29.37	23.1	0.591	638	1130	1010	262	4.66	5.87	2.99	58.4	95.5	45.5	4.08
		12		34.91	27.4	0.591	749	1350	1190	308	4.63	5.84	2.97	69.0	112	52.4	4.15
		14		40.37	31.7	0.590	856	1580	1360	352	4.60	5.80	2.95	79.5	128	58.8	4.23
		15		43.06	33.8	0.590	907	1690	1440	374	4.59	5.78	2.95	84.6	136	61.9	4.27
		16		45.74	35.9	0.589	958	1810	1520	395	4.58	5.77	2.94	89.6	143	64.9	4.31
16	160	10		31.50	24.7	0.630	780	1370	1240	322	4.98	6.27	3.20	66.7	109	52.8	4.31
		12		37.44	29.4	0.630	917	1640	1460	377	4.95	6.24	3.18	79.0	129	60.7	4.39
		14		43.30	34.0	0.629	1050	1910	1670	432	4.92	6.20	3.16	91.0	147	68.2	4.47
		16	16	49.07	38.5	0.629	1180	2190	1870	485	4.89	6.17	3.14	103	165	75.3	4.55
18	180	12		42.24	33.2	0.710	1320	2330	2100	543	5.59	7.05	3.58	101	165	78.4	4.89
		14		48.90	38.4	0.709	1510	2720	2410	622	5.56	7.02	3.56	116	189	88.4	4.97
		16		55.47	43.5	0.709	1700	3120	2700	699	5.54	6.98	3.55	131	212	97.8	5.05
		18		61.96	48.6	0.708	1880	3500	2990	762	5.50	6.94	3.51	146	235	105	5.13
20	200	14	18	54.64	42.9	0.788	2100	3730	3340	864	6.20	7.82	3.98	145	236	112	5.46
		16		62.01	48.7	0.788	2370	4270	3760	971	6.18	7.79	3.96	164	266	124	5.54
		18		69.30	54.4	0.787	2620	4810	4160	1080	6.15	7.75	3.94	182	294	136	5.62
		20		76.51	60.1	0.787	2870	5350	4550	1180	6.12	7.72	3.93	200	322	147	5.69
		24		90.66	71.2	0.785	3340	8460	5290	1380	6.07	7.64	3.90	236	374	167	5.87
22	220	16	21	68.67	53.9	0.866	3190	5680	5060	1310	6.81	8.59	4.37	200	326	154	6.03
		18		76.75	60.3	0.866	3540	6400	5620	1450	6.79	8.55	4.35	223	361	168	6.11
		20		84.76	66.5	0.865	3870	7110	6150	1590	6.76	8.52	4.34	245	395	182	6.18
		22		92.68	72.8	0.865	4200	7830	6670	1730	6.73	8.48	4.32	267	429	195	6.26
		24		100.5	78.9	0.864	4520	8550	7170	1870	6.71	8.45	4.31	289	461	208	6.33
		26		108.3	85.0	0.864	4830	9280	7690	2000	6.68	8.41	4.30	310	492	221	6.41
25	250	18	24	87.84	69.0	0.985	5270	9380	8370	2170	7.75	9.76	4.97	290	473	224	6.84
		20		97.05	76.2	0.984	5780	10400	9180	2380	7.72	9.73	4.95	320	519	243	6.92
		22		106.2	83.3	0.983	6280	11500	9970	2580	7.69	9.69	4.93	349	564	261	7.00
		24		115.2	90.4	0.983	6770	12500	10700	2790	7.67	9.66	4.92	378	608	278	7.07
		26		124.2	97.5	0.982	7240	13600	11500	2980	7.64	9.62	4.90	406	650	295	7.15
		28		133.0	104	0.982	7700	14600	12200	3180	7.61	9.58	4.89	433	691	311	7.22
		30		141.8	111	0.981	8160	15700	12900	3380	7.58	9.55	4.88	461	731	327	7.30
		32		150.5	118	0.981	8600	16800	13600	3570	7.56	9.51	4.87	488	770	342	7.37
		35		163.4	128	0.980	9240	400	14600	3850	7.52	9.46	4.86	527	827	364	7.48

注：截面图中的 $r_1=1/3d$ 及表中 r 的数据用于孔型设计，不作为交货条件。

表Ⅱ.8 不等边角钢截面尺寸、截面面积、理论重量及截面特性(GB/T 706—2016)

型号	截面尺寸/mm B	b	d	r	截面面积/cm²	理论重量/(kg/m)	外表面积/(m²/m)	惯性矩/cm⁴ I_x	I_{x1}	I_y	I_{y1}	I_u	惯性半径/cm i_x	i_y	i_u	截面模数/cm³ W_x	W_y	W_u	$\tan\alpha$	重心距离/cm X_0	Y_0
2.5/1.6	25	16	3	3.5	1.162	0.91	0.080	0.70	1.56	0.22	0.43	0.14	0.78	0.44	0.34	0.43	0.19	0.16	0.392	0.42	0.86
			4		1.499	1.18	0.079	0.88	2.09	0.27	0.59	0.17	0.77	0.43	0.34	0.55	0.24	0.20	0.381	0.46	0.90
3.2/2	32	20	3	3.5	1.492	1.17	0.102	1.53	3.27	0.46	0.82	0.28	1.01	0.55	0.43	0.72	0.30	0.25	0.382	0.49	1.08
			4		1.939	1.52	0.101	1.93	4.37	0.57	1.12	0.35	1.00	0.54	0.42	0.93	0.39	0.32	0.374	0.53	1.12
4/2.5	40	25	3	4	1.890	1.48	0.127	3.08	5.39	0.93	1.59	0.56	1.28	0.70	0.54	1.15	0.49	0.40	0.385	0.59	1.32
			4		2.467	1.94	0.127	3.93	8.53	1.18	2.14	0.71	1.36	0.69	0.54	1.49	0.63	0.52	0.381	0.63	1.37
4.5/2.8	45	28	3	5	2.149	1.69	0.143	4.45	9.10	1.34	2.23	0.80	1.44	0.79	0.61	1.47	0.62	0.51	0.383	0.64	1.47
			4		2.806	2.20	0.143	5.69	12.1	1.70	3.00	1.02	1.42	0.78	0.60	1.91	0.80	0.66	0.380	0.68	1.51
5/3.2	50	32	3	5.5	2.431	1.94	0.161	6.24	12.5	2.02	3.31	1.20	1.60	0.91	0.70	1.84	0.82	0.68	0.404	0.73	1.60
			4		3.177	2.49	0.160	8.02	16.7	2.58	4.45	1.53	1.59	0.90	0.69	2.39	1.06	0.87	0.402	0.77	1.65
5.6/3.6	56	36	3	6	2.743	2.15	0.181	8.88	17.5	2.92	4.70	1.73	1.80	1.03	0.79	2.32	1.05	0.87	0.408	0.80	1.78
			4		3.590	2.82	0.180	11.5	23.4	3.76	6.33	2.23	1.79	1.02	0.79	3.03	1.37	1.13	0.408	0.85	1.82
			5		4.415	3.47	0.180	13.9	29.3	4.49	7.94	2.67	1.77	1.01	0.78	3.71	1.65	1.36	0.404	0.88	1.87
6.3/4	63	40	4	7	4.058	3.19	0.202	16.5	33.3	5.23	8.63	3.12	2.02	1.14	0.88	3.87	1.70	1.40	0.398	0.92	2.04
			5		4.993	3.92	0.202	20.0	41.6	6.31	10.9	3.76	2.00	1.12	0.87	4.74	2.07	1.71	0.396	0.95	2.08
			6		5.908	4.64	0.201	23.4	50.0	7.29	13.1	4.34	1.96	1.11	0.86	5.59	2.43	1.99	0.393	0.99	2.12
			7		6.802	5.34	0.201	26.5	58.1	8.24	15.5	4.97	1.98	1.10	0.86	6.40	2.78	2.29	0.389	1.03	2.15
7/4.5	70	45	4	7.5	4.553	3.57	0.226	23.2	45.9	7.55	12.3	4.40	2.26	1.29	0.98	4.86	2.17	1.77	0.410	1.02	2.24
			5		5.609	4.40	0.225	28.0	57.1	9.13	15.4	5.40	2.23	1.28	0.98	5.92	2.65	2.19	0.407	1.06	2.28
			6		6.644	5.22	0.225	32.5	68.4	10.6	18.6	6.35	2.21	1.26	0.98	6.95	3.12	2.59	0.404	1.09	2.32
			7		7.658	6.01	0.225	37.2	80.0	12.0	21.8	7.16	2.20	1.25	0.97	8.03	3.57	2.94	0.402	1.13	2.36

续表

型号	截面尺寸/mm				截面面积/cm²	理论重量/(kg/m)	外表面积/(m²/m)	惯性矩/cm⁴					惯性半径/cm			截面模数/cm³			tanα	重心距离/cm	
	B	b	d	r				I_x	I_{x1}	I_y	I_{y1}	I_u	i_x	i_y	i_u	W_x	W_y	W_u		X_0	Y_0
7.5/5	75	50	5	8	6.126	4.81	0.245	34.9	70.0	12.6	21.0	7.41	2.39	1.44	1.10	6.83	3.30	2.74	0.435	1.17	2.40
			6		7.260	5.70	0.245	41.1	84.3	14.7	25.4	8.54	2.38	1.42	1.08	8.12	3.88	3.19	0.435	1.21	2.44
			8		9.467	7.43	0.244	52.4	113	18.5	34.2	10.9	2.35	1.40	1.07	10.5	4.99	4.10	0.429	1.29	2.52
			10		11.59	9.10	0.244	62.7	141	22.0	43.4	13.1	2.33	1.38	1.06	12.8	6.04	4.99	0.423	1.36	2.60
8/5	80	50	5	8	6.376	5.00	0.255	42.0	85.2	12.8	21.1	7.66	2.56	1.42	1.10	7.78	3.32	2.74	0.388	1.14	2.60
			6		7.560	5.93	0.255	49.5	103	15.0	25.4	8.85	2.56	1.41	1.08	9.25	3.91	3.20	0.387	1.18	2.65
			7		8.724	6.85	0.255	56.2	119	17.0	29.8	10.2	2.54	1.39	1.08	10.6	4.48	3.70	0.384	1.21	2.69
			8		9.867	7.75	0.254	62.8	136	18.9	34.3	11.4	2.52	1.38	1.07	11.9	5.03	4.16	0.381	1.25	2.73
9/5.6	90	56	5	9	7.212	5.66	0.287	60.5	121	18.3	29.5	11.0	2.90	1.59	1.23	9.92	4.21	3.49	0.385	1.25	2.91
			6		8.557	6.72	0.286	71.0	146	21.4	35.6	12.9	2.88	1.58	1.23	11.7	4.96	4.13	0.384	1.29	2.95
			7		9.881	7.76	0.286	81.0	170	24.4	41.7	14.7	2.86	1.57	1.22	13.5	5.70	4.72	0.382	1.33	3.00
			8		11.18	8.78	0.286	91.0	194	27.2	47.9	16.3	2.85	1.56	1.21	15.3	6.41	5.29	0.380	1.36	3.04
10/6.3	100	63	6	10	9.618	7.55	0.320	99.1	200	30.9	50.5	18.4	3.21	1.79	1.38	14.6	6.35	5.25	0.394	1.43	3.24
			7		11.11	8.72	0.320	113	233	35.3	59.1	21.0	3.20	1.78	1.38	16.9	7.29	6.02	0.394	1.47	3.28
			8		12.58	9.88	0.319	127	266	39.4	67.9	23.5	3.18	1.77	1.37	19.1	8.21	6.78	0.391	1.50	3.32
			10		15.47	12.1	0.319	154	333	47.1	85.7	28.3	3.15	1.74	1.35	23.3	9.98	8.24	0.387	1.58	3.40
10/8	100	80	6	10	10.64	8.35	0.354	107	200	61.2	103	31.7	3.17	2.40	1.72	15.2	10.2	8.37	0.627	1.97	2.95
			7		12.30	9.66	0.354	123	233	70.1	120	36.2	3.16	2.39	1.72	17.5	11.7	9.60	0.626	2.01	3.00
			8		13.94	10.9	0.353	138	267	78.6	137	40.6	3.14	2.37	1.71	19.8	13.2	10.8	0.625	2.05	3.04
			10		17.17	13.5	0.353	167	334	94.7	172	49.1	3.12	2.35	1.69	24.2	16.1	13.1	0.622	2.13	3.12

续表

型号	截面尺寸/mm B	b	d	r	截面面积/cm²	理论重量/(kg/m)	外表面积/(m²/m)	惯性矩/cm⁴ I_x	I_{x1}	I_y	I_{y1}	I_u	惯性半径/cm i_x	i_y	i_u	截面模数/cm³ W_x	W_y	W_u	$\tan\alpha$	重心距离/cm X_0	Y_0
11/7	110	70	6	10	10.64	8.35	0.354	133	266	42.9	69.1	25.4	3.54	2.01	1.54	17.9	7.90	6.53	0.403	1.57	3.53
			7		12.30	9.66	0.354	153	310	49.0	80.8	29.0	3.53	2.00	1.53	20.6	9.09	7.50	0.402	1.61	3.57
			8		13.94	10.9	0.353	172	354	54.9	92.7	32.5	3.51	1.98	1.53	23.3	10.3	8.45	0.401	1.65	3.62
			10		17.17	13.5	0.353	208	443	65.9	117	39.2	3.48	1.96	1.51	28.5	12.5	10.3	0.397	1.72	3.70
12.5/8	125	80	7	11	14.10	11.1	0.403	228	455	74.4	120	43.8	4.02	2.30	1.76	26.9	12.0	9.92	0.408	1.80	4.01
			8		15.99	12.6	0.403	257	520	83.5	138	49.2	4.01	2.28	1.75	30.4	13.6	11.2	0.407	1.84	4.06
			10		19.71	15.5	0.402	312	650	101	173	59.5	3.98	2.26	1.74	37.3	16.6	13.6	0.404	1.92	4.14
			12		23.35	18.3	0.402	364	780	117	210	69.4	3.95	2.24	1.72	44.0	19.4	16.0	0.400	2.00	4.22
14/9	140	90	8	12	18.04	14.2	0.453	366	731	121	196	70.8	4.50	2.59	1.98	38.5	17.3	14.3	0.411	2.04	4.50
			10		22.26	17.5	0.452	446	913	140	246	85.8	4.47	2.56	1.96	47.3	21.2	17.5	0.409	2.12	4.58
			12		26.40	20.7	0.451	522	1100	170	297	100	4.44	2.54	1.95	55.9	25.0	20.5	0.406	2.19	4.66
			14		30.46	23.9	0.451	594	1280	192	349	114	4.42	2.51	1.94	64.2	28.5	23.5	0.403	2.27	4.74
15/9	150	90	8	12	18.84	14.8	0.473	442	898	123	196	74.1	4.84	2.55	1.98	43.9	17.5	14.5	0.364	1.97	4.92
			10		23.26	18.3	0.472	539	1120	149	246	89.9	4.81	2.53	1.97	54.0	21.4	17.7	0.362	2.05	5.01
			12		27.60	21.7	0.471	632	1350	173	297	105	4.79	2.50	1.95	63.8	25.1	20.8	0.359	2.12	5.09
			14		31.86	25.0	0.471	721	1570	196	350	120	4.76	2.48	1.94	73.3	28.8	23.8	0.356	2.20	5.17
			15		33.95	26.7	0.471	764	1680	207	376	127	4.74	2.47	1.93	78.0	30.5	25.3	0.354	2.24	5.21
			16		36.03	28.3	0.470	806	1800	217	403	134	4.73	2.45	1.93	82.6	32.3	26.8	0.352	2.27	5.25
16/10	160	100	10	13	25.32	19.9	0.512	669	1360	205	337	122	5.14	2.85	2.19	62.1	26.6	21.9	0.390	2.28	5.24
			12		30.05	23.6	0.511	785	1640	239	406	142	5.11	2.82	2.17	73.5	31.3	25.8	0.388	2.36	5.32
			14		34.71	27.2	0.510	896	1910	271	476	162	5.08	2.80	2.16	84.6	35.8	29.6	0.385	2.43	5.40
			16		39.28	30.8	0.510	1000	2180	302	548	183	5.05	2.77	2.16	95.3	40.2	33.4	0.382	2.51	5.48

续表

型号	截面尺寸/mm				截面面积/cm²	理论重量/(kg/m)	外表面积/(m²/m)	惯性矩/cm⁴					惯性半径/cm			截面模数/cm³			tanα	重心距离/cm	
	B	b	d	r				I_x	I_{x1}	I_y	I_{y1}	I_u	i_x	i_y	i_u	W_x	W_y	W_u		X_0	Y_0
18/11	180	110	10	14	28.37	22.3	0.571	956	1940	278	447	167	5.80	3.13	2.42	79.0	32.5	26.9	0.376	2.44	5.89
			12		33.71	26.5	0.571	1120	2330	325	539	195	5.78	3.10	2.40	93.5	38.3	31.7	0.374	2.52	5.98
			14		38.97	30.6	0.570	1290	2720	370	632	222	5.75	3.08	2.39	108	44.0	36.3	0.372	2.59	6.06
			16		44.14	34.6	0.569	1440	3110	412	726	249	5.72	3.06	2.38	122	49.4	40.9	0.369	2.67	6.14
20/12.5	200	125	12	14	37.91	29.8	0.641	1570	3190	483	788	286	6.44	3.57	2.74	117	50.0	41.2	0.392	2.83	6.54
			14		43.87	34.4	0.640	1800	3730	551	922	327	6.41	3.54	2.73	135	57.4	47.3	0.390	2.91	6.62
			16		49.74	39.0	0.639	2020	4260	615	1060	366	6.38	3.52	2.71	152	64.9	53.3	0.388	2.99	6.70
			18		55.53	43.6	0.639	2240	4790	677	1200	405	6.35	3.49	2.70	169	71.7	59.2	0.385	3.06	6.78

注: 截面图中的 $r_1=1/3d$ 及表中 r 的数据用于孔型设计, 不作为交货条件。

附录Ⅲ 梁的挠度和转角

序号	梁的简图	挠曲线方程	挠度和转角
1		$w=\dfrac{Fx^2}{6EI}(x-3l)$	$w_B=-\dfrac{Fl^3}{3EI}$ $\theta_B=-\dfrac{Fl^2}{2EI}$
2		$w=\dfrac{Fx^2}{6EI}(x-3a)$ $(0\leqslant x\leqslant a)$ $w=\dfrac{Fa^2}{6EI}(a-3x)$ $(a\leqslant x\leqslant l)$	$w_B=-\dfrac{Fa^2}{6EI}(3l-a)$ $\theta_B=-\dfrac{Fa^2}{2EI}$
3		$w=\dfrac{qx^2}{24EI}(4lx-6l^2-x^2)$	$w_B=-\dfrac{ql^4}{8EI}$ $\theta_B=-\dfrac{ql^3}{6EI}$
4		$w=-\dfrac{M_e x^2}{2EI}$	$w_B=-\dfrac{M_e l^2}{2EI}$ $\theta_B=-\dfrac{M_e l}{EI}$
5		$w=-\dfrac{M_e x^2}{2EI}\,(0\leqslant x\leqslant a)$ $w=-\dfrac{M_e a}{EI}\left(x-\dfrac{a}{2}\right)$ $(a\leqslant x\leqslant l)$	$w_B=-\dfrac{M_e a}{EI}\left(l-\dfrac{a}{2}\right)$ $\theta_B=-\dfrac{M_e a}{EI}$
6		$w=\dfrac{Fx}{12EI}\left(x^2-\dfrac{3l^2}{4}\right)\left(0\leqslant x\leqslant \dfrac{l}{2}\right)$	$w_C=-\dfrac{Fl^3}{48EI}$ $\theta_A=-\theta_B=-\dfrac{Fl^2}{16EI}$
7		$w=\dfrac{Fbx}{6lEI}(x^2-l^2+b^2)$ $(0\leqslant x\leqslant a)$ $w=\dfrac{Fa(l-x)}{6lEI}(x^2+a^2-2lx)$ $(a\leqslant x\leqslant l)$	$\delta=-\dfrac{Fb(l^2-a^2)^{3/2}}{9\sqrt{3}lEI}$ $\left(位于\ x=\sqrt{\dfrac{l^2-b^2}{3}}\ 处\right)$ $\theta_A=-\dfrac{Fb(l^2-b^2)}{6lEI}$ $\theta_B=\dfrac{Fa(l^2-a^2)}{6lEI}$

序号	梁的简图	挠曲线方程	挠度和转角
8		$w = \dfrac{qx}{48EI}(2lx^2 - x^3 - l^3)$	$\delta = -\dfrac{5ql^4}{384EI}$　$\theta_A = -\theta_B = -\dfrac{ql^3}{24EI}$
9		$w = \dfrac{M_e x}{6lEI}(l^2 - x^2)$	$\delta = \dfrac{M_e l^2}{9\sqrt{3}EI}$　(位于$x = l/\sqrt{3}$处)　$\theta_A = \dfrac{M_e l}{6EI}$　$\theta_B = -\dfrac{M_e l}{3EI}$
10		$w = \dfrac{M_e x}{6lEI}(l^2 - 3b^2 - x^2)$　$(0 \leqslant x \leqslant a)$　$w = \dfrac{M_e(l-x)}{6lEI}(3a^2 - 2lx + x^2)$　$(a \leqslant x \leqslant l)$	$\delta_1 = \dfrac{M_e(l^2 - 3b^2)^{3/2}}{9\sqrt{3}lEI}$　(位于$x = \sqrt{l^2 - 3b^2}/\sqrt{3}$处)　$\delta_2 = \dfrac{M_e(l^2 - 3a^2)^{3/2}}{9\sqrt{3}lEI}$　(位于距B端　$\bar{x} = \sqrt{l^2 - 3a^2}/\sqrt{3}$ 处)　$\theta_A = \dfrac{M_e(l^2 - 3b^2)}{6lEI}$　$\theta_B = \dfrac{M_e(l^2 - 3a^2)}{6lEI}$　$\theta_C = \dfrac{M_e(l^2 - 3a^2 - 3b^2)}{6lEI}$